普通高等教育"十三五"规划教材

防灭火系统设计

主　编　张英华　高玉坤　黄志安
副主编　王　辉

U0342607

北　京

冶金工业出版社

2019

内 容 提 要

本书从安全管理的角度出发，介绍了建筑、化工、矿山等高危险性行业火灾的识别、预防和应急救援知识；在吸取事故教训的基础上，结合行业特点，介绍了先进的防灭火系统设计方法，既注重安全工程专业知识的学习，又突出专业性技术的实际应用。

本书为高等院校安全工程专业本科生、研究生的教学用书，也可供安全、环境、矿山、化工等行业的工程技术人员以及科研人员参考。

图书在版编目(CIP)数据

防灭火系统设计／张英华，高玉坤，黄志安主编. —北京：冶金工业出版社，2019. 6

普通高等教育"十三五"规划教材

ISBN 978-7-5024-8108-7

Ⅰ.①防… Ⅱ.①张… ②高… ③黄… Ⅲ.①建筑物—防火系统—系统设计—高等学校—教材 Ⅳ.①TU998.1

中国版本图书馆 CIP 数据核字（2019）第 109304 号

出 版 人　谭学余

地　　　址　北京市东城区嵩祝院北巷 39 号　邮编　100009　电话　(010)64027926
网　　　址　www.cnmip.com.cn　电子信箱　yjcbs@cnmip.com.cn
责任编辑　宋　良　郭冬艳　美术编辑　郑小利　版式设计　孙跃红
责任校对　郑　娟　责任印制　李玉山

ISBN 978-7-5024-8108-7

冶金工业出版社出版发行；各地新华书店经销；三河市双峰印刷装订有限公司印刷
2019 年 6 月第 1 版，2019 年 6 月第 1 次印刷

787mm×1092mm　1/16；13.5 印张；324 千字；205 页

30.00 元

冶金工业出版社　投稿电话　(010)64027932　投稿信箱　tougao@cnmip.com.cn
冶金工业出版社营销中心　电话　(010)64044283　传真　(010)64027893
冶金工业出版社天猫旗舰店　yjgycbs.tmall.com
（本书如有印装质量问题，本社营销中心负责退换）

前　言

  火灾的预防和管理是安全生产的重要组成部分，防灭火设计是安全设施设计的重要组成部分，是减少各行业在生产过程中发生火灾事故的重要途径。防灭火系统设计是一门专业性、针对性及实用性都很强的专业课，是安全工程专业课程的重要组成部分。

  根据目前高校学科专业发展和科学技术及生产发展的要求，无论是安全工程、消防工程中有关学科专业的本科生还是研究生，都需要开设此类课程；设计研究部门和企事业单位的相关专业人员，也需要学习掌握这方面的知识。通过学习，使学生了解各行业火灾事故的特点，掌握对应的防灭火设计的理论知识和防灭火设计的方法，完善安全专业学生在火灾预防和管理方面的专业技能，对培养学生的专业技能和推进安全学科发展，具有重要的意义。

  本书系根据对多年来各个行业火灾事故成因的研究和火灾事故基础理论，结合多年的教学经验和安全学科建设的需要编写而成的，内容丰富，覆盖面广，应用性强。全书内容包括7章，第1章为防灭火设计基础，第2章为火灾探测技术，第3章为防灭火技术，第4章为火灾管理与应急，第5章为建筑防灭火设计，第6章为化工厂防灭火设计，第7章为矿井防灭火设计。书末附有两个设计实例。每一章均由基础理论和设计内容组成，同时还附有实例，重点在于突出安全科学在防灭火设计方法上的应用。

  本书由张英华、高玉坤、黄志安担任主编，王辉担任副主编。参加编写工作的人员分工如下：第1章由张英华编写，第2章由高玉坤、黄志安编写，第3章由张英华、赵焕娟编写，第4章由高玉坤、张英华编写，第 5 章由张英华、王辉编写，第 6 章由张英华、黄志安编写，第 7 章由高玉坤、白智明编写。研究生周佩玲、刘佳、刘夏楠、闫瑢、牛淑贞、李子优也参与了本书的编写与校审工作。傅贵教授和杜翠凤教授对全书内容进行了审定。

本书的编写、出版工作，得到了北京科技大学教材建设经费资助。同时在编写过程中，作者参考了许多国内外相关文献，吸收和借鉴了一些教材的精华，在此向这些文献作者表示衷心的感谢。

由于编者水平有限，加上时间紧迫，书中难免存在不足之处，恳请读者批评指正。

作　者

2019 年 3 月

于北京科技大学

目　　录

1 防灭火系统设计基础

1.1 防灭火系统设计的基本概念

火灾是指在时间和空间上失去控制的燃烧与爆炸所造成的灾害。在各种灾害中，火灾是最经常、最普遍地威胁公众安全和社会发展的主要灾害之一。人类对火进行利用的历史，也是与火灾做斗争的历史。人们在用火过程中不断总结火灾发生的规律，尽可能地减少火灾对人类造成的危害。

1.1.1 火灾的形成条件

1.1.1.1 可燃物

（1）凡是能与空气中的氧或者其他氧化剂发生化学反应的物质均称为可燃物。可燃物按照其物理状态可以分为气体、液体和固体三类。

1）气体可燃物。凡是在空气中能燃烧的气体都称为可燃气体。可燃气体在空气中燃烧，同样要求与空气的混合比在一定燃烧（爆炸）范围内，并且需要一定的温度（着火温度）引发反应。

2）液体可燃物。液体可燃物大多数是有机化合物，分子中都含有碳、氢原子，有些还含有氧原子。液体可燃物中有不少是石油化工产品。

3）固体可燃物。凡遇明火、热源能在空气中燃烧的固体物质称为可燃固体，如木材、纸张、谷物等有机物，也包括铝粉、镁粉等易燃金属固体和硫、磷等非金属固体。固体物质中，有一些燃点较低、燃烧剧烈的，称为易燃固体。

（2）可燃物的火灾危险性类别见表1-1。从表中可以看出，甲类易燃液体和可燃气体的闪点较低，爆炸极限范围宽，其火灾危险性最大。在防灭火系统设计中，针对各种不同物品的燃烧特性和火灾危险性，应分别采取相应的防火阻燃和灭火技术措施。

表 1-1 可燃物的火灾危险性类别

物品的火灾危险性类别	物品的火灾危险性特征
甲	①闪点小于28℃的液体 ②爆炸下限小于10%的气体，以及受到水或空气中水蒸气的作用，能产生爆炸下限小于10%气体的固体物质 ③常温下能自行分解或在空气中氧化能导致迅速自燃或爆炸的物质 ④常温下受到水或空气中水蒸气的作用，能产生可燃气体并引起燃烧或爆炸的物质 ⑤遇酸、受热、撞击、摩擦以及遇有机物或硫黄等易燃的无机物，极易引起燃烧或爆炸的强氧化剂 ⑥受撞击、摩擦或与氧化剂、有机物接触时能引起燃烧或爆炸的物质

物品的火灾 危险性类别	物品的火灾危险性特征
乙	①闪点大于等于 28℃，但小于 60℃的液体 ②爆炸下限大于等于 10%的气体 ③不属于甲类的氧化剂 ④不属于甲类的化学易燃危险固体 ⑤助燃气体 ⑥常温下与空气接触能缓慢氧化，积热不散引起自燃的物品
丙	①闪点大于等于 60℃的液体 ②可燃固体
丁	难燃烧物品
戊	不燃烧物品

发生火灾时，在氧化剂（空气）供应充足的前提下，可燃物的量和供应方式是影响和控制火灾事态发展的决定性三要素之一。

1.1.1.2　助燃物（氧化剂）

助燃物一般是指能与可燃物质发生燃烧反应的物质。化学危险物品分类中的第五类：氧化剂和有机过氧化物均为助燃物，也包括空气等正常状态下的环境氧化剂。

化学危险物品分类中的氧化剂是指具有强烈氧化性能，能引起燃烧或者爆炸的一类物质。这类物质按照其不同性质，在不同条件下，遇酸、碱，或者受潮湿、高热、摩擦、撞击，或者与易燃的有机物、还原剂等接触，即能分解引起燃烧或爆炸。

火灾和爆炸事故中最常见的助燃物是空气，在火灾发生时，空气中的氧气是一种最常见的助燃剂。在热源能够满足持续燃烧要求的前提下，氧化剂的量和供应方式是影响和控制火灾事态发展的决定性三要素之二。

1.1.1.3　着火源

着火源是指能引起可燃物质燃烧的热能源，可以是明火、高温物体、电火花、静电火花、撞击与摩擦、绝热压缩、光线照射与聚焦、化学反应放热等 8 类着火源，它们的能量和能级存在很大差别。在一定温度和压力下，能引起燃烧所需的最小能量称为最小点火能，是衡量可燃物着火危险性的重要参数；一般可燃混合气的最小点火能随初温、压力增加而减少。

1.1.2　火灾的形成过程

火灾最初都是局部着火，随着时间的推移，火灾向空间呈现非线性快速扩大蔓延趋势。火灾发生和发展是一个非常复杂的过程，受到众多因素影响，其中热量传播是影响火灾蔓延的决定性的因素。随着热量的传导、对流和辐射，使环境的温度迅速升高，超过了人所能承受的极限就会危及生命；随着环境温度进一步升高，原来难燃物质开始参与燃烧，灾源增加；进而建筑物构件和金属材料的强度性能降低，造成建筑物结构损害，甚至倒塌；有毒有害燃烧产物对环境也产生破坏。

火灾期间，室内平均温度随时间的变化曲线如图 1-1 所示。该图描述了建筑物室内的火灾发展过程。

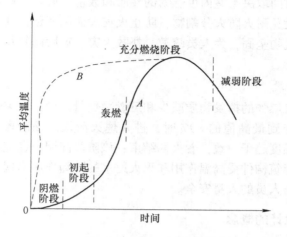

图 1-1 建筑物火灾发展过程
A—可燃固体火灾室内温度上升曲线；B—可燃液体或气体火灾室内温度上升曲线

由图 1-1 可以看出，火灾的发生、发展趋势可以归结为下列几个阶段。

1.1.2.1 阴燃阶段

阴燃是没有火焰的缓慢燃烧现象，是固体燃烧的一种形式，无火光有烟和升温现象。很多固体物质，如纸张、锯末、纤维织物、纤维素板、胶乳橡胶，以及某些多孔热固性塑料等都易发生阴燃，堆积状态下更易阴燃。阴燃在一定条件下可以转化成有焰燃烧。

1.1.2.2 初起阶段

阴燃达到足够温度时，分解出了足够的可燃气体，就开始转化成有焰燃烧，在某种点火源作用下，被引燃起火形成局部火灾，火是从某一点或者某件物品开始的，着火范围很小，燃烧产生的热量较小，烟气较少且流动速度很慢，火焰不大，辐射出的热量也不多，靠近火点的物品和结构开始受热，气体对流，温度开始上升。这时如能及时发现，是灭火和安全疏散的最有利的时机，用较少的人力和简易灭火器就能将火扑灭。此阶段时间很短，如果惊慌失措、不报警、不会报警、不会使用灭火器材、灭火方法不当、不及时提醒和组织人员撤离等，都会错过有利的短暂时机，使火势扩大到发展阶段。因此，人们必须学会正确认识和处置起火事故，将事故消灭在初起阶段。

1.1.2.3 发展阶段

在火灾初起阶段后期，火焰由局部向周围物质蔓延，火灾范围迅速扩大，当室内环境达到可燃气体着火温度时，初期分解聚积在室内的可燃气体突然起火形成轰燃，整个室内充满火焰，室内所有可燃物表面卷入火灾中，燃烧迅猛、快速升温，局部燃烧向全室燃烧过渡；火灾面积扩大到整个室内，火焰辐射热量最多，温度逐步上升到最高点，火焰和热烟气通过开口和受到破坏的结构开裂处向其他地方蔓延。轰燃标志着火灾全面发展阶段的开始，轰燃之前还没有从室内逃出，再疏散就难了；轰燃后出现持续性高温，最高温度可达到 1100℃ 左右，生还很难。

耐火建筑起火后，由于四周墙壁、顶棚和地面采用具有一定耐火极限的不燃构件而不会被烧穿，室内通风开口的大小不变，在全面燃烧期火灾仍保持着稳定的燃烧状态。火灾全面发展阶段的持续时间取决于室内可燃物的性质和数量、通风条件等。据此可在防灭火设计中采取建筑物内设置耐火防火分割物，防止火灾大面积蔓延；选用高耐火建筑结构作为承重体系，确保建筑物坚固，为人员疏散、扑救火灾、灾后修复及使用创造条件，以防止火灾向临近建筑蔓延。

1.1.2.4 熄灭阶段

火灾后期，随着可燃物的挥发物质减少和可燃物数量减少，火灾燃烧速度递减，温度逐渐下降。平均温度降到最高值的80%时，进入熄灭阶段。该阶段室内温度明显下降、可燃物烧尽、室内外温度趋于一致，着火期结束；该阶段前期，燃烧仍十分猛烈，火灾温度仍很高。还应注意建筑构件受高温作用和灭火射水的冷却作用出现的裂缝、下沉、倾斜或倒塌破坏，确保消防人员的人身安全。

1.1.3 防灭火系统设计的概念

防灭火系统设计是安全设施设计的重要组成部分，是保证安全生产生活的重要环节。设计是根据实际的发火特性，开展预防火灾措施和发生火灾时应急灭火装备构建设计，确定系统各项性能参数和作业流程。每个防灭火设计对象、环境和条件各不相同，设计时必须按照规范，运用综合科学手段，周密考虑，精心设计，达到防灭火目的。

防灭火系统设计是遵循行政、经济、法律、法规、技术等相关文件对防灭火的要求，结合决策、教育、组织、监察、指挥等管理在消防中的作用，依据人、物、环境等受灾对象对防灭火性能参数的具体要求，对引发火灾各项因素进行有效的防范设计，达到安全目的。火灾发生前预先考虑是中心，保障生命安全是首要任务，多部门协调、共同作用是最大特征。

1.1.4 防灭火系统设计的基本原则

设计应遵循"预防为主，防消结合，依靠科技进步，采取多种形式防灭火"的原则。具体如下：

（1）设计的编制应严格执行国家现行的法律、法规和技术规范，特别是《中华人民共和国城市规划法》《中华人民共和国消防法》《城市消防站建设标准》等法规。

（2）贯彻"预防为主，防消结合"的消防工作方针。

（3）坚持系统性原则。防灭火系统设计是总体规划和设计的重要组成部分，是总体规划的一个子系统，要以系统性原则为指导，实现各个因素的有机协调。防灭火设计必须在总体规划指导下进行，但又不能消极被动地接受总体规划，是在总体规划基础上布置防灭火设施，建立相互反馈机制；总体规划应接受防灭火系统设计的反馈，融为一体；还应与其他专业规划相协调，建立相互反馈机制，如道路交通规划、给水规划、电力电信规划、防洪排涝规划等。

（4）防灭火设计应满足如下要求：

1）科学性和前瞻性。从实际出发，针对生产的特点，突出重点，合理布局，发挥现代科学技术优势，建设具有先进水平、服务长远的防灭火系统。

2）宏观性和政策性。防灭火设计不仅要解决某部门或某系统的问题，还要在宏观层面提升整体防灾减灾能力；用政策统筹规划防灭火系统。

3）针对性和可操作性。要把有限的控制目标分解为近期目标和远期目标，根据具体情况开展有针对性的防范设计，设计的性能参数具有可操作性。

（5）坚持远期与近期相结合，全面规划与分步实施相结合，均衡布局与重点防护相结合，科学性与可操作性相结合；将消防基础设施建设纳入各层次规划中，使消防规划与总体规划同步规划、同步建设和同步发展。

1.1.5 防灭火设计常用名词解释

（1）耐火极限。在标准耐火试验条件下，建筑构件、配件或结构从受到火的作用时起，到失去稳定性、完整性或隔热性时止的这段时间，用小时表示。

（2）不燃烧体。用不燃材料做成的建筑构件。

（3）难燃烧体。用难燃材料做成的建筑构件或用可燃材料做成而用不燃材料做保护层的建筑构件。

（4）燃烧体。用可燃材料做成的建筑构件。

（5）闪点。在规定的试验条件下，液体挥发的蒸汽与空气形成的混合物，遇火源能够闪燃的液体最低温度（采用闭环法测定）。

（6）爆炸下限。可燃的蒸汽、气体或粉尘与空气组成的混合物遇火源即能发生爆炸的最低浓度（可燃蒸汽、气体的浓度，按体积比计算）。

（7）沸溢性油品。含水并在燃烧时可产生热波作用的油品，如原油、渣油、重油等。

（8）半地下室。房间地面低于室外设计地面的平均高度大于该房间平均净高 1/3，且小于等于 1/2 者。

（9）地下室。房间地面低于室外设计地面的平均高度大于该房间平均净高 1/2 者。

（10）多层厂房（仓库）。两层及两层以上，且建筑高度不超过 24.0m 的厂房（仓库）。

（11）高层厂房（仓库）。两层及两层以上，且建筑高度超过 24.0m 的厂房（仓库）。

（12）高架仓库。货架高度超过 7.0m 且机械化操作或自动化控制的货架仓库。

（13）重要公共建筑。人员密集、发生火灾后伤亡大、损失大、影响大的公共建筑。

（14）商业服务点。居住建筑的首层或首层及二层设置的百货店、副食店、粮店、邮政所、储蓄所、理发店等小型营业性用房。

（15）明火地点。室内外有外露火焰或赤热表面的固定地点（建筑内的灶具、电磁炉等除外）。

（16）散发火花地点。有飞火的烟囱或室外的砂轮、电焊、气焊（割）等固定地点。

（17）安全出口。供人员安全疏散用的楼梯间、室外楼梯的出入口或直通室内外安全区域的出口。

（18）封闭楼梯间。用建筑构配件分隔，能防止烟和热气进入的楼梯间。

（19）防烟楼梯间。在楼梯间入口处设有防烟室，或设有专供排烟用的阳台、凹廊等，且通向前室和楼梯间的门均为乙级防火门的楼梯间。

（20）防火分区。在建筑内部采用防火墙、耐火楼板及其他防火分隔设施分隔而成，能在一定时间内防止火灾向同一建筑的其余部分蔓延的局部空间。

（21）防火间距。防止着火建筑的辐射热在一定时间内引燃相邻建筑，且便于消防扑救的间隔距离。

（22）防烟分区。在建筑内部屋顶或顶板、吊顶下采用具有挡烟功能的构配件进行分隔所形成的，具有一定蓄烟能力的空间。

（23）充实水柱。由水枪喷嘴起到射流 90% 的水柱水量穿过直径 38cm 圆孔处的一段射流长度。

（24）综合楼。由两种及两种以上用途的楼层组成的公共建筑。

1.2　防灭火系统设计的规范

防灭火系统设计规范是根据具体环境和要求，按照国家及行业标准制定的，是设计的依据，也是设计的行动指南。

1.2.1　法律效力层次的规范

法律效力层次体系中，各种法律层次分明、相互联系，构成了庞大的法律效力体系。

（1）上位法的效力高于下位法。

1）宪法具有最高的法律效力。宪法第 42 条规定"加强劳动保护，改善劳动条件"，第 43 条规定"劳动者有休息的权利"。

2）法律高于行政法规、地方性法规、规章。刑法第 139 条规定"消防责任事故罪"。

3）行政法规高于地方性法规、规章。

4）地方性法规高于本级和下级地方政府规章。

5）自治条例和单行条例依法对法律、行政法规、地方性法规作变通规定的，在本自治地方适用自治条例和单行条例的规定。

6）部门规章和地方政府规章之间具有同等效力，在各自的权限范围内施行。

（2）在同一位阶的法之间，特别规定优于一般规定，新的规定优于旧的规定。宪法具有最高权威性、原则性、概括性、适应性、无具体惩罚性、相对稳定性的特点。

《中华人民共和国消防法》1998 年 9 月 1 日起施行，2009 年 5 月 1 日起，施行修订后的消防法。《中华人民共和国突发事件应对法》2007 年 11 月 1 日起施行。《中华人民共和国安全生产法》2002 年 11 月 1 日起施行，2009 年 8 月 27 日起施行修订版。

在这些法律法规之下，还有具体的规范和规定。

1.2.2　我国现行建筑防火设计规范体系

自 20 世纪 50 年代起，我国的建筑事业获得了迅猛发展，结合我国的实际情况、消化吸收国外相关规范经验，相关部委牵头相继制定颁布了《工业企业和居民住宅建筑设计暂行防火标准》《关于建筑防火设计的原则规定》《建筑设计防火规范》《油田建设设计防火规范》等。

1987 年，原国家建委、公安部会同有关部门共同对原《建筑设计防火规范》（TJ 16—74）进行了修订，形成了第一部国家标准形式的《建筑设计防火规范》（GBJ 16—87）。之后 10 年间，各类建筑设计防火规范得到了迅速发展和完善，逐渐形成了现行的比较完整的消防法规基本体系。

根据功能分为建筑防火类规范和消防设备类规范两大类。建筑防火设计规范主要有《建筑设计防火规范》《人民防空工程设计防火规范》等，根据建筑的防火要求，从技术指标到具体做法都做了具体的规定。

表 1-2 列出了主要的建筑防火设计规范，均为强制性的国家标准。有些行业还根据自身特点，在满足国家标准的原则上制定了行业标准（表 1-3）。为与建筑设计防火规范的要求相配套，国家还制订了一系列的自动消防系统的设计、施工与验收规范，分别规定了某种消防工程系统的具体要求，表 1-4 列出了主要消防系统的设计与验收规范。

表 1-2　我国部分建筑防火设计规范目录

名　称	代　码	备　注
建筑设计防火规范	GB 50016—2014	2018 年最新修订
高层建筑设计防火规范	GBJ 50045—1995	2005 年最新修订
石油库设计规范	GB 50074—2014	2014 年修订条文
人民防空工程设计防火规范	GB 50098—98	2009 年局部修订
石油化工企业设计防火规范	GB 500160—92	2008 年局部修订
村镇建筑设计防火规范	GBJ 39—90	
原油和天然气工程设计防火规范	GB 50183—93	2004 年最新修订
火力发电厂和变电所设计防火规范	GB 50229—96	
汽车库、修车库、停车场设计防火规范	GB 50067—97	2014 年最新修订
水利水电工程设计防火设计规范	SDJ 278—90	
建筑内部装修设计防火规范	GB 50222—95	2017 年局部修订
小型石油库及汽车加油站设计规范	GB 50156—92	2014 年最新修订
地铁设计规范	GB 50157—2013	
爆炸和火灾环境电力装置设计规范	GB 50058—92	

表 1-3　部分相关行业规范与标准

名　称	代　码	备　注
邮电建筑设计防火标准	YD 5002—2005	
档案馆建筑设计规范	JGJ 25—2010	
图书馆建筑设计规范	JGJ 38—2015	
文化馆建筑设计规范	JGJ/T 41—2014	
剧场建筑设计规范	JGJ 57—2016	
电影院建筑设计规范	JGJ 58—2008	
旅馆建筑设计规范	JGJ 62—2014	

表 1-4　若干消防系统的设计与验收规范

名　称	代　码	备　注
火灾自动报警系统设计规范	GB 50116—2013	

名　　称	代　码	备　注
自动喷水灭火系统设计规范	GB 50084—2017	
水喷雾灭火系统技术规范	GB 50219—2014	
低倍数泡沫灭火系统设计规范	GB 50151—1992	
高倍数、中倍数泡沫灭火系统设计规范	GB 50196—1993	
泡沫灭火系统设计规范	GB 50151—2010	
二氧化碳灭火系统设计规范	GB 50193—93	2010年修订
消防通信指挥系统设计规范	GB 50313—2000	
气体灭火系统设计规范	GB 50370—2005	
建筑灭火器配置设计规范	GB 50140—2005	
火灾自动报警系统施工及验收规范	GB 50166—2007	
气体灭火系统施工及验收规范	GB 50263—2007	
自动喷水灭火系统施工及验收规范	GB 50261—2017	
泡沫灭火系统施工及验收规范	GB 50281—2006	

《建筑设计防火规范》（GB 50016—2014）（2018年修订版于10月1日实施）的适用范围：

该规范适用于下列新建、扩建和改建的建筑：

（1）厂房；

（2）仓库；

（3）建筑；

（4）甲、乙、丙类液体储罐（区）；

（5）可燃、助燃气体储罐（区）；

（6）可燃材料堆场；

（7）城市交通隧道；

（8）本规范不适用于火药、炸药及其制品厂房（仓库）、花炮厂房（仓库）的建筑防火设计；

（9）人民防空工程、石油和天然气工程、石油化工工程、火力发电厂与变电站等的建筑防火设计。

1.2.3　矿井防灭火设计规范体系

为了保障矿井生产安全，防止矿井事故，保护矿井职工人身安全，促进采矿业的发展，制订的1993年5月1日起施行《中华人民共和国矿山安全法》，2009年8月27日修订版实施。该法要求矿山企业必须具有保障安全生产的设施，建立、健全安全管理制度，采取有效措施改善劳动条件，保证安全生产。

《煤矿安全规程》从1949年起，先后制订和修改过多次，不断得以修改和完善，最新修订的《煤矿安全规程》自2016年10月1日起施行。它是煤矿安全法规群体中一部最重要的法规，它既具有安全管理的内容，又具有安全技术的内容；是煤炭工业贯彻落实"安全第一、预防为主"方针，贯彻落实《中华人民共和国安全生产法》《中华人民共和国煤炭法》《煤矿安全监察条例》《安全生产许可证条例》等安全生产法律法规的具体体现；是保障煤矿职工安全与健康、保证国家资源和财产不受损失，促进煤炭工业现代化建设必须遵循的准则。为更好地执行《煤矿安全规程》，结合我国煤矿矿井防灭火的经验和教训，制定了《矿井防灭火规范》。

《矿井防灭火规范》在集团公司层面由总经理全面负责，总工程师负技术领导责任；在矿井范围内由矿长负全面领导责任，矿总工程师负技术领导责任；局、矿及其下属有关部门分工负责。

(1) 通风部门负责自燃火灾的预防和矿井火灾的处理。

(2) 机电部门负责电气火灾和机械火灾的预防。

(3) 地测、计划和生产部门负责地质、测量、开拓、开采设计和生产工艺方面预防自燃火灾和外源火灾。

(4) 矿井救护队负责发生火灾时的灭火救护工作和平时配合通风部门做好自燃火灾的预防处理和防火检查工作。

(5) 安监部门负责监督检查本《规范》执行情况和明火管制。

(6) 供应部门负责矿井防灭火所需材料、设备的供应。

(7) 财务部门负责矿井防灭火工作所需资金。

1.2.4 火灾预防管理规定

火灾预防管理规定要求：地方各级人民政府应当将包括消防安全布局、消防站、消防供水、消防通信、消防车通道、消防装备等内容纳入城乡规划，并负责组织实施。

城乡消防安全布局不符合消防安全要求的，应当调整、完善；公共消防设施、消防装备不足或者不适应实际需要的，应当增建、改建、配置或者进行技术改造。

建设工程的消防设计、施工必须符合国家工程建设消防技术标准。建设、设计、施工、工程监理等单位依法对建设工程的消防设计、施工质量负责。

需要进行消防设计的建设工程，除《中华人民共和国消防法》第十一条另有规定的外，建设单位应当自依法取得施工许可之日起七个工作日内，将消防设计文件报公安机关消防机构备案，公安机关消防机构应当进行抽查。

符合规定的大型人员密集场所和其他特殊建设工程，建设单位应当将消防设计文件报送公安机关消防机构审核，公安机关消防机构依法对审核的结果负责。未经审核或者审核不合格的，不得给予施工许可，建设单位、施工单位不得施工；其他建设工程取得施工许可后经依法抽查不合格的，应当停止施工。

需要进行消防设计的建设工程竣工验收、备案的：

消防法第十一条规定的建设工程，建设单位应当向公安机关消防机构申请消防验收；其他建设工程，建设单位在验收后应当报公安机关消防机构备案，公安机关消防机构应当进行抽查。未经验收或验收不合格的，禁止投入使用；其他建设工程经依法抽查不合格的，应当停止使用。

建设工程消防设计审核、消防验收、备案和抽查的具体办法，由国务院公安部门规定。公众聚集场所在投入使用、营业前，建设单位或者使用单位应当向场所所在地的县级以上地方人民政府公安机关消防机构申请消防安全检查；自受理申请之日起十个工作日内进行消防安全检查，未经检查或检查不符合消防安全要求的，不得投入使用、营业。

1.3　防灭火设计的内容

1.3.1　防灭火设计的一般流程

防灭火系统设计包括设计依据及基础资料准备、系统性能参数设计、防灭火作业流程、防灭火物质用量计算、安全注意事项和应急处理、系统运行人员和经济核算。

（1）设计依据及基础资料准备。收集相关的设计基础数据和资料，确定防灭火设计对象和范围，根据火灾的成因及其发生火灾的情况，选择合适的防灭火物质和方法。

（2）系统性能参数设计。包括耐火材料的选择、防火分区的确定、防排烟和防爆、灭火用水用电、火灾报警系统、自动灭火系统、消防通道、防火间距等。

要求：一是满足条件；二是参数合理。

（3）防灭火作业流程。包括作业时间、作业量、操作地点、质量合格检验等。

（4）防灭火物质用量计算。

（5）安全注意事项和应急处理。

（6）系统运行人员和经济核算。

依据：一是劳动组织；二是技术指标。

1.3.2　防灭火设计的内容

1.3.2.1　建筑防灭火设计的内容

A　建筑火灾影响因素

结合火灾燃烧的特点，针对人员密集公共建筑场所火灾的各类原因，可从人、物、火源、建筑、城市规划及其管理六个方面对人员密集公共建筑场所火灾存在的主要影响因素给予分析：

（1）人的因素。在许多情况下，人的因素往往是造成火灾事故的主要因素，同时人也是在火灾中最容易受到伤害的角色，认定火灾隐患时必须考虑。人的因素包括人的生理心理和人的行为。人的素质决定人的行为，包括人的文化素质、身体素质、反应灵敏度和工作责任心。一个文化素质高或经过专门训练的人与一个文化素质不高或没有受过训练的人相比，在同样的岗位上，前者出现误操作的几率要小得多，处理紧急事故的能力要强得多。同样文化素质、受过专业训练的人，身体素质不同，应急反应不同。

（2）物质的因素。物质是燃烧要素中的第一个要素，要从可燃物出发认定火灾隐患，对可燃物的性质、数量以及分布状况分析火灾危险性。同一类型的建筑，功能不同，装修的材料和等级不同，存放可燃物的种类、数量、分布状况不同、火灾的危险性不同。例如同为一座商场，出售一般日用百货、五金电器、建筑材料等的情况火灾危险性都各不相同，而同一座商场内，卖场和仓库的火灾危险性不同。

（3）火源、热源、电源因素。火源、热源、电源都有可能酿成火灾，在可燃物和空气客观存在的情况下，加强着火源的管控尤为重要。例如，一个大型商场，经营的绝大多数商品是可燃和易燃的，要避免火灾发生，必须控制好着火源，这是建筑防火的首要措施。

（4）建筑结构、平面布局等方面的建筑环境因素。建筑耐火等级、结构形式、平面布局如果不合理，会严重影响火灾的扑救和人员及物资的疏散。如一个建筑面积七八千平方米的大型商场没有设防火分区；宾馆、饭店或影剧院的安全疏散门被堵死、通道被占用；甲乙类生产、储存单位内部三区（生产、储存、办公）不分，或紧靠公共建筑和居民区；大型商场、高层建筑与周围建筑毗连，没有防火间距和消防车道等。

（5）消防设施、器材等救援设备因素。消防设施、器材、水源对扑救火灾是必不可少的。如果一个区域、一个单位、一个场所不按要求设置相应的消防器材和水源，或维护不良，一旦发生火灾，就不能及时扑救，从而导致火灾继续扩大蔓延的局面。

（6）管理因素。管理因素是导致火灾的间接原因，但它可使直接原因发生变化，人、物及环境等因素是管理的对象，管理有缺陷，导致人的不安全行为、物的不安全状态、环境的不安全因素出现，引起火灾发生。

B 化工园区主要的火灾危险源

化工园区内的危险品高度集中，危险性高。化工园区的消防安全问题，不仅是单个化工企业的消防安全，更要考虑整体安全性。化工园区的主要火灾危险包括以下几种：

（1）生产工艺过程中的危险性。生产工艺过程的火灾爆炸危险性与生产装置规模、工艺流程和条件有很大关系，同一生产过程，装置规模越大，火灾爆炸危险性越大；工艺流程和条件越复杂，火灾爆炸危险性越大。

（2）邻近企业的风险和爆炸危险。化工园区内化工企业多，往往紧密布置，如果一家发生火灾爆炸事故，很可能造成企业之间连锁爆炸，容易造成群死群伤。化工园区火灾爆炸会因可燃物量大而燃烧迅速、延续时间长、温度高、辐射性强、救援难度大。

C 建筑防灭火设计的基本内容

建筑防灭火设计要尽可能全面，根据《建筑设计防火规范》（GB 50016—2016），建筑防火设计包括建筑专业的防火设计、消防灭火系统设计、电气防火和火灾自动报警系统设计、采暖通风防火防排烟系统设计等。其中以建筑专业防火设计为主体，设计人员必须在项目基础设计阶段对建筑防火做出全面、周密的设计考虑和决策。具体包括：

（1）建筑耐火设计。包括建筑耐火等级、钢筋混凝土结构的耐火性能、钢结构耐火设计等。

（2）总平面防火设计。包括总平面布局、防火间距、消防车道、作业场所等。

（3）防火分区与建筑平面防火设计。包括防火分区的作用与类型、防火分区的设计标准、防火分隔物、特殊部位防火分隔设计、建筑平面防火设计等。

（4）建筑防排烟设计。包括疏散安全分区、疏散时间和间距、安全出口、疏散楼梯、消防电梯等。

（5）建筑消防系统设计。包括建筑消防给水灭火系统设计、建筑采暖、通风系统防火设计、电气防火与火灾监控系统设计、建筑内部装修防火设计等。

1.3.2.2 矿井防灭火设计的内容

矿井火灾是煤矿主要灾害之一，火灾一旦发生，轻则影响生产，重者可能烧毁煤炭资源和矿井设备，更为严重者则可能引燃瓦斯煤尘爆炸和有毒有害气体蔓延，酿成人员伤亡的重大恶性事故。尽管矿井防灭火技术有了很大发展，但是矿井火灾仍时有发生，因此，必须作好矿井的防火灭火工作，以保证生产的安全进行。

A　矿井火灾的种类

矿井火灾种类很多，根据矿井火灾的特征可分为三类：

（1）按发火原因分类。煤矿习惯把火灾分为外因火灾和内因火灾。由矿石或岩石自燃而引起的火灾叫内因火灾，由于各种外部原因，如明火（吸烟、点燃火柴、焊接、火焰灯等）、油料、炸药、电气设备故障等引起的火灾，叫外因火灾。

（2）按燃烧物质分类。材料与设备的燃烧：包括燃料、润滑油、电气设备、炸药、木支架等。矿石的燃烧：包括煤、含煤矸石、硫化矿石等。混合型火灾：包括矿井木支架和自燃同时燃烧。

（3）按发火地点分类。有采空区火灾、巷道火灾、采场火灾等。

B　煤矿防灭火设计的主要内容

（1）矿井安全生产概况。主要介绍矿井的交通位置、煤层特征（包括成煤时期、煤层的层数、煤层的赋存条件、自然发火期）、矿井开拓系统及采煤方法（包括矿井工作制度、矿井生产能力及服务年限、矿井开拓方式、采煤布置、采煤方法及采煤工作面作业形式、采煤工作面参数）、矿井通风系统、其他安全生产系统以及现有防灭火系统的状况等。

（2）矿井火灾的危险性分析。根据已经获得的资料，如各煤层的煤自燃特性、矿井自然发火的历史、对于新矿井则参考相邻矿井的自然发火灾害及防治状况、矿井采掘状况及工作面漏风状况、井下电器使用及易燃可燃物品存储使用状况等，分析矿井可能出现的火灾危险性，确定火灾防治的重点区域和种类。

（3）火灾监测系统设计。火灾的早期发现和监测是矿井火灾防治的前提，根据井下重点火灾危险区域，设计井下监测系统、人工采样分析或束管采样分析系统等矿井火灾监测方案；对于外因火灾，安设烟雾、CO 气体探头、温度探头、胶带输送机保护装置等进行监测。监测方案要明确监测指标的参数和各级警报的限值，制定一旦超限的报告和处理措施。

（4）防灭火系统设计。由于各矿具体火灾危险性不同，防治火灾的技术条件也不同，因此应在完成井下作业场所消防设计的基础上，增设针对性单项或综合防灭火措施，主要有黄泥灌浆、采空区注氮、喷洒阻化剂、构筑防火密闭、灌注凝胶、采空区注 CO_2、灌注高含水稠化材料等。内容包括火灾成因及火情概况，选择防灭火物质和方法；系统性能参数设计包括管路、设备、性能等；防灭火作业操作流程包括作业时间、作业量、操作地点、质量合格检验等；防灭火物质用量计算；安全注意事项和应急处理；系统运行人员和经济核算。

（5）矿井火灾防治管理制度和体系建设。要加强防灭火的制度建设，加强管理，根据不同的矿井类型及实际发生火灾的不同状况，编制具体的体系建设意见。

C　矿井防灭火规划和计划

根据《矿井防灭火规范》，矿井防灭火规划和计划的内容应包括：

（1）防止井口地面火灾危害井下安全的措施。

（2）各种外源火灾的防灭火措施。

（3）自燃煤层开采的防灭火措施。

（4）现有火区的管理和灭火措施。

（5）在火区周围进行生产活动的安全措施。

（6）发生火灾时的通风应变措施。

（7）发生火灾时防止瓦斯、煤尘爆炸和防止灾情扩大的措施。

（8）发生火灾时的矿工自救和救灾措施。

D　常用的防灭火技术

防治煤炭自燃的措施有注水、灌浆、喷洒阻化剂、注惰气、注凝胶、胶体泥浆、阻化汽雾、泡沫树脂等。

（1）灌浆技术。灌浆充填材料有黄泥浆、水砂浆、煤矸石泥浆、粉煤灰、石膏、水玻璃凝胶和废水泥渣等。其优点是：①包裹煤体，隔绝煤与氧气的接触；②吸热降温；③工艺简单；④成本较低。其缺点是：①只流向地势低的部位，不能向高处堆积，对中、高及顶板煤体起不到防治作用；②浆体不能均匀覆盖浮煤，容易形成"拉沟"现象，覆盖面积小；③易跑浆和溃浆，造成大量脱水，恶化井下工作环境，影响煤质。

（2）阻化剂防灭火技术。在煤的表面喷洒上一层隔氧膜，阻止或延缓煤的氧化进程。阻化剂主要是卤化物，其与水溶液能浸入到煤体的裂隙中，覆盖煤的外部表面，隔绝氧气。卤化物吸水能力很强，可吸收大量水分覆盖在煤的表面，减少氧与煤接触，延长煤的自然发火。

（3）惰性气体技术。惰气源主要有氮气和 CO_2，氮气制备的方式有深冷空分、碳分子筛变压吸附和中空纤维分离等。优点是：①降低区域氧气浓度；②可使火区内瓦斯等可燃性气体失去爆炸性；③对井下设备无腐蚀，不影响工人身体健康。缺点是：①易随漏风扩散，不易滞留在注入的区域内；②注氮机需要经常维护；③降温灭火效果差。

（4）惰性气体泡沫技术。惰性气体泡沫主要有氮气泡沫、二氧化碳泡沫等。在井下灭火时，可采用钻孔压注法将溶液注入自然发火区域，避免了"拉沟"现象，泡沫能均匀分布，适于采空区或煤堆深部的煤炭自燃；泡沫容易破灭，加上只有液相水，一旦水分挥发，防灭火性能就会消失。

（5）堵漏防灭火技术。包括巷顶高冒堵漏的抗压水泥泡沫和凝胶堵漏技术和材料；巷帮堵漏的水泥浆、高水速凝材料和凝胶堵漏技术与材料；采空区堵漏的均压、惰泡、凝胶和尾矿泥堵漏等技术。

（6）凝胶防灭火技术。凝胶分无机凝胶和高分子凝胶两大类，其防灭火机理是凝胶通过钻孔或煤体裂隙进入高温区，凝胶在高温下水分迅速汽化，快速降低煤表面温度，残余固体形成隔离层，阻碍煤氧化自燃；随着煤体的温度的升高，凝胶包裹煤体，隔绝氧气，使煤氧化、放热反应终止；干涸的胶体还可以降低原煤体的孔隙率，隔绝空气，抑制复燃。缺点是：①流量小，流动性差，较难大面积使用；②时间长了胶体会龟裂；③胺盐凝胶会产生有毒有害气体；④成本较高。

1.4 消防设计的评审

1.4.1 消防设计评审的原则

消防设计评审的原则为：

（1）符合相应的法律法规。消防设计必须符合相关行业的法律法规。

（2）科学性。合理的布局和结构、完善的功能、先进的技术。

（3）经济性。消防设计尽量经济实用，多方案经济比较。

1.4.2 相关法定依据

《中华人民共和国消防法》规定大型的人员密集场所和其他特殊建设工程，建设单位应当将消防设计文件报送公安机关消防机构审核。

《建设工程消防监督管理规定》第十三条规定对具有下列情形之一的人员密集场所，建设单位应当向公安机关消防机构申请消防设计审核，并在建设工程竣工后向出具消防设计审核意见的公安机关消防机构申请消防验收：

（1）建筑总面积大于 2 万平方米的体育场馆、会堂、公共展览馆、博物馆的展示厅。

（2）建筑总面积大于 1.5 万平方米的民用机场航站楼、客运车站候车室、客运码头候船厅。

（3）建筑总面积大于 1 万平方米的宾馆、饭店、商场、市场。

（4）建筑总面积大于 $2500m^2$ 的影剧院，公共图书馆的阅览室，营业性室内健身、休闲场馆，医院的门诊楼，大学的教学楼、图书馆、食堂，劳动密集型企业的生产加工车间，寺庙、教堂。

（5）建筑总面积大于 $1000m^2$ 的托儿所、幼儿园的儿童用房，儿童游乐厅等室内儿童活动场所，养老院、福利院，医院、疗养院的病房楼，中小学校的教学楼、图书馆、食堂，学校的集体宿舍，劳动密集型企业的员工集体宿舍。

（6）建筑总面积大于 $500m^2$ 的歌舞厅、录像厅、放映厅、卡拉 OK 厅、夜总会、游艺厅、桑拿浴室、网吧、酒吧，具有娱乐功能的餐馆、茶馆、咖啡厅。

《建设工程消防监督管理规定》第十四条规定对具有下列情形之一的特殊建设工程，建设单位应当向公安机关消防机构申请消防设计审核，并在建设工程竣工后向出具消防设计审核意见的公安机关消防机构申请消防验收：

（1）设有该规定第十三条所列的人员密集场所的建设工程。

（2）国家机关办公楼、电力调度楼、电信楼、邮政楼、防灾指挥调度楼、广播电视楼、档案楼。

（3）该条第一项、第二项规定以外的单体建筑面积大于 4 万平方米或者建筑高度超过 50m 的其他公共建筑。

（4）城市轨道交通、隧道工程，大型发电、变配电工程。

（5）生产、储存、装卸易燃易爆危险物品的工厂、仓库和专用车站、码头，易燃易爆气体和液体的充装站、供应站、调压站。

1.4.3 申请条件

（1）新建、扩建工程已经取得建设工程规划许可证。

（2）设计单位具备相应的资质条件。

（3）消防设计文件的编制符合公安部规定的消防设计文件申报要求。

（4）建筑的总平面布局和平面布置、耐火等级、建筑构造、安全疏散、消防给水、消防电源及配电、消防设施等的设计符合国家工程建设消防技术标准强制性要求。

（5）选用的消防产品和有防火性能要求的建筑材料符合国家工程建设消防技术标准和有关管理规定。

1.4.4 申报材料

（1）建设工程消防设计审核申报表。

（2）建设单位的工商营业执照等合法身份证明文件。

（3）新建、扩建工程的建设工程规划许可证明文件。

（4）设计单位资质证明文件。

（5）消防设计文件。

（6）具有下列情形之一的，还应提供特殊消防设计的技术方案及说明，或者设计采用的国际标准、境外消防技术标准的中文文本，以及其他有关消防设计的应用实例、产品说明等技术资料：

1）国家工程建设消防技术标准没有规定的；

2）消防设计文件拟采用的新技术、新工艺、新材料可能影响建设工程消防安全，不符合国家标准规定的；

3）拟采用国际标准或者境外消防技术标准的。

1.4.5 办理程序

（1）建设单位填写《建设工程消防设计审核申报表》，并提供有关材料，报市政府政务服务中心消防支队窗口。

（2）由窗口受理岗位工作人员依照《中华人民共和国行政许可法》第三十二条的规定做出处理。受理或者不予受理申请，出具书面凭证。

（3）公安消防机构进行建设工程消防设计审核（需要专家评审的报省公安消防总队组织评审）。

（4）窗口向申请人送达《建设工程消防设计审核意见书》。

1.4.6 办结时限

公安机关消防机构应当自受理消防设计审核申请之日起20日内出具书面审核意见。但是依照该规定需要组织专家评审的，专家评审时间不计算在审核时间内。

对需要组织专家评审的建设工程，公安机关消防机构应当在受理消防设计审核申请之日起 5 日内将申请材料报送市公安消防局组织专家评审。

市公安消防局应当在收到申请材料之日起 30 日内会同同级住房和城乡建设行政主管部门召开专家评审会，并应当在专家评审会后 5 日内将专家评审意见书面通知报送申请材料的公安机关消防机构，同时报公安部消防局备案。

火灾探测技术

火灾探测是以物质燃烧过程中产生的各种火灾现象为依据，以实现早期发现火灾为前提。以物质燃烧过程中能量转换和物质转换为基础，可形成不同的火灾探测方法，如图2-1所示。

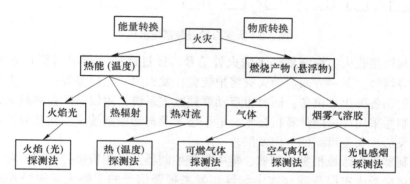

图 2-1 火灾探测方法

国际标准《火灾探测和报警系统》（ISO7240-1：2014）中对火灾探测器做了详细定义：火灾探测器是火灾自动报警系统的组成部分，它至少含有一个能够连续或以一定频率周期监视与火灾有关的物理或化学现象的传感器，并且至少能够向控制和指示设备提供一个适合的信号，是否报火警或操作自动消防设备可由探测器或控制和指示设备做出判断。简而言之，火灾探测器是及时地探测和传输与火灾有关的物理和化学现象的探测装置。

2.1 火灾自动报警系统类型与组成

2.1.1 系统构成

火灾自动报警系统主要由触发器件、火灾报警系统、火灾警报装置和其他辅助功能的装置组成。如图2-2所示。其中两个重要的组件如下。

2.1.1.1 火灾探测器

火灾探测器是火灾自动报警和自动灭火系统最基本和最关键的部分，是整个系统自动检测的触发器件，犹如一个人的"感觉器官"，能不间断地监视和探测被保护区域火灾的初期信号。火灾探测器被安装在监控现场，用以监视现场火情，它将现场火灾信号（烟，光，温度）转换成电气信号，并将其传送到火灾报警控制器，在自动消防系统中完成信号的检测与反馈。

2.1.1.2 火灾报警控制器

火灾报警控制器是自动消防系统的重要组成部分，是现代建筑消防系统的重要标志。

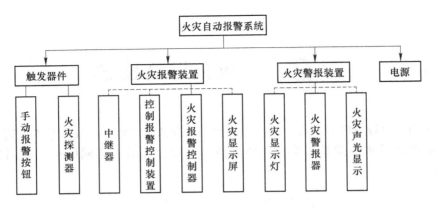

图 2-2 火灾自动报警系统组成

火灾报警控制器接收火灾探测器送来的火警信号，经过运算（逻辑运算）处理后认定火灾，发出火警信号。其一方面启动火灾警报装置，发出声、光报警等；另一方面启动灭火联动装置，驱动各种灭火设备；同时也启动联锁减灾系统，用以驱动各种减灾设备。现代火灾报警控制器采用先进的计算机技术、电子技术及自动控制技术，使其向着体积小、功能强、控制灵活、安全可靠的方向发展。

报警控制器分为区域报警控制器、集中报警控制器及通用报警控制器三种。区域报警控制器是直接接受火灾探测器（或中继器）发来报警信号的多路火灾报警控制器。集中报警控制器是接受区域报警控制器（或相当于区域报警控制器的其他装置）发来的报警信号的多路火灾报警控制器。通用报警控制器是既可作区域报警控制器又可作集中报警控制器的多路火灾报警控制器。

A 区域报警控制器

区域报警控制器具有下列基本功能：

（1）对火灾探测器的供电。

（2）火灾自动报警。接受探测器的火灾报警信号后发出声光报警信号，显示火警部位。

（3）故障报警。能对探测器的内部故障及线路故障报警，发出声光信号，指示故障部位及种类。其声光信号一般与火灾情号不同。

（4）火警优先。当故障与火灾报警先后或同时出现均应优先发出火灾报警信号。

（5）自检及巡检。可以人工自检和自动巡检报警控制器内部及外部系统器件和线路是否完好，以提高整个系统的完好率。

（6）自动计时。可以自动显示第一次火警时间或自动记录火警及故障报警时间。

（7）电源监测及自动切换。主电源断电时能自动切换到备用电源上，主电源恢复后立即复位。并设有主、备电源的状态指示及过压、过流和欠压保护。

（8）外控功能。当发生火灾报警时，能驱动外控继电器，以便联动所需控制的消防设备或外接声光报警信号。

（9）能将火警信号输入集中报警控制器。

B 集中报警控制器

集中报警控制器的工作原理与区域报警控制器基本相同。它能接收区域报警器或火灾探测器发来的火灾信号，用声、光及数字显示火灾发生的区域和楼层。集中报警控制器的作用还有将若干个区域报警控制器连成一体，组成一个扩大了的自动报警系统，以便集中监测、管理，发生火灾时便于加强消防指挥。

C 通用火灾报警控制器

通用火灾报警控制器兼有区域、集中两级火灾报警控制器的双重特点。通过设置或修改某些参数（可以是硬件或者软件），既可作区域级使用，连接探测器；或可作集中级使用，连接区域火灾报警控制器。

2.1.2 系统类型

根据工程建设的规模、保护对象的性质、火灾报警区域的划分和消防管理机构的组织形式，可将火灾自动报警系统划分为三种基本形式，如图 2-3～图 2-5 所示。区域报警控制器一般适用于二级保护对象；集中报警系统一般适用于一、二级保护对象；控制中心系统一般适用于特级、一级保护对象。

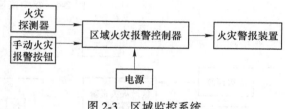

图 2-3 区域监控系统

区域报警系统如图 2-3 所示。它包括火灾探测器、手动报警按钮、区域火灾报警控制器、火灾警报装置和电源等部分。这种系统比较简单，但使用很广泛，例如行政事业单位、工矿企业的要害部位和娱乐场所均可使用。

区域报警系统在设计时应符合下列几点：

（1）在一个区域系统中，宜选用 1 台通用报警控制器，最多不超过 2 台；

（2）区域报警器应设置在有人值班的房间；

（3）该系统比较小，只能设置一些功能简单的联动控制设备；

（4）当用该系统警戒多个楼层时，应在每个楼层的楼梯口和消防电梯前等明显部位设置识别报警楼层的灯光显示装置；

（5）当区域报警控制器安装在墙上时，其底边距地面或楼板的高度为 1.3～1.5m，靠近门轴侧面的距离不小于 0.5m，正面操作距离不小于 1.2m。

集中报警控制系统如图 2-4 所示，它由 1 台集中报警控制器、2 台以上的区域报警控制器、火灾警报装置和电源组成。高层宾馆、饭店、大型建筑群一般使用的都是集中报警系统。

集中报警控制器设在消防控制室，区域报警控制器设在各层的服务台处。对于总线制火灾报警控制系统，区域报警控制器就是重复显示屏。

集中报警控制系统在设计时应注意以下几点：

（1）集中报警控制系统中，应设置必要的消防联动控制输出节点，可控制有关消防设备，并接收其反馈信号；

（2）在控制器上应能准确显示火灾报警的具体部位，并能实现简单的联动控制；

（3）集中报警控制器所连接的区域报警控台隅（层显）应符合区域报警控制系统的技术要求。

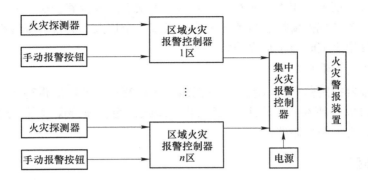

图 2-4　集中监控系统

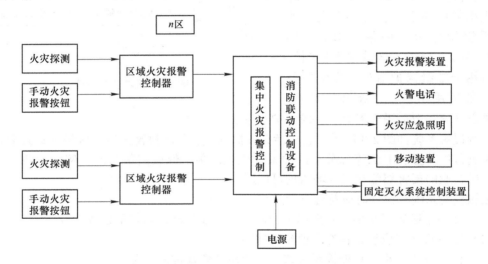

图 2-5　控制中心报警系统

控制中心报警系统除了包括集中报警控制器、区域报警控制器、火灾探测器外，在消防控制室内还增加了消防联动控制设备。被联动控制的设备包括火灾警报装置、火警电话、火灾应急照明、火灾应急广播、防排烟、通风空调、消防电梯和固定灭火控制装置等。也就是说集中报警系统加上联动的消防控制设备就构成控制中心报警系统。

控制中心报警系统主要用于大型宾馆、饭店、商场、办公室、大型建筑群和大型综合楼工程等。在一个大型建筑群里建成控制中心系统是一项非常复杂的消防工程。例如日本东京都政府办公大楼占地面积约 $42940m^2$，建筑面积约 $381000m^2$，地上 48 层、地下 3 层，容纳人员约 13300 人，如此庞大的建筑群，没有完整消防设备是难以设想的。其中部分消防工程是日探公司承担的，消防系统的设计指导思想综合考虑了可靠安全性、系统扩充性、管理方便性三要素。消防设备包括火灾探测、报警、联动控制设备，消防设备的自动检测设备，避难诱导设备等。

2.1.3　系统工作原理

当建筑物内某一被监视现场（房间、走廊、楼梯等）着火，火灾探测器便把从现场探测到的信息（烟气、温度、火光等）以电信号形式立即传到报警控制器，控制器将此信号与现场正常状态整定信号比较。若确认着火，则输出两回路信号：一路指令声光显示装置动作，发出音响报警及显示火灾现场地址（楼层、房号等）并记录第一次报警时间；另一路则指令设于现场的执行器（继电器或电磁阀等）开启喷洒阀，喷洒灭火剂进行灭火。为了防止系统失控或执行器中组件、阀门失灵而贻误救火时间，现场附近还设有手动开关，用以手动报警以及控制执行器（或灭火器）动作，以便及时扑灭火灾。同时控制器还会发出其他联动控制系统的报警信号，使整个消防自动控制系统工作，以便及时完成灭火救灾。这一完整过程就是火灾自动控制系统工作的基本过程。

2.2 火灾探测器的设计

2.2.1 火灾探测器分类

火灾探测器的种类很多，而且可以有多种分类方法。一般根据被探测的火灾参数特征、响应被探测火灾参数的方法和原理、敏感组件的种类及分布特征等划分。

（1）根据监测的火灾特性分类。根据监测的火灾特性不同，火灾探测器可分为感烟、感温、感光和风燃气体等四种类型，每个类型又根据其工作原理的不同而分为若干种。

（2）根据感应元件的结构分类。根据感应元件的结构不同，可分为以下两类：

1）点型火灾探测器。这种探测器是指响应一个小型传感器附近的火灾产生的物理和（或）化学现象的火灾探测器件。在建筑物中使用的火灾探测器绝大多数是点型火灾探测器。

2）线型火灾探测器。这种探测器是指响应某一连续线路附近的火灾产生的物理和（或）化学现象的火灾探测器件。

（3）根据使用环境分类。按安装场所环境条件对火灾探测器进行分类，可分为陆用型、船用型、耐寒型、耐酸型、耐碱型和防爆型。

本节主要对感烟、感温、感光和风燃气体等四种类型的探测器进行介绍。

A 感烟探测器

感烟探测器响应的是燃烧或热解产生的固体或液体微粒，探测可见或不可见的燃烧产物及起火速度缓慢的初期火灾。

火灾初始阶段的特点是温度低，产生大量烟雾，很少或没有火焰辐射，基本上未造成物质损失。感烟探测器主要探测火灾初期的烟雾，优点有响应速度快，能及早发现火情，有利于火灾早期补救的特点；其缺点是易受外界影响，例如风速、灰尘以及电路的噪声干扰等，容易引起误报警等现象。因此，各种类型的探测器为减少误报，正不断采取先进的技术以提高其准确率，例如松下产品中设计出独特人字形结构。烟雾探测室外围为人字形迷宫结构，这样不仅使烟雾更容易流入，也能使蒸汽或薄雾等水蒸气成分难以进入探测室内，只凝聚于外围结构的表面，同时能阻挡外部散射光进入探测室，防止假报警。

感烟探测器还可以再分为离子型、光电型、激光型和红外光束型四种。

B 感温探测器

感温探测器响应的是异常高温或异常温升速率的火灾探测器。其结构最简单、价格低廉而且某些类型的感温探测器不配置电子电路也能工作。可靠性较感烟探测器高，且对环境要求低，但对初期火灾响应迟钝。智能化是探测器的发展趋势。感温探测器同样也在该方面不断发展，例如我国西安久安公司的 JWWM-9124 型小灵通感温探测器是智能型二总线探测器，采用软件地址编码，内部的单片微机能够对周围环境进行火灾判断处理并进行资料记忆，比较分析做出正确的判断。探测器采用适当的算法能辨别虚假的或真实的火灾，是较好的智能化产品，另外还具有独特的自诊断功能和工作点自动跟踪补偿功能，随时检查探测器的工作状态。感温火灾探测器按其作用原理区分主要有定温探测器、差温探测器和差定温探测器。

C 感光探测器

感光火灾探测器又称为火焰火灾探测器，是对物质燃烧火焰的光谱特性、光照强度和火焰的闪烁频率敏感响应的探测器。因为光波的传播速度极快，所以感光探测器对快速发生的火灾（尤其是可燃溶液和液体火灾）或爆炸能够及时响应，是对这类火灾早期通报火警的理想的探测器。感光探测器响应速度快，几个微秒内就发出信号，特别适用于突然起火而无烟的易燃易爆场所。由于感光探测器不受环境气流影响，故能在户外使用。此外，它还有性能稳定、可靠、探测方位准确等优点。

感光探测器与光电感烟探测器不同。光电感烟探测器是集烟器，它必须有烟雾吸入才起作用，器件的光源为内置式，是设备本身自带的，而感光探测器是由火灾发出的红外光或紫外光作用于探测器的光导电池或紫外光电子管，从而发出电信号实现火灾报警的。

D 可燃气体火灾探测器

可燃气体探测器，其敏感组件采用气敏半导体组件，用以检测空气中可燃气体的浓度并发出警报信号。可燃气体探测器能对空气中可燃气体浓度进行检测，它具有防火防爆特点且可以监测环境污染作用，特别适合厂矿火灾自动报警系统中使用。随着经济的发展，我国城市的能源结构有了很大的变化，天然气、液化气、人工煤气普遍应用于日常生活，由可燃气体泄漏造成的火灾、爆炸事故也越来越多，所以新的火灾自动报警系统设计规范对于可燃气体探测器的使用做了明确规定。当前用于火灾探测的可燃气体探测器主要采用催化燃烧式或三端电化学式探测原理，一般为点型结构。

2.2.2 探测器灵敏度

2.2.2.1 感烟探测器灵敏度

点型感烟探测器是针对保护区域中某一点周围烟雾参数响应的探测部件，探测器本身处于长期监视的连续工作状态。因此，它的灵敏度是衡量火灾探测器质量优劣、火灾探测报警系统是否处于最佳工作状态的主要技术指标之一。感烟探测器的灵敏度，即探测器响应火灾烟参数灵敏程度。在实际应用中，常采用减光率来表示感烟火灾探测器的灵敏度：

Ⅰ级：减光率为 5%/m，用于禁烟场所；

Ⅱ级：减光率为 10%～15%/m，用于一般场所、允许吸烟的客房和居室；

Ⅲ级：减光率为 20%/m，用于吸烟室、楼道走廊等场所。

这里要注意，灵敏度的高低表示对烟浓度大小敏感的程度，而不代表探测器质量的好坏。应用时需根据使用场合在正常情况下有无烟或者烟量多少来选择不同灵敏度的探测器。在有烟的场合不宜选用灵敏度高的探测器，否则会引起误报（根据统计调查表明，不少宾馆客房内客人吸烟而导致报警的增多，其误报次数占报警总次数的33%~61%）。试验表明，在一个16m²标准客房内有4~6人同时吸烟时，如选用Ⅰ级灵敏度的感烟探测器即可引起报警。一般来说，对于禁烟、清洁、环境条件较稳定的场所，如书库及计算机房等，选用Ⅰ级灵敏度；对于一些场所，如卧室、起居室等，选用Ⅱ级灵敏度；对于经常有少量烟、环境条件常变化的场所，如会议室、商场等，宜选用Ⅲ级灵敏度。

2.2.2.2 感温探测器灵敏度

感温探测器的灵敏度是指火灾发生时，探测器达到动作温度（或温升速率）时发出报警信号所需时间的快慢，并用动作时间表示。我国将定温、差定温探测器的灵敏度分为三级：Ⅰ级、Ⅱ级、Ⅲ级，并分别在探测器上用绿色、黄色和红色三种色标表示。

表2-1给出了定温探测器各级灵敏度对应的动作时间范围。

表2-1 定温探测器动作时间

级　别	动作时间下限/s	动作时间上限/s
Ⅰ	30	40
Ⅱ	90	110
Ⅲ	200	280

差定温探测器的灵敏度也分为三级，各级灵敏度差温部分的动作时间范围与温升速率间的关系由表2-2给出；定温部分在温升速率小于1℃/min时，各级灵敏度的动作温度均不得小于54℃，也不得大于各自的上限值，即：

Ⅰ级灵敏度：54℃<动作温度<62℃，标志绿色；
Ⅱ级灵敏度：54℃<动作温度<70℃，标志黄色；
Ⅲ级灵敏度：54℃<动作温度<78℃，标志红色。

表2-2 定温、差定温探测器的响应时间

温升速率	响应时间下限		响应时间上限					
	各级灵敏度		Ⅰ级灵敏度		Ⅱ级灵敏度		Ⅲ级灵敏度	
℃/min	min	s	min	s	min	s	min	s
1	29	0	37	20	45	10	54	0
3	7	3	12	40	15	40	18	40
5	4	9	7	44	9	40	11	36
10	0	30	4	2	5	10	6	18
20	0	22.5	2	11	2	55	2	37
30	0	15	1	34	2	8	2	42

差温探测器的灵敏度没有分级，其动作时间范围与温升速率间关系由表2-3给出。它的动作时间比差定温探测器的差温部分来得快。

由上面各表可见，灵敏度为一级的，动作时间最快，即当环境温度变化达到动作温度后，报警所需时间最短，常用在需要对温度上升做出快速反应的场所。

表 2-3　差温探测器的响应时间

温升速率	响应时间上限		响应时间下限	
℃/min	min	s	min	s
5	2	0	10	30
10	0	30	4	2
20	0	22.5	1	30

2.2.2.3　减少漏报、误报的措施

误报是实际上没有发生火灾，而自动报警装置给出了火灾信号；漏报则为实际上发生了火灾，而自动报警装置没有给出火灾情号。

对于工作完好的火灾自动报警系统的要求是：杜绝漏报，减少误报。要真正做到这点，需从几方面努力。首先，设计、审查严格把关，执行有关消防设计规范，做到技术先进、设计合理。其次，要求生产厂家产品质量过关，同时采用高新技术，研发和生产技术先进的、价格性能比高的产品。再其次，火灾自动报警系统设备安装过程中，正确按照规范和设计图纸施工。最后，用户应严格按照使用环境使用火灾自动报警系统，对火灾探测器、报警器要定期检查和经常维护。

2.2.3　火灾探测器的选择与安装

2.2.3.1　火灾探测器的选择

在火灾自动报警系统的设计过程中，火灾探测器的选择和设置是一个关键问题，是决定火灾自动报警系统的效率、性能和经济性的重要因素之一，因此要详细讨论火灾探测器的选择方法（定性考虑）；感烟探测器和感温探测器在不同地面、房间高度和屋顶（顶棚）形状的条件下，保护面积的数值，探测器设置数量的计算方法（定量计算）以及探测器的布局方法。

A　火灾探测器类型的选择

火灾探测器类型的选择方法有3种：

（1）按火灾形成和发展来选择。

（2）按房间高度来选择。

（3）根据环境条件来选择。

定性选择火灾探测器类型可参照表2-4~表2-6进行。

表 2-4　根据房间高度选用探测器

房间高度 h/m	感烟探测器	感温探测器 I级	感温探测器 II级	感温探测器 III级	火焰探测器
12<h≤20	×	×	×	×	√
8<h≤12	√	√	×	×	√
6<h≤8	√	√	×	×	√
4<h≤6	√	√	√	×	√
h≤4	√	√	√	√	√

注：√表示适用；×表示不适用。

表 2-5　根据火灾情况或使用环境选用探测器

火灾探测器种类	各使用环境条件下产品适用情况 湿度大	粉尘大	水蒸气	有机物气体	有生烟源	气流速度大	油雾	高频磁场	光辐射	温度变化大	腐蚀气体	各火灾状态下产品适用情况 阴火火灾	阴燃火灾	黑烟火灾	易燃	早期报警
离子感烟探测器	×	×	×	×	×	×	×	×	×	×	×	×	×	×	×	√
充电感烟探测器	√	×	×	×	×	×	×	×	√	√	√	√	√	√	×	√
定温火灾探测器	√	√	√	√	√	√	√	√	√	×	√	√	×	×	×	×
差温火灾探测器	√	√	√	√	√	×	√	√	√	×	√	√	×	×	×	×
差定火灾探测器	√	√	√	√	√	×	√	√	√	×	√	√	√	×	×	×
红外光束感烟火灾探测器	√	×	×	√	×	×	×	×	○	×	×	×	×	×	×	√
紫外火焰探测器	√	×	×	√	×	×	×	×	×	×	×	×	×	×	×	√

注：√表示适用；○表示与安装位置有关，如正确则适用；×表示不能用。

表 2-6　建筑中探测器类型选择

设置场所	差温式 I	差温式 II	差温式 III	差定温式 I	差定温式 II	差定温式 III	定温式 I	定温式 II	定温式 III	感烟式 I	感烟式 II	感烟式 III
剧场、电影院、礼堂、会场、百货公司、商场旅馆、饭店、集体宿舍、公寓、住宅、医院、图书馆、博物馆、展览馆	○	√	√	○	√	√	√	○	○	×	√	√
电视演播室、电影放映室	×	×	○	×	×	○	√	√	√	×	√	√
差温式及差定温式有可能不预报发生火灾的场所	×	×	×	×	×	×	√	√	√	×	√	√
发电机室、立体停车场、飞机等库	×	√	√	×	×	√	×	×	×	×	○	√
厨房、锅炉房、开水间、消毒室等	×	×	×	×	×	×	○	√	√	×	×	×

设置场所	火灾探测器的类型及灵敏度											
	差温式			差定温式			定温式			感烟式		
	I	II	III	I	II	III	I	II	III	I	II	III
进行干燥、烘干的场所	×	×	×	×	×	×	○	√	√	×	×	×
有可能产生大量蒸汽的场所	×	×	×	×	×	×	○	√	√	×	×	×
发生火灾时温度变化缓慢的小间	×	×	√	√	√	√	×	×	×	○	√	√
楼梯及倾斜道	×	×	×	×	×	×	×	×	×	○	√	√
走廊及信道										○	√	√
电梯竖井、管道井										√	√	√
电子计算机房、通信机房	○	×	×	○	×	×	○	×	×	√	√	√
书库、地下仓库	○	√	√	○	√	√	√	×	×	×	×	×
吸烟室、小会议室	×	×	√	×	×	√	√	×	×	×	×	√

注：√表示适用；○表示根据安装场所的情况，限于能够有效地探测火灾发生的场所才适用；×表示不能用。

B　数量设置

首先，在探测区域内的每个房间应至少设置一只火灾探测器，不是同一探测区域，不宜将探测器并联使用。其次，当某探测区域较大时，探测器的设置数量应根据探测器不同种类、房间高度以及被保护面积的大小而定。另外要注意，若房间顶棚有 0.6m 以上梁隔开的，每个隔开部分应划分一个探测区域，然后再确定探测器数量。

C　具体步骤

（1）根据探测器监视的地面面积 S、房间高度 A、屋顶坡度以及火灾探测器的类型，查表 2-7 得出使用不同种类探测器的保护面积和保护半径值。在考虑修正系数条件下，按下式计算所需设置的探测器数量。

$$N \geqslant \frac{S}{K \cdot A} \tag{2-1}$$

式中　N——一个探测区域内所需设置的探测器数量，只，N 取整数；

　　　S——一个探测区域的面积，m^2；

　　　A——探测器的保护面积，m^2；

　　　K——修正系数，重点保护建筑取 0.7~0.9，非重点保护建筑取 1.0。

（2）根据表 2-7 查得的保护面积 A（考虑了修正系数）和相应的保护半径 R，由图 2-6 选取探测器的安装间距应不大于 a、b 值，在满足规范对探测器设置位置要求前提下，具体对探测器进行布置。具体布置后，检验探测器到最远点的水平距离是否超过该探测器的保护半径 R（或者超过安装间距 a、b），如有超过，应重新安排探测器的设置数量，最后确定探测器的设置数量。

火灾探测器是通过底座与系统连接的。早期产品中，其连接采用多线制，每个部位的探测器出线，除共享线外，至少要有一根作为信号线。因此探测器的联机为 N+共享线。

表 2-7 感烟、感温探测器的保护面积和保护半径

火灾探测器的种类	地面面积 S/m^2	房间高度 h/m	探测器的保护面积 A 和保护半径 R					
			屋顶坡度					
			$\theta \leqslant 15°$		$15° < \theta \leqslant 30°$		$\theta > 30°$	
			A/m^2	R/m	A/m^2	R/m	A/m^2	R/m
感烟探测器	$S \leqslant 80$	$h \leqslant 12$	80	6.7	80	7.2	80	8.0
	$S > 80$	$6 < h \leqslant 12$	80	6.7	100	8.0	120	9.9
		$h \leqslant 6$	60	5.8	80	7.2	100	9.0
感温探测器	$S \leqslant 30$	$h \leqslant 8$	30	4.4	30	4.9	30	5.5
	$S > 30$	$h \leqslant 8$	20	3.6	30	4.9	40	6.3

随着火灾报警探测技术的发展，现在的探测器多为总线制形式，即多个火灾探测器由 2~4 根线共同连接到报警控制器上，每个探测器所占部位号由地址编码后确定。总线制系统中，探测器的连接形式主要有以下两种：

（1）树枝状布线。由报警控制器发出一条或多条干线列，干线分支，分支再分支。这种布线可列，故能做到管路最短。

（2）环状布线。由报警控制器发出一条干线，它将所有监控部位顺序贯通后再回到报警控制器。这种布线可靠性较高，且任一处断线都不影响整个系统的正常运行，只有当同一条线上有两处断线时才需检修。

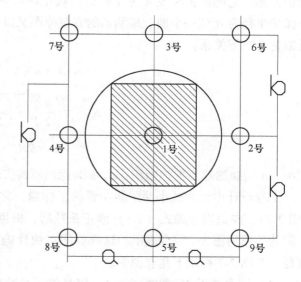

图 2-6 探测器安装间距图例

实际布线方式很多，但一般都以节约、可靠、方便为原则，例如在树枝状布线方式中，也可以在多处形成小环状布线，以提高系统的可靠性。又如，在环状布线方式中，也可以在多处进行分支，以提高系统的灵活性。

实际布线中，要求用端子箱把探测器与报警控制器、报警控制器与报警控制器连接起来，这是为了安装和维修方便。在总线制布线时，每一个报警区域或楼层还要加装短路隔离器。探测器的联机要区分单独连接和并联连接。对于总线制系统而言，探测器单独连接是指一个探测器拥有一个独立编码地址，即在报警控制器上占有一个部位号，而探测器并联连接则为几个探测器共享一个编码地址。一个编码地址最多能并联多少探测器，各厂家规定不一样，设计时，按选用产品说明书来确定。

2.2.3.2 火灾探测器的安装

建筑消防系统在设计中应根据建筑、土建及相关工种提供的图纸布置与安装火灾探测器。

当一个探测区域所需探测器数量确定后,如何布置这些探测器、依据是什么、会受到哪些因素的影响、又如何处理等是设计中关心的问题,下面就有关内容加以说明。

A 探测器的安装间距

探测器的安装间距定义为两只相邻探测器中心之间的水平距离,单位为 m。

B 探测器的平面布置

探测器布置的基本原则:

系统设计中,当一个保护区域被确定后,就要根据该保护区所需要的探测器进行平面布置。布置的基本原则是被保护区域都要处于探测器的保护范围之中。一个探测器的保护面积 A 是以它的保护半径 R 为半径的内接正四边形面积表示的,而它的保护区域又是一个保护半径为 R 的一个圆。探测器的安装间距又以 a、b 水平距离表示,A、R、a、b 之间近似符合如下关系:

$$A = a \cdot b \tag{2-2}$$

$$R = \sqrt{\left(\frac{a}{2}\right)^2 + \left(\frac{b}{2}\right)^2} \tag{2-3}$$

$$D = 2R \tag{2-4}$$

式中,A 为探测器的保护面积;a、b 为探测器的安装间距。

工程设计中,为减小探测器布置的工作量,常借助于"安装间距 a、b 的极限曲线"(图 2-7),在适当考虑式(2-1)修正系数后,根据式(2-2)和式(2-3)将 A、R、a、b 之间的关系用图 2-7 综合表示,这样就能很快地确定安装间距 a、b,其中 D 可称为保护直径。对图 2-7 有如下几点说明。

(1)该曲线以 45°斜线($a=b$,探测器正方形布置)左右对称,一共给出 7 个保护面积和 11 个保护半径 R 所适宜的 11 条安装间距极限曲线 $D_1 \sim D_{11}$,各安装间距 a、b 的极限长度由各条极限曲线端点 Z、Y 给出。

(2)极限曲线取一曲线适于感温探测器,它们分别对应于表 2-7 中的 3 种保护面积 A(20m²、30m² 和 40m²)及其 5 种保护半径 R(3.6m、4.4m、4.9m、5.5m、6.3m)。

(3)极限曲线 D_5 和 $D_7 \sim D_{11}$ 适于感烟探测器,它们分别对应表 2-7 中的 4 种保护面积(60m²、80m²、100m² 和 120m²)及其 6 种保护半径 R(5.8m、6.7m、7.2m、8.0m、9.0m 和 9.9m)。

(4)11 条极限曲线的端点 Y 和 Z 坐标值 a、b 由式(2-2)和式(2-3)计算,见表 2-8。在 Y 和 Z 两端点间坐标值 a、b 对应的安装间距、保护面积可以得到充分利用。

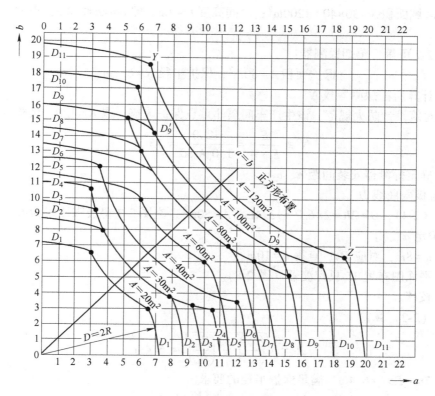

图 2-7 探测器安装间距极限曲线

A—探测器的保护面积（m²）；a，b—探测器的安装间距（m）；$D_1 \sim D_{11}$（含 D_9'）—在不同保护
面积 A 和保护半径下确定探测器安装间距 a、b 的极限曲线；Y，Z—极限曲线的端点（在 Y 和 Z 两点间的
曲线范围内，保护面积可得到充分利用）

表 2-8 $D_1 \sim D_{12}$ 极限曲线端点坐标值

极限曲线	Y 点	Z 点	极限曲线	Y 点	Z 点
D_1	Y_1 (3.1, 6.5)	Z_1 (6.5, 3.1)	D_7	Y_7 (7.0, 11.4)	Z_7 (11.4, 7.0)
D_2	Y_2 (3.8, 7.9)	Z_2 (7.9, 3.8)	D_8	Y_8 (6.1, 13.0)	Z_8 (13.0, 6.1)
D_3	Y_3 (3.2, 9.2)	Z_3 (9.2, 3.2)	D_9	Y_9 (5.3, 15.1)	Z_9 (15.1, 5.3)
D_4	Y_4 (2.8, 10.6)	Z_4 (10.6, 2.8)	D_{10}	Y_{10} (6.9, 14.4)	Z_{10} (14.4, 6.9)
D_5	Y_5 (6.1, 9.9)	Z_5 (9.9, 6.1)	D_{11}	Y_{11} (5.9, 17.0)	Z_{11} (17.0, 5.9)
D_6	Y_6 (3.3, 12.2)	Z_6 (12.2, 3.3)	D_{12}	Y_{12} (6.4, 18.7)	Z_{12} (18.7, 6.4)

C 探测器平面布置举例

为说明探测器平面布置的做法，以下例说明。

【例 2-1】 某服装生产车间，长 30m，宽 40m。问：需多少个探测器？平面图上如何
布置？

【解】

（1）确定感烟探测器的保护面积 S 和保护半径 R

保护区域面积 $S=30\times40=1200\text{m}^2$；房间高度 $h=7\text{m}$，即 $6\text{m}<h\leqslant12\text{m}$；顶棚坡度 $\theta=0°$，即 $\theta\leqslant15°$。

查表 2-7 可得，感烟探测器：

$$\text{保护面积}\ A=80\text{m}^2；\text{保护半径}\ R=6.7\text{m}$$

（2）计算所需探测器数 N

根据建筑设计防火规范，该生产车间属非重点保护建筑，取 $K=1.0$。由式（2-1）有

$$N\geqslant\frac{S}{K\cdot A}=\frac{1200}{1.0\times80}=15\ \text{只}$$

（3）确定探测器安装间距 a、b

1）查极限曲线 D。

由式（2-4），$D=2R=2\times6.7=13.4\text{m}$，$A=80\text{m}^2$，查图 2-7 得极限曲线为 D_7。

2）确定 a、b。

认定 $a=8\text{m}$，对应 D_7，查得 $b=10\text{m}$。

（4）平面图布置 15 只探测器（图 2-8）。

（5）校核。

由式（2-3）算得

$$R=\sqrt{\left(\frac{a}{2}\right)^2+\left(\frac{b}{2}\right)^2}=6.4\text{m}$$

即 $6.7\text{m}=R>r=6.4\text{m}$，满足保护半径的要求。

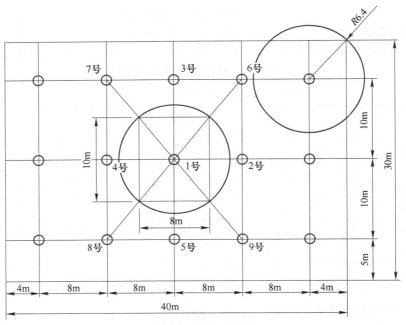

图 2-8　探测器布置

综上所述，将探测器平面布置的步骤归纳如下：

（1）根据探测器保护区域的地面面积 S、房间高度 h、屋顶坡度 θ 及选用的火灾探测器种类查表 2-7，得出使用该种探测器的保护面积 A 和保护半径 R。然后按式（2-1）计算

所需设置的探测器数量 N，计算结果取整数，所得 N 值是该保护区域所需设置的最小数量。其中式（2-1）中的修正系数 K 值要根据建筑物的性质、有关规范来选取。

（2）根据上述查得的保护面积 S 和保护半径值 R，由图 2-6 查得对应的极限曲线 D，选取安装间距 a、b，并根据给定的平面图对探测器进行布置。

（3）对已绘出的探测器布置平面图，校核探测器到最远点的水平距离 r 是否超过探测器的保护半径 R，若超过则应重新选定安装间距 a、b，若仍然不能满足校核条件，则应增加探测器的设置数量 N，并重新布置，直到满足 $R>r$ 为止。在 a、b 值差别不大的布置中，按上述方法得出的结果一般都能满足要求；在 a、b 值差别较大的布置中，往往会出现由式（2-1）算出的 N 值不能满足保护半径 R 的要求的情形，需通过增大 N 值才能满足校核条件。

D　影响探测器设置的因素

式（2-1）计算所得的探测器数量，是点型感烟、感温探测器在一个探测区域内应装探测器的最少个数，但没有考虑到建筑结构、房间分隔等因素的影响。实际上这些因素会影响探测器有效的监测作用，从而影响探测区内探测器设置的数量。下面就有关问题加以说明。

（1）房间梁的影响。在无吊顶棚房间内，如装饰要求不高的房间、库房、地下停车场、地下设备层的各种机房等处，常有突出顶棚的梁。不同房间高度下的不同梁高，对烟雾、热气流的蔓延影响不同，会给探测器的设置和感受程度带来影响。若梁间区域面积较小时，梁对热气流或烟气流除了形成障碍，还会吸收一部分热量，使探测器的保护面积减少。

（2）房间隔离物的影响。有一些房间因功能需要，被轻质活动间隔、玻璃或者书架、档案架、货架、柜式设备等将房间分隔成若干空间。当各类分隔物的顶部至顶棚或梁的距离小于房间净高的5%时，会影响烟雾、热气流从一个空间向另一空间扩散，此时应将每一个被隔断的空间当成一个房间对待，且每一个隔断空间至少应装一个探测器。至于分隔物的宽度无明确规定，可参考套间门宽的作法。除此之外，一般情况下整个房间应当作一个探测区处理。

E　探测器的安装使用

探测器在安装使用中，应遵守有关规范的规定才能使设计得到充分的保证，也才能使系统发挥应有的作用。探测器设置位置可按下列基本原则考虑：

（1）该位置应是火灾发生时烟、热最易到达之处，并能在短时间内聚积的地方。

（2）消防管理人员易于检查、维修，而一般人员应不易触及探测器。

2.2.4　火灾探测器的新成果

火灾探测器是火灾自动报警和自动灭火系统最基本和最关键的部件。整个系统的准确性、可靠性都建立在它的基础上。因此，对于火灾自动报警系统而言，它是极其重要的，它的发展同样带动了整个系统的发展。根据火灾探测器探测火灾参数的不同，可划分为感温、感烟、感光、气体等几大类。其中把几种不同类型的敏感组件组合在一起而得到的复合式探测器正引起各方面注意，成为现今探测器发展的一个方向。复合式火灾探测器主要有感烟感温、感光感温、感光感烟火灾探测器等，例如久安公司 JF-GZBM-9121 三复合探测器，由光电感烟、感温、CO 三部分组成，是目前国内生产的火灾探测器的一个新品种，在技术及应用方面具有很强的先进性和独创性。三复合探测器通过内置的 CPU 对 CO 光电值和温度的变化值进行有效的融合运算，对各种烟雾均有很高的灵敏度，可安装于各类场合，应用范围非常广泛。

各种探测器采用的新技术有如下几种。

（1）模拟量检测。火灾信号使用更能反映后续信号情况，辨别信号真伪或根据信号程度不断加深采取相应等级操作，例如，日本松下光电式感烟探测器采集火灾特点的模拟量检测，并具有信号跟踪功能，即根据三脉冲计数方式，每隔 3s 发出一个脉冲信号进行探测，探测器在接到 3 个连续的脉冲信号才会报警。若是灰尘或异物进入探测区，只要不超过三脉冲就不会报警。可大大减少误报现象，提高可靠性。再如，复合 GR 型系统中采用 ATF 多信号模拟量感烟探测器，从一个探测器可得到 3 个不同水平的报警信号，可以分别进行相应的预报警、火灾报警、联动报警。

（2）智能化处理探测器采用自检测功能。瑞士西伯乐斯的 AlgoRex 探测器内置诊断或运算及全自动自我检测功能，西安久安生产的小灵通系列智能型产品均采用自诊断功能和工作点自动跟踪补偿功能技术，使得火灾探测器可靠性大大提高。

（3）产品结构设计独特。不同种类的探测器各有其不同特点和适用场合。同一种类探测器也因型号不同有各自的优缺点，例如日本松下光电感烟探测器就采用了不同其他探测器的电路结构，它将光接收电路、放大电路和信号处理电路集成在一块每边长仅 3mm 的芯片里。这样不仅防止外界噪声的影响，而且耗电量也降低了。

就整体而言，火灾探测器朝着更准确、更迅速、更可靠的趋势发展。当然，其实现方法和手段是多方面的，例如采用模拟量跟踪、设置自动检测功能、探测器结构设计独特等。因此，随技术不断发展与创新，火灾探测器将不断朝着更准确、速度快的方向迈进，其产品将更好地满足市场需求。

2.3 火灾自动报警系统的设计

2.3.1 设计原则与要求

2.3.1.1 设计原则

（1）基本原则。必须遵循国家有关方针、政策，针对保护对象的特点，做到安全可靠、技术先进、经济合理、使用方便。

（2）技术原则。尽可能采用机械化、自动化，迅速可靠的控制方式，使火灾损失减少到最低限度。

（3）设备选型。在同等条件下，要尽可能优选国内设备；国外产品一般价格昂贵，日后维修不方便；国产装备性能指标和技术水平不断提高，也有利于促进民族工业的发展。

（4）标准规范有：

《火灾自动报警系统设计规范》（GB 50116—2013）；

《建筑设计防火规范》（GB 50016—2014）（2018 年修订版）；

《人民防空工程防火设计规范》（GB 50098—2009）。

2.3.1.2　设计要求

A　基本设计要求

（1）系统设计承担单位应具备相关资质。

（2）设计前期要求：

1）掌握基本情况，包括建筑物的性质、规格、功能等情况；防火分区的划分，建筑、结构专业的防火措施、结构形式及装饰材料；电梯的配置与管理方式，竖井的布置；各类机房、库房的布置、性质及用途等。

2）掌握有关专业的消防设施及要求，包括送、排风及空调系统的设置；防排烟系统的设置，对电气控制和联锁的要求；灭火系统（消火栓、自动喷淋及卤代烷系统）的设置，对电气控制与联锁的要求；防火卷帘门及防火门的设置与对电气控制的要求；供配电系统、照明与电力电源的控制与防火分区的配合；消防电源的配置等。

3）明确设计原则，包括建筑物防火分类等级及保护方式；制定自动防火系统方案；充分掌握各种消防设备及报警器材的技术性能及要求等。

（3）系统应同时设置自动和手动报警触发装置。自动触发装置除了火灾探测器外，还有水流指示器水力压力开关。

（4）设备选择按国家规定执行（产品质量检验合格，设备最好选用同一厂家产品）。

B　区域报警系统设计要求

（1）一个报警区域宜设置一台报警控制器，系统中区域报警控制器不应超过3台。

（2）当用一台区域报警控制器警戒数个楼层时，应在每层各楼梯口明显部位装设识别楼层的灯光显示装置。

（3）区域报警控制器安装在墙上时，其底边距地面高度不应小于1.5m；靠近其门轴的侧面距离不应小于0.5m，正面操作距离不应小于1.2m。

（4）区域报警控制器宜设在有人值班的房间或场所。

C　集中报警系统设计要求

（1）系统中应设有一台集中报警控制器和两台以上区域报警控制器。

（2）集中报警控制器从后面检修时，其后面板距墙不应小于1m；当其一侧靠墙安装时，另一侧距墙不应小于1m。

（3）集中报警控制器的正面操作距离，当设备单列布置时，不应小于1.6m；双列布置时不应小于2m；在值班人员经常工作的一面，控制盘距墙不应小于3m。

（4）集中报警控制器应设置在有人值班的专用房间或消防值班室。

D　控制中心报警系统设计要求

（1）系统中应至少设置一台集中报警控制器和必要的消防控制设备。

（2）设在消防控制室以外的集中报警控制器，均应将火灾报警信号和消防联动控制信号送至消防控制室。

（3）区域报警控制器和集中报警控制器的设置应符合B、C中的有关要求。

2.3.2　设计步骤及内容

（1）一般设计程序。

1）确定系统保护对象分级。

2）选择系统形式。区域报警系统、集中报警系统、控制中心报警系统。

具体应根据工程的建设规模、保护对象的性质、火灾报警区域的划分和消防管理机构的组织形式等因素确定。

3）确定消防控制室的位置和面积。

4）火灾探测器的设置。

5）报警区域与探测区域划分。

6）设置手动火灾报警按钮与消火栓按钮。

7）消防联动控制设计。

8）其他火灾警报装置设计。

9）系统布线，完成各层平面图。

10）绘制系统图。

（2）设计内容，见表2-9。

表2-9　消防系统设计的内容

设备名称	内　容
报警设备	火灾自动报警控制器，火灾探测器，手动报警按钮，紧急报警设备
通信设备	应急通信设备，对讲电话，应急电话等
广播	火灾事故广播
灭火设备	喷水灭火系统的控制 室内消火栓灭火系统的控制 泡沫、卤代烷、二氧化碳等 管网灭火系统的控制等
消防联动设备	防火门、防火卷帘门的控制，防排烟风机、排烟阀的控制，消火栓泵的控制，喷淋泵的控制，空调、通风设施的紧急停止，电梯控制监视等
避难设施	应急照明装置、诱导灯

2.3.3　报警区域和探测区域的划分

（1）报警区域。报警区域应按防火分区或楼层划分；在划分报警区域时，既可将一个防火分区划分为一个报警区域，又可将同层的几个防火分区划分为一个报警区域，但不得跨越楼层。

（2）探测区域。探测区域应按独立房（套）间划分，其面积不宜超过500m²；对可以从主要出口看清其内部，且面积不超过1000m²的房间，也可划分为一个探测区域。对于非重点保护建筑，可将数个房间划为一个探测区域，条件是下列之一：①相邻房间不超过5个，总面积不超过400m²，并在每个门口设有灯光显示装置。②相邻房间不超过10个，总面积不超过1000m²，在每个房间门口均能看清其内部，并在门口设有灯光显示装置。

（3）特殊地方应单独划分探测区域，如楼梯间、防烟楼梯前室、消防电梯前室、坡道、管道井、走道、电缆隧道、建筑物闷顶等。

3 防灭火技术

3.1 阻燃防火技术

3.1.1 阻燃材料

阻燃材料是一种能够阻止燃烧且自身不容易燃烧的保护材料。固体阻燃材料有水泥、钢材、玻璃等；液态的阻燃材料也简称为阻燃剂，在需防火的墙体等材料表面上涂上阻燃剂能保证其在起火的时候不燃烧。

阻燃材料分为无机阻燃材料和有机阻燃材料。无机阻燃材料主要是三氧化二锑、氢氧化镁、氢氧化铝、硅系等阻燃体系，有机阻燃材料是以溴系、氮系和红磷及化合物为代表的一些阻燃剂。

3.1.1.1 无机阻燃材料

常用无机阻燃材料有以下几种：

（1）三氧化二锑。必须与有机阻燃材料协同使用。

（2）氢氧化镁、氢氧化铝。可分别单独使用，但加入量大。

（3）无机磷类。常用红磷及硫酸盐，纯红磷在使用前须经过微化处理，可单用和并用；磷酸盐有磷酸铵、硝酸铵等。

（4）硼类阻燃材料。常用水合硼酸锌，一般与其他阻燃材料协同使用。

（5）金属物。如金属铝化物、金属铁化物等，主要用于消烟。

（6）金属卤化物。如各类卤化锑类。

3.1.1.2 有机阻燃材料

常用有机阻燃材料有以下几种：

（1）有机卤化物。主要为溴化物，常用的有十溴联苯酸、四溴双酚、溴化聚苯乙烯等。已应用氯化物只有氯化石蜡和氯化聚乙烯。卤化物常与三氧化二锑或磷化物协同使用。

（2）有机磷化物。有无机磷和卤代磷两类。无卤磷主要为磷酸类，如三苯等。无卤磷需与卤化磷协同加入。卤代磷的分子内同时含有磷和卤两种元素，具有分子内协同作用，因而可单独使用，常用品种如三氯乙烯等。

（3）氮系。主要品种有三聚氰胺等，常用于 PA 材料和 PU 材料中，并与磷类阻燃剂协同使用。

3.1.2 阻燃技术

3.1.2.1 消烟技术

含卤高聚物和卤系阻燃剂以及锑化合物是主要的发烟源，减少发烟量的主要途径是阻燃剂的非卤化以及对含卤高聚物 PVC 材料采用添加消烟剂和三氧化二锑复配。钼化物消烟效果最好，在 PVC 中添加 4%锌和钼的络合物可减少 1/3 烟量。但是钼化物价格昂贵，较现实的途径是采用硼酸锌、二茂铁、氢氧化铝、硅的化合物与少量钼化物复配，在 PVC 中添加 5~10 份钼酸铵和氢氧化铝的复合物发烟量可减少 43%。

3.1.2.2 阻燃剂微胶囊化技术

阻燃剂的微胶囊化技术可以改变阻燃剂的外观及状态，降低阻燃剂的水溶性，提高阻燃剂的热裂解温度，增加阻燃剂与材料的相容性，阻燃剂的稳定性、安全性以及阻燃剂的阻燃或抑烟效果。此外，阻燃剂经微胶囊化后，还可屏蔽阻燃剂的刺激气味，减少阻燃剂中有毒成分在材料加工过程中的释放，以适应不同要求的材料加工。目前，在国外已将微胶囊阻燃剂应用到化纤织物、植绒地毯复背胶、环氧树脂、橡胶制品、涂料、聚苯乙烯、ABS 树脂、聚丙烯、聚乙烯、空气过滤器等的阻燃中。

3.1.2.3 交联技术

交联高聚物的阻燃性能比线型高聚物好得多，在热塑性塑料加工中添加少量交联剂使高聚物变成部分网状结构，不仅可改善阻燃剂的分散性，还有利于高聚物燃烧时在凝聚相产生结炭作用，有效提高阻燃性能并能增加制品的物理机械性能、耐候、耐热性能等，可在软质 PVC 中加入少量季铵盐，使其受热形成交联的阻燃材料；还可采用辐射法加入金属氧化物及交联剂等方法，也可使高聚物交联。

3.1.2.4 直接生成阻燃单体技术

直接在聚合反应前使单体具有阻燃性，从而使生成的聚合物成为阻燃材料，是一种有效的阻燃方法。具体方法即以塑代木、以塑代钢及以塑代棉等。

3.2 隔离防火技术

3.2.1 隔离防火技术概述

隔离防火技术即采用防火分隔设施进行防火。防火分隔设施是指防火分区间的能保证在一定时间内起到阻燃效果的边缘构造及设施，主要包括防火墙、防火门、防火窗、防火卷帘等。防火分隔设施可以防止火势蔓延，为扑救火灾创造条件。

防火分隔设施可以分为两类：一类是固定式的，如普通的砖墙、楼板、防火墙、防火悬墙、防火墙带等；另一类是可以开启和关闭的，如防火门、防火窗、防火卷帘、防火吊顶，防火幕等。防火分区之间应采用防火墙进行分隔，如设置防火墙有困难时，可采用防火卷帘或防火水幕带帘进行分隔。

3.2.2 防火窗

防火窗是一种采用钢窗框、钢窗扇及防火玻璃（防火夹丝玻璃或防火复合玻璃）制成的能隔离或阻止火势蔓延的窗。防火窗按其构造可分为单层钢窗和双层钢窗，耐火极限分别为 0.7h 和 1.2h。

按照安装方法的不同可分为固定防火窗和活动防火窗两种。固定防火窗的窗扇不能开启，平时可以起到采光、遮挡风雨的作用，发生火灾时能起到隔火、隔热、阻烟的功能。活动防火窗的窗扇可以开启，起火时可以自动关闭。为了使防火窗的窗扇能够开启和关闭自如，需要安装自动和手动两种开关装置。防火窗按耐火极限可分为甲级、乙级、丙级三种。耐火极限分别为甲级 1.2h，乙级 0.9h，丙级 0.6h。凡是需用甲级防火门且有窗处，均应选用甲级防火窗；需用乙级防火门且有窗处，均应选用乙级防火窗。

3.2.3 防火卷帘

防火卷帘是一种不占空间、关闭严密、开启方便的防火分隔物，可以实现自动控制、与报警系统联动的优点。防火卷帘具备必要的非燃烧性能、耐火极限及防烟性能。

3.2.3.1 防火卷帘的分类和构造

防火卷帘按耐火时间可分为普通型防火卷帘门和复合型防火卷帘门。普通型防火卷帘门耐火时间有 1.5h 和 2h 两种，复合型防火卷帘门耐火时间有 2.5h 和 3h 两种。防火卷帘按帘板构造分为普通型钢质防火卷帘和复合型钢质防火卷帘。普通型钢质防火卷帘帘板由单片钢板制成，耐火极限有 2.5h 和 3h 两种。复合型钢质防火卷帘帘板由双片钢板制成，中间加隔热材料，耐火极限有 2.5h 和 3h 两种。防火卷帘按帘板厚度不同分为轻型卷帘和重型卷帘。轻型卷帘用厚度为 0.5~0.6mm 的钢板制成，重型卷帘用厚度为 1.5~1.6mm 的钢板制成。

防火卷帘由帘板、导轨、传动装置、控制机构组成。帘板是卷帘门门帘的组成零件，常用 A3 钢、A3F 钢或不锈钢等材料制成，其两端嵌入导轨装配成门帘后不允许有孔或缝隙存在。导轨按照安装设计需要的不同分为外露型和隐蔽埋藏型两种，使用材料为不燃材料。导轨的滑动面应光滑平直，使得门帘在导轨内运行平稳、顺畅，不产生碰撞冲击现象。传动装置是防火卷帘门的驱动启闭机构，要求具有耐用性、可靠的制动性、简单方便的控制性能，以及一定的启闭速度，保证对人员的安全疏散起到积极作用。通常规定：门洞口高度在 2m 以内时，启闭速度在 2~6m/min 之间；门洞口高度在 5m 以内时，启闭速度在 2.5~6.5m/min 之间；门洞口高度超过 5m 时，启闭速度在 3~9m/min 之间。控制机构主要指自动控制电源、保险装置及电器按钮等。每樘防火卷帘门均设置两套按钮，即门洞内外各一套。

3.2.3.2 防火卷帘的选用

在公共建筑中不便设置防火墙的地方使用防火卷帘，可把大厅分隔成较小的防火分区；在穿堂式建筑物内，可在房间之间的开口处设置上下开启或横向开启的卷帘。在多跨的大厅内，可将卷帘固定在梁底下，以柱为轴线，形成一道临时性的防火分隔。防火卷帘在安装时，应避免与建筑洞口处的通风管道、给排水管道及电缆电线管等发生干涉，在洞口处应留有足够的空间位置进行卷帘门的就位与安装。若用防火卷帘代替防火墙，则其两侧应设水幕系统保护，或采用耐火极限不小于 3h 的复合防火卷帘。设置在疏散走道和前室的防火卷帘，最好应同时具有自动、手动和机械控制的功能。

3.2.4　防火门

防火门具有一定时限的耐火、防烟隔火等特殊功能，通常用于建筑物的防火分区以及重要防火部位，能在一定程度上阻止火灾的蔓延，并能确保人员的疏散。其示意图如图3-1所示。

3.2.4.1　防火门的分类

防火门按耐火极限可分为三种甲级、乙级和丙级。甲级防火门耐火极限不低于1.2h，乙级防火门耐火极限不低于0.9h，丙级防火门耐火极限不低于0.6h。通常甲级防火门用于防火分区中，作为水平防火分区的分隔设施；乙级防火门用于疏散楼梯间的分隔；丙级防火门用于管道井等的检修门上。防火门按材质分有木质防火门、钢质防火门和复合材料防火门三类；按开启方式分有平开防火门和推拉防火门两类；按门扇的做法和构造分，有带上亮窗和不带上亮窗的防火门、镶玻璃和不镶玻璃的防火门等。

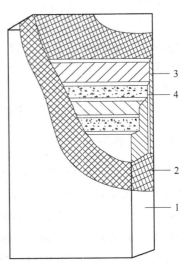

图 3-1　防火门构造
1—敷面铁皮；2—浸泥毛毡；
3—木板；4—石棉板

3.2.4.2　防火门的一般要求

防火门是一种活动的防火阻隔物，不仅要求其具备较高的耐火极限，还应满足启闭性能好、密闭性能好的特点。对于建筑还应保证其美观、质轻等特点。为了保证防火门能在火灾时自动关闭，通常采用自动关门装置，如弹簧自动关门装置和与火灾探测器联动、由防灾中心遥控操纵的自动关闭防火门。设置在防火墙上的防火门宜做成自动兼手动的平开门或推拉门，并且关门后能从门的任何一侧用手开启，亦可在门上设便于通行的小门。用于疏散通道的防火门，宜做成带闭门器的防火门，开启方向应与疏散方向一致，以便紧急疏散后门能自动关闭，防止火灾的蔓延。

3.2.4.3　防火门的选用

防火门的选用一定要根据建筑物的使用性质、火灾的危险性、防火分区的划分等因素来确定。

甲级防火门通常用于：（1）防火墙。且在防火门上方不再开设门窗洞口；（2）地下室、半地下室楼梯间的防火墙上的门洞；（3）附设在高层建筑或裙房内的设备室、通风、空调机房等的隔墙上。

乙级防火门常用于疏散楼梯间、消防电梯前室、防烟楼梯间、高层建筑封闭楼梯间、与中庭相通的过厅、通道等，并应向疏散方向开启。丙级防火门常用于建筑工程中的电缆井、管道井、排烟道、垃圾道等竖向管井的井壁上的检查门。

3.2.5　防火墙

防火墙是建筑中采用最多的防火分隔材料。大量的火灾实例显示，防火墙对阻止火势蔓延起着很大的作用。防火墙通常是分隔水平防火分区的首选。

　　按照在建筑平面上的关系分，防火墙可分为横向防火墙（与建筑物长轴方向垂直的）和纵向防火墙（与建筑物长轴方向一致的）；按防火墙在建筑中的位置分，有内墙防火墙和外墙防火墙。内墙防火墙是划分防火分区的内部隔墙，外墙防火墙是两幢建筑间因防火间距不够而设置的无普通门窗或设有防火门、窗的外墙。防火墙应由非燃烧材料构成。为了保证防火墙的防火可靠性，现行规范规定其耐火极限应不低于 4h，高层建筑防火墙耐火极限应不低于 3h。同时，防火墙的设置在建筑构造上还应满足以下要求：

　　（1）防火墙应该直接设置在建筑的基础上或耐火性能符合设计规范要求的梁上。此外，防火墙在设计和建造中应注意其结构强度和稳定性，应保证防火墙上方的梁、板等构件在受到火灾影响破坏时，不会使防火墙发生倒塌。

　　（2）可燃烧构件不得穿过防火墙体，同时，防火墙也应截断难燃烧体的屋顶结构，且应高出非燃烧体屋面 40cm，高出燃烧体或难燃烧体屋面 50cm 以上。当建筑物的屋盖为耐火极限不低于 0.5h 的非燃烧体、高层工业建筑屋盖为耐火极限不低于 1h 的非燃烧体时，防火墙可只砌至屋面基层的底部，不必高出屋面。

　　（3）当建筑物的外墙为难燃烧体时，防火墙应突出难燃烧体墙的外表面 40cm；两侧防火带的宽度从防火墙中心线起，每侧不应小于 2m。如图 3-2 所示。

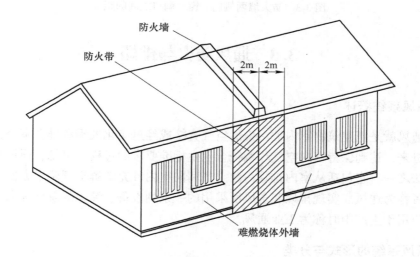

图 3-2　用防火带分隔难燃烧体外墙

　　（4）当建筑设有天窗时，应注意保证防火墙中心距天窗端面的水平距离不小于 4m；出现小于 4m 的情况且天窗端面为可燃烧体时，应将防火墙加高，使之超出天窗 50cm，以阻止火势蔓延。

　　（5）防火墙上通常不应开设门和窗，若必须设置时，应采用甲级防火门窗，且能自动关闭。防火墙应设置排烟道，建筑的使用上若需设置时，应保证烟道两侧墙身的截面厚度均不小于 12cm。

　　可燃气体和甲、乙、丙类液体管道，其发生火灾的危险性大，一旦发生燃烧和爆炸，危及面也很大，因此，这类管道严禁穿过防火墙。输送其他液体的管道必须穿过防火墙时，应用非燃烧材料将其周围缝隙填密实。走道和大面积房间的隔墙穿过各种管道时，其构造可参照防火墙构造实施处理。

（6）建筑设计中，若在靠近防火墙的两侧开设门、窗洞口，为避免火灾发生时火苗互窜，要求防火墙两侧门、窗洞口间墙的距离应不小于2m，如图3-3所示。若装有乙级防火窗时，其距离可不受限制。建筑物的转角处应避免设置防火墙，若必须设在转角附近，则必须保证在内转角两侧的门、窗洞口间最小水平距离不小于4m。若在一侧装有固定乙级防火窗时，其间距可不受限制。

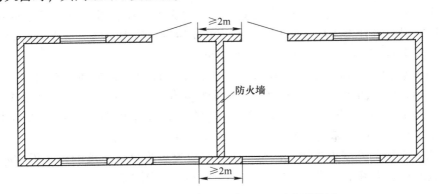

图 3-3　防火墙两侧门、窗、洞口之间的距离

3.3　通风防火与排烟

3.3.1　通风系统概述

　　建筑通风就是把建筑物室内被污染的空气直接或经过净化处理后排至室外，将新鲜的空气补充进来，达到保持室内空气环境符合卫生标准要求的过程。可见，通风是改善空气条件的方法之一，它包括从室内排除污浊空气和向室内补充新鲜空气两个方面，前者称为排风，后者称为送风。实现排风和送风所采用的一系列设备、装置的总称为通风系统。建筑通风被应用于生产中时称为工业通风。

3.3.2　通风系统的形式与分类

　　通风系统可分为自然通风和机械通风。自然通风是利用房间内外冷热空气的密度差异和房间迎风面、背风面的风压高低来进行空气交换；机械通风是使用通风设备向厂房（房间）内送入或排出一定量的空气，进行空气交换和处理工作。

　　根据通风范围的不同，机械通风又可分为全面通风、局部通风和混合通风三种。通风方式的选择主要取决于有害物质产生和扩散的范围的大小，有害物质面积大则采用全面通风，相反可采用局部和混合通风。

3.3.3　排烟设施及设置部位

3.3.3.1　排烟设施

当设置排烟设施的场所不具备自然排烟条件时，应设置机械排烟设施。排烟设施有加压送风口、排烟口、排烟窗、排烟防火阀等。

（1）加压送风口。加压送风口设置应符合下列要求：

1）楼梯间宜每隔2~3层设一个常开式百叶送风口；合用一个井道的剪刀楼梯应每层设一个常开式百叶送风口。

2）前室应每层设一个常闭式加压送风口，火灾时由消防控制中心联动开启火灾层的送风口。当前室采用带启闭信号的常闭防火门时，可设常开式加压送风口。

3）送风口的风速不宜大于7m/s。

4）送风口不宜设置在被门挡住的部位。

5）只在前室设机械加压送风时，宜采用顶送风口或采用空气幕形式。

（2）排烟口。排烟口应设在储烟仓内，且应常闭；火灾时由火灾自动报警装置联动开启排烟区域的排烟口，且在现场设置手动开启装置；排烟口的设置宜使烟流方向与人员疏散方向相反；排烟口与安全出口的距离不应小于1.5m（尽量远离安全出口），排烟口的风速不宜大于10m/s。

（3）排烟窗。排烟窗由电磁线圈、弹簧锁等组成。排烟窗平时关闭，用排烟锁锁住；当发生火灾时可自动或手动打开。

（4）排烟防火阀。排烟防火阀是安装在排烟系统管道上，在一定时间内能满足耐火稳定性和耐火完整性要求，起阻火隔烟作用的阀门。

3.3.3.2　排烟设施的设置部位

（1）一类高层和建筑高度超过32m的二类高层建筑的下列部位应安设排烟设施：

1）中庭及长度超过20m的内走道。

2）面积超过100m²，且经常有人停留或可燃物较多的房间，如多功能厅、餐厅、会议室、公共场所、贵重物品陈列室、商品库、计算机房等。

3）高层建筑的中庭和经常有人停留或可燃物较多的地下室。

（2）非高层建筑的下列部位应设排烟设施：

1）公共建筑面积超过300m²，且经常有人停留或可燃物较多的地上房间。

2）建筑总面积超过200㎡或单个房间面积超过50m²，且经常有人停留或可燃物较多的地下、半地下房间。

3）公共建筑面积中长度超过20m的内走道，其他建筑中地上长度超过40m的疏散通道。

4）设置在一、二、三层且房间建筑面积大于200m²或设置在四层及四层以上或地下、半地下的歌舞娱乐放映游艺场所。

3.3.4　自然排烟

自然排烟是利用火灾产生的热流的浮力和外部风力通过建筑物的对外开口把烟气排至室外的排烟方式，实质上就是热烟气与室外冷空气的对流运动，动力为火灾加热室内空气产生的热压和室外的风压。

自然排烟的方式有两种：（1）竖井排烟。其原理是依靠室内火灾时产生的热压和室外空气的风压形成"烟囱效应"排烟。该方法不需要能源，且设备简单；但排烟口和进风口需要两个较大的截面积（否则排烟效果不佳），占用建筑面积较多；排烟效果不均匀；适用性有局限。（2）利用建筑的阳台、凹廊或在外墙上设置便于开启的外窗进行无组织的排烟。这种排烟方式不需要专门设备，不需要能源，适用性广，可与建筑物原有构造结合；但是因受室外风向、风速和建筑本身的密封性或热压作用的影响，排烟效果不太稳定。

3.3.4.1　影响自然排烟的因素

自然排烟形成的条件，一是存在着室内外气体温度差和孔口高度差引起的浮力作用，即热压作用；二是存在着由室外风力引起的风压作用。这两个条件同时或单独存在都可以形成自然排烟。基于这一原理，影响自然排烟效果的因素有如下4个：

（1）烟气和空气之间的温度差。温度差越大，烟气和空气间的容重差越大，所产生的浮力作用越大，排烟效果就越好。

（2）排烟口和进风口之间的高度差。高度差越大，所产生的浮力越大，排烟效果越好。所以，提高排烟口的位置和降低进风口的位置是提高排烟效果的有效措施。

（3）室外自然风力。当排烟口位于下风向时，排烟是顺风的，由于室外风力的吸引作用，有利于自然排烟，风速越高越有利；相反，当排烟口位于上风向时，排烟是逆风的，由于室外风力的阻挡作用，不利于自然排烟，风速越高越不利，当风速大到一定值时，自然排烟失效，该风速值称为临界风速。风速进一步扩大，将出现烟气倒灌现象。

（4）高层建筑的热压作用。高层建筑中室内外温差引起的热压作用，在不同的季节是不同的。在冬季采暖期间，产生的是正热压作用，上部楼层排气，下部楼层进风。当下部楼层发生火灾时，在火灾初期，烟气将被进风带入走道、楼梯间，蔓延扩散到上部各楼层，而在夏季空调期间，产生的是反热压作用，上部楼层进风，下部楼层排气。当火灾发生在上部楼层时，火灾初期，烟气将被进风带入走道、楼梯间，蔓延扩散到下部各楼层。

在上述四个影响因素中，有三个是不稳定的：室外风向和风速随季节变化；火灾期间烟气的温度随时间变化；高层建筑的热压作用随季节变化。这就导致自然排烟效果不稳定。

自然排烟方式结构简单、投资少，不需要外加动力，运行维护费用也少，但是也存在不少问题，除了上文提到的排烟效果不稳定外，还有对建筑物的结构有特殊要求，存在火灾通过排烟口向紧邻上层蔓延的危险性等。因此，一些具有重大影响的高层建筑除了采用设备简单、切实可行的自然排烟方式外，还有必要采用机械排烟。

3.3.4.2　自然排烟设施的设置场所

（1）《建筑设计防火规范》规定，下列场所宜设置自然排烟设施：

1）丙类厂房中建筑面积大于300m²的地上房间；人员、可燃物较多的丙类厂房或高度大于32m的高层厂房中长度大于20m的内走道；任一层建筑面积大于5000m²的丁类厂房。

2）占地面积大于1000m²的丙类仓库。

3）公共建筑中经常有人停留或可燃物较多，且建筑面积大于300m²的地上房间；长度大于20m的内走道。

4）中庭。

5）设置在一、二、三层且房间建筑面积大于200m²或设置在四层及四层以上或地下、半地下的歌舞娱乐放映游艺场所。

6）总建筑面积大于 200m² 或一个房间建筑面积大于 50m² 且经常有人停留或可燃物较多的地下、半地下建筑或地下室、半地下室。

7）其他建筑中长度大于 40m 的疏散走道。

（2）《建筑设计防火规范》（GB 50016—2014）规定，除建筑高度超过 50m 的一类公共建筑和建筑高度超过 100m 的居住建筑之外，靠外墙的防烟楼梯间及其前室、消防电梯前室和合用前室，宜采用自然排烟方式。

3.3.5 机械排烟

机械排烟系统由挡烟垂壁、排烟口、防火排烟阀门、排烟风机和烟气排出口组成。机械排烟系统可兼作平时通风排风使用。

机械排烟方式是用机械设备强制送风（或排烟）的手段来排除烟气的方式。送风和排烟可全部借助机械力作用，也可一个借助机械力的作用，另一个则借助自然通风或排烟作用，据此，机械排烟又具体分为三种方式：

（1）全面通风排烟方式。对着火房间进行机械排烟，同时对走廊、楼梯（电梯）前室和楼梯间进行机械送风，控制送风量略小于排烟量，使着火房间保持负压，以防止烟气从着火房间漏出的排烟方式。

（2）机械送风正压排烟方式。用送风机给防烟前室和楼梯间等送新鲜空气，使这些部位的压力比着火房间相对高些，着火房间的烟气经专设的排烟口或外窗以自然排烟的方式排出。

（3）机械负压排烟方式。用排烟风机把着火房间内的烟气通过排烟口排至室外的方式。

3.3.5.1 机械排烟设施的设置场所

当设置排烟设施的场所不具备自然排烟条件时，应设置机械排烟设施。机械排烟方式适合于一类高层建筑和建筑高度超过 32m 的二类高层建筑的下列部位：

（1）无直接自然通风，且长度超过 20m 的内走道，或虽有直接自然通风，但长度超过 60m 的内走道。

（2）面积超过 100m²，且经常有人停留或可燃物较多的地上无窗房间或设固定窗的房间。

（3）不具备自然排烟条件或净空高度超过 12m 的中庭。

（4）除利用窗井等开窗进行自然排烟的房间外，各房间总面积超过 200m² 或一个房间面积超过 50m²，且经常有人停留或可燃物较多的地下室。

3.3.5.2 机械排烟设施的要求

（1）机械加压送风防烟系统的加压送风量应经计算确定。当计算结果与表 3-1 的规定不一致时，应采用较大值。

表 3-1　最小机械加压送风量

条件和部位	加压送风量/m³·h⁻¹
前室不送风的防烟楼梯间	25000

条件和部位		加压送风量/$m^3 \cdot h^{-1}$
防烟楼梯间及其合用前室分别加压送风	防烟楼梯间	16000
	合用前室	13000
消防电梯间前室		15000
防烟楼梯间采用自然排烟，前室或合用前室加压送风		22000

（2）防烟楼梯间内机械加压送风防烟系统的余压值应为 40~50Pa；前室、合用前室应为 25~30Pa。

（3）防烟楼梯间和合用前室的机械加压送风防烟系统宜分别独立设置。

（4）防烟楼梯间的前室或合用前室的加压送风口应每层设置 1 个。防烟楼梯间的加压送风口宜每隔 2~3 层设置 1 个。

（5）机械加压送风防烟系统中送风口的风速不宜大于 7.0m/s。

（6）高层厂房（仓库）的机械防烟系统的其他设计要求应按现行国家标准《建筑设计防火规范》（GB 50016—2014）的有关规定执行。

3.4　水喷雾灭火系统

3.4.1　水喷雾灭火系统概述

3.4.1.1　系统简介

水喷雾灭火系统是在自动喷水灭火系统的基础上发展起来的。它是利用水雾喷头在一定水压下将水流分解成细小水雾滴进行灭火或防护冷却的一种固定式灭火系统。水喷雾灭火系统具有投资小、操作方便、安全环保的特点。具体构造如图 3-4 所示。

3.4.1.2　灭火机理

水喷雾灭火系统的灭火机理主要为表面冷却、窒息、冲击乳化和稀释。从水雾喷头喷出的雾状水滴粒径细小，表面积很大，遇火后迅速汽化，带走大量的热量，使燃烧表面温度迅速降到燃点以下，达到使燃烧体冷却的目的；当雾状水喷射到燃烧区遇热汽化后，形成比原体积大 1700 倍的水蒸气，包围和覆盖在火焰周围，因燃烧体周围的氧浓度降低，使燃烧因缺氧而熄灭；对于不溶于水的可燃液体，雾状水冲击到液体表面并与其混合，形成不燃性的乳状液体层，从而使燃烧中断；对于水溶性液体火灾，由于雾状水能与水溶性液体很好融合，使可燃烧物质浓度降低，降低燃烧速度而熄灭。

3.4.1.3　系统组成和适用范围

（1）系统组成。水喷雾灭火系统主要由水源、供水设备、供水管道、雨淋阀组、过滤器和水喷雾喷头组成。

（2）适用范围。水喷雾灭火系统可用于扑救固体火灾、闪点高于 60℃ 的液体火灾和电气火灾；也可用于可燃气体和甲、乙、丙类液体的生产、储存装置或装卸设施的防护冷却，但不得用于扑救遇水发生化学反应造成燃烧、爆炸的火灾和水雾对保护对象造成严重

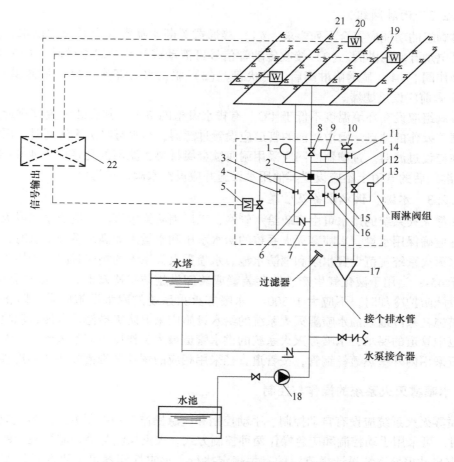

图 3-4   水喷雾灭火系统构造

1—压力表，测传动管水压；2—雨淋阀，自动控制消防供水；3—截止阀，传动管注水；4—手支阀，手动控制；
5—电磁阀，电动控制系统动作；6—闸阀，进水总阀；7—止向阀，传动系统稳压；8—闸阀，系统检修用；
9—压力开关，自动报警和控制；10—水力警铃，报警用；11—报警截止阀，控制警铃；12—泄放试验阀，试验用阀；
13—泄放试验管，试验用；14—供水压力表，测供水管压力；15—表前阀，压力表检修用；16—排水阀，控制排水；
17—排水漏斗，排水用；18—水喷雾泵，提供加压水；19—闭式喷头，探测水灾，控制传动管网动作；
20—火灾探测器，发出火灾信号；21—水雾喷头，水雾灭火；22—火灾报警控制箱，接收电信号发出指令

破坏的火灾。水喷雾灭火系统主要用于石化、交通、电力部门和建筑消防系统中。《建筑设计防火规范》（GB 50016—2014）明确规定，高层建筑内的可燃油油浸电力变压器室、充可燃油的高压电容器和多油开关室、自备发电机房和燃油、燃气锅炉房应设水喷雾灭火系统。

3.4.2   水喷雾灭火系统组件

3.4.2.1   水雾喷头

水雾喷头的选型应符合下列要求：扑救电气火灾应选用离心雾化型水雾喷头；腐蚀性环境应选用防腐型水雾喷头；粉尘场所设置的水雾喷头应有防尘罩。

3.4.2.2 雨淋阀组

雨淋阀组的功能应符合下列要求：（1）接通或关断水喷雾灭火系统的供水。接收电控信号可电动开启雨淋阀。（2）接收传动管信号可液动或气动开启雨淋阀。（3）具有手动应急操作阀。（4）显示雨淋阀启、闭状态。（5）驱动水力警铃。（6）监测供水压力。（7）电磁阀前应设过滤器。

雨淋阀组应设在环境温度不低于4℃、有排水设施的室内，其安装位置宜靠近保护对象并且便于操作的地点。雨淋阀前的管道应设置过滤器，当水雾喷头无滤网时，雨淋阀后的管道亦应设过滤器。过滤器滤网应采用耐腐蚀金属材料，滤网的孔径应为4.0~4.7目/cm²。雨淋阀后的管道上不应设置其他用水设施并应设泄水阀、排污口。

3.4.2.3 水源、供水设备及管道

水喷雾灭火系统的用水可由市政给水管网、工厂消防给水管网、消防水池或天然水源供给，并应确保用水量。水喷雾灭火系统的给水水压和水量未能满足系统要求时，可参照自动喷水灭火系统规范设置水泵和消防水池。水喷雾灭火系统的响应时间，当用于灭火时不应大于45s；当用于液化气生产、储存装置或装卸设施防护冷却时，不应大于60s；用于其他设施防护冷却时，不应大于300s。水喷雾灭火系统的取水设施应采取防止被杂物堵塞的措施，寒冷地区的水喷雾灭火系统的给水设施应采取防冻措施。参照自动喷水灭火系统规范中管道的要求，水喷雾灭火系统的供水管道最大工作压力应不大于1.20MPa，管道材质应采用内外壁热镀锌钢管，按管道直径采用相应的螺纹及沟槽或法兰等连接方式。

3.4.3 水喷雾灭火系统的操作与控制

水喷雾灭火系统应设有自动控制、手动控制和应急操作三种控制方式。当响应时间大于60s时，可采用手动控制和应急操作两种控制方式。火灾探测与报警应按现行的国家标准《火灾自动报警系统设计规范》的有关规定执行。火灾探测器可采用缆式线型定温火灾探测器、空气管式感温火灾探测器或闭式喷头。当采用闭式喷头时，应采用传动管传输火灾信号。传动管的长度不宜大于300m，公称直径宜为15~25mm。传动管上闭式喷头之间的距离不宜大于2.5m。当保护对象的保护面积较大或保护对象的数量较多时，水喷雾灭火系统宜设置多台雨淋阀，并利用雨淋阀控制同时喷雾的水雾喷头的数量。保护液化气储罐的水喷雾灭火系统的控制，除应能启动直接受火罐的雨淋阀外，还应能启动距离直接受火罐1.5倍罐径范围内邻近罐的雨淋阀。分段保护皮带输送机的水喷雾灭火系统，除应能启动起火区段的雨淋阀外，还应能启动起火区段下游相邻区段的雨淋阀，并应能同时切断皮带输送机的电源。水喷雾灭火系统的控制设备应具有下列功能：选择控制方式，重复显示保护对象状态，监控消防水泵启、停状态，监控雨淋阀启、闭状态；监控主、备用电源自动切换。

3.5 泡沫灭火技术

3.5.1 泡沫灭火剂的分类

泡沫是由液体的薄膜包裹气体而成的小气泡群。用水作为泡沫液膜的气体可以是空气

或二氧化碳。由空气构成的泡沫叫空气机械泡沫或空气泡沫，由二氧化碳构成的泡沫叫化学泡沫。泡沫的灭火机理是利用水的冷却作用和泡沫层隔绝空气的窒息作用。燃烧物表面形成的泡沫覆盖层可使燃烧物表面与空气隔绝，由于泡沫层封闭了燃烧物表面，可以遮断火焰的热辐射，阻止燃烧物本身和附近可燃物质的蒸发；泡沫析出的液体可对燃烧表面进行冷却，而且泡沫受热蒸发产生的水蒸气能降低氧的浓度。这类灭火剂对可燃性液体的火灾最适用，是油田、炼油厂、石油化工、发电厂、油库以及其他企业单位油罐区的重要灭火剂，也用于普通火灾扑救。

泡沫灭火剂可分为化学泡沫灭火剂和空气泡沫灭火剂。化学泡沫是通过硫酸铝和碳酸钠的水溶液发生化学反应产生的，泡沫中包含的气体为二氧化碳。空气泡沫是通过空气泡沫灭火剂的水溶液与空气在泡沫产生器中进行机械混合搅拌而生成的，所以空气泡沫又称为机械泡沫，泡沫中所含气体为空气。

空气泡沫灭火剂种类繁多，按泡沫的发泡倍数，可分为低倍数泡沫、中倍数泡沫和高倍数泡沫三类。低倍数泡沫灭火剂的发泡倍数一般在 20 倍以下，中、高倍数灭火剂的发泡倍数一般在 20~1000 倍以下。根据发泡剂的类型和用途，低倍数空气泡沫灭火剂又分为蛋白泡沫、氟蛋白泡沫、水成膜泡沫、合成泡沫、抗溶性泡沫 5 种类型。中、高倍数泡沫灭火剂属于合成泡沫类型。

3.5.1.1　化学泡沫灭火剂

常用的化学泡沫灭火剂，主要是酸性盐（硫酸铝）和碱性盐（碳酸氢钠）与少量的发泡剂（植物水解蛋白质或甘草粉）、少量的稳定剂（三氯化铁）等混合后，相互作用而生成的泡沫，其反应式如下：

$$6NaHCO_3 + Al_2(SO_4)_3 \longrightarrow 2Al(OH)_3 + 3Na_2SO_4 + 6CO_2$$

化学泡沫灭火剂在发生作用后生成大量的二氧化碳气体，故它与发泡剂作用可生成许多气泡。这种泡沫密度小，有黏性，能覆盖在着火物的表面上隔绝空气；同时二氧化碳又是惰性气体，不助燃。化学泡沫灭火剂不能用来扑救忌水忌酸的化学物质和电气设备的火灾。

3.5.1.2　空气泡沫灭火剂

空气泡沫即普通蛋白质泡沫，它是一定比例的泡沫液、水和空气经过机械作用相互混合后生成的膜状泡沫群。泡沫的相对密度为 0.11~0.16，气泡中的气体是空气。空气泡沫灭火剂的作用是当其以一定厚度覆盖在可燃或易燃液体的表面后，可以阻挡易燃或可燃液体的蒸汽进入火焰区，使空气与液面隔离，也防止火焰区的热量进入可燃或易燃液体表面。在高温下，空气泡沫灭火剂产生的气泡由于受热膨胀会迅速遭到破坏，所以不宜在高温下使用。构成泡沫的水溶液能溶解于酒精、丙酮和其他有机溶剂中，使泡沫遭到破坏，故空气泡沫不适用于扑救醇、酮、醚类等有机溶剂的火灾，对于忌水的化学物质也不适用。

A　抗溶性泡沫灭火剂

在蛋白质水解液中添加有机酸金属络合盐便制成了蛋白型的抗溶性泡沫液；这种有机金属络合盐类与水接触，会析出不溶于水的有机酸金属皂。当产生泡沫时，析出的有机酸金属皂在泡沫层上面形成连续的固体薄膜。这层薄膜能有效地防止水溶性有机溶剂吸收泡沫中的水分，使泡沫能持久地覆盖在溶剂液面上，从而起到灭火的作用。这种抗溶性泡沫不仅可以扑救一般液体烃类的火灾，也可以有效地扑灭水溶性有机溶剂的火灾。

　　B　氟蛋白泡沫灭火剂

　　普通蛋白泡沫通过油层时，由于不能抵抗油类的污染，上升到油面后泡沫本身含的油足以使其燃烧，导致泡沫的破坏。在空气泡沫液中加入氟碳表面活性剂，即生成氟蛋白泡沫。

　　氟碳表面活性剂具有良好的表面活性、较高的热稳定性、较好的浸润性和流动性。当该泡沫通过油层时，油不能向泡沫内扩散而被泡沫分隔成小油滴。这些小油滴被未污染的泡沫包裹，在油层表面形成一个包有小油滴的不燃烧的泡沫层，即使泡沫中含汽油量高达25%也不会燃烧，而普通空气泡沫层中含有10%的汽油时即开始燃烧。因此，这种氟蛋白泡沫灭火剂适用于较高温度下的油类灭火，并适用于液下喷射灭火。

　　C　水成膜泡沫灭火剂

　　水成膜泡沫灭火剂又称"轻水"泡沫灭火剂或氟化学泡沫灭火剂。它由氟碳表面活性剂、无氟表面活性剂（碳氯表面活性剂或硅酮表面活性剂）和改进泡沫性能的添加剂（泡沫稳定剂、抗冻剂、助溶剂以及增稠剂等）及水组成。

　　D　高倍数泡沫灭火剂

　　适用于以全淹灭和覆盖的方式扑救 A 类和 B 类火灾、封闭的带电设备火灾和控制液化石油气、液化天然气的流淌火灾。

　　表 3-2 为各类泡沫灭火剂性能比较。

表 3-2　各类泡沫灭火剂性能比较

分类	名称	组成	优缺点	扑救场所
化学泡沫灭火剂	YP 型普通化学泡沫	硫酸铝、碳酸氢钠＋水解蛋白稳定剂	泡沫黏稠、流动性差、灭火效率低、不能久储	A 类及 B 类非水溶性油类液体
	YPB 型	YP＋氟碳蛋白表面活性剂＋碳氢蛋白表面活性剂	泡沫黏度小、流动性好、自封性好、灭火效率高，为同容量 YP 型灭火剂的 2～3 倍，储存期长	A 类及 B 类非水溶性油类液体，但不能扑救水溶性液体
空气泡沫灭火剂	蛋白泡沫灭火剂	蛋白泡沫灭火剂以动植物蛋白质或植物性白质在碱性溶剂中浓缩液为基料，加入适当的稳定剂、防腐剂和防冻剂等添加剂的起泡性液体	该灭火剂具有成本低、泡沫稳定、灭火效果好、污染少等优点；但流动性差影响了灭火效率。该泡沫耐油温低，不能以液下喷射方式扑救油罐火灾	各种石油产品，油脂等火灾，亦可扑救木材、油罐着火，可在飞机的跑道上灭火
	氟蛋白泡沫灭火剂	蛋白泡沫基料＋氟碳表面活性剂配置而成	克服了蛋白泡沫灭火剂的缺点，同时可以液下喷射方式扑救油罐火灾。与干粉（ABC 类）的相溶性好；可采用液下喷射方式	可扑救大型储罐散装仓库、输送中转装置、生产加工装置，油码头的火灾及飞机火灾

续表 3-2

分类	名称	组成	优缺点	扑救场所
空气泡沫灭火剂	水成膜泡沫灭火剂	氟碳表面活性剂、无氟表面活性剂和改进泡沫性能的添加剂及水组成	具有剪切应力小、流动性小、泡沫喷射到油面上时泡沫能迅速展开，并结合水膜的作用把火势迅速扑灭的优点	适用于扑救石油类产品和贵重设备。油罐可以采用液下喷射方式
	高倍数泡沫灭火剂	合成表面活性剂为基料的泡沫灭火剂。与水按一定比例混合后通过高倍泡沫灭火剂产生器可产生数百倍以上甚至千倍的泡沫	1min 内产生 1000m³ 以上的泡沫，泡沫可以迅速充满点火的空间，使燃烧物与空气隔绝，使火焰窒息	主要用于扑救非水溶性可燃易燃液体的火灾

3.5.2　泡沫灭火技术的分类

3.5.2.1　按泡沫发泡倍数分类

A　低倍数泡沫灭火系统

低倍数泡沫是指泡沫混合液吸入空气后，体积膨胀小于 20 倍的泡沫。低倍数泡沫灭火系统主要用于扑救原油、汽油、煤油、柴油、甲醇、丙酮等 B 类的火灾，适用于炼油厂、化工厂、油田、油库、为铁路油槽车装卸油的鹤管栈桥、码头、飞机库、机场等。一般建筑泡沫消防系统等常采用低倍数泡沫灭火系统。低倍数泡沫液有普通蛋白泡沫液、氟蛋白泡沫液、水成膜泡沫液、成膜氟蛋白泡沫液及抗溶性泡沫液等几种类型。

由于水溶性可燃液体（如乙醇、甲醇、丙酮、醋酸乙酯等）的分子极性较强，对一般灭火泡沫有破坏作用，一般泡沫灭火剂无法对其起作用，故应采用抗溶性泡沫灭火剂。抗溶性泡沫灭火剂对水溶性可燃、易燃液体有较好的稳定性，可以抵抗水溶性可燃、易燃液体的破坏，发挥扑灭火灾的作用。不宜用低倍数泡沫灭火系统扑灭流动着的可燃液体或气体火灾。此外，也不宜与水枪和喷雾系统同时使用。

B　中倍数泡沫灭火系统

发泡倍数在 21~200 之间的称为中倍数泡沫。中倍数泡沫灭火系统一般用于控制或扑灭易燃、可燃液体、固体表面火灾及固体深位阴燃火灾。其稳定性较低倍数泡沫灭火系统差，在一定程度上会受风的影响，抗复燃能力较低，因此使用时需要增加供给的强度。中倍数泡沫灭火系统能扑救立式钢制储油罐内火灾。《石油库设计规范》（GB 50074—2014）规定，地上式固定顶油罐、内浮顶油罐应设低倍数泡沫灭火系统，当浮顶油罐采用中心软管配置泡沫混合液的方式时，可设中倍数泡沫灭火系统。中倍数泡沫液是一种氟蛋白泡沫液，可应用于局部应用式、移动式中倍数泡沫灭火系统，50 倍以下的中倍数泡沫液适用于地上油罐的液上灭火，50 倍以上的适用于流淌火灾的扑救。

C　高倍数泡沫灭火系统

发泡倍数在 201~1000 之间称为高倍数泡沫。高倍数泡沫灭火系统在灭火时，能迅速以全淹没或覆盖方式充满防护空间灭火，并不受防护面积和容积大小的限制，可用以扑救A类火灾和B类火灾。高倍数泡沫绝热性能好、无毒、可消烟、可排除有毒气体、形成防火隔离层并对在火场灭火人员无害。高倍数泡沫灭火剂的用量和水的用量仅为低倍数泡沫灭火用量的1/20，水渍损失小，灭火效率高，灭火后泡沫易于清除。

3.5.2.2 按设备安装使用方式分类

A 固定式泡沫灭火系统

固定式泡沫灭火系统由固定的泡沫液消防泵、泡沫液储罐、比例混合器、泡沫混合液的输送管道及泡沫产生装置等组成，并与给水系统连成一体。当发生火灾时，先启动消防泵、打开相关阀门，系统即可实施灭火。固定式泡沫灭火系统的泡沫喷射方式可采用液上喷射和液下喷射方式。

B 半固定式泡沫灭火系统

该系统有一部分设备为固定式，可及时启动；另一部分是不固定的，发生火灾时，可进入现场与固定设备组成灭火系统进行灭火。根据固定安装的设备不同，半固定式泡沫灭火系统有两种形式：一种为设有固定的泡沫产生装置，泡沫混合液管道、阀门，当发生火灾时，泡沫混合液由泡沫消防车或机动泵通过水带从预留的接口进入；另一种为设有固定的泡沫消防泵站和相应的管道，灭火时，通过水带将移动的泡沫产生装置（如泡沫枪）与固定的管道相连，组成灭火系统。半固定式泡沫灭火系统适用于具有较强的机动消防设施的甲、乙、丙类液体的储罐区或单罐容量较大的场所及石油化工生产装置区内易发生火灾的局部场所。

C 移动式泡沫灭火系统

移动式泡沫灭火系统一般由水源（室外消火栓、消防水池或天然水源）、泡沫消防车或机动消防泵、移动式泡沫产生装置、水带、泡沫枪、比例混合器等组成。当发生火灾时，所有移动设施进入现场，通过管道、水带连接组成灭火系统。

该系统具有使用灵活，不受初期燃烧爆炸的影响的优势。由于是在发生火灾后应用，其扑救不如固定式泡沫灭火系统及时，同时由于灭火设备受风力等外界因素影响较大，造成泡沫的损失量较大，导致需要供给的泡沫量和强度都较大。

3.6 其他灭火技术

3.6.1 细水雾灭火技术

细水雾指滴径小于200μm的小水滴，可以通过撞击、气动、高压、静电及超声波等多种方式产生。当细水雾直接喷射或被卷吸进火焰区时，由于其表面积与体积比较大，吸收热量快，迅速汽化后体积扩大约1600倍，直接影响燃烧过程的化学反应速率及火焰的传播速率，达到控制和扑灭火灾的目的。

细水雾灭火技术主要通过汽化隔氧、冷却燃料和氧化剂以及吸收部分热辐射等效应与火相互作用，降低燃烧化学反应速率和火焰传播速率，达到控制和扑灭火灾的目的，不会产生"二次性环境污染"，可以达到火灾防治洁净化的目标。

细水雾对明火的扑灭作用明显,能消除有害气体不完全燃烧带来的影响,但对阴燃的扑灭效果相对较差。由于阴燃过程对氧气的依赖性小,故汽化隔氧效果不明显。对阴燃物体只能直接喷射细水雾冷却扑灭,喷雾可以有效防止阴燃转化为明火,有利于控制火灾发展。

细水雾灭火技术可用来抑制油池火、气相扩散火焰、受限空间内火灾、特殊火灾(如电器火灾)、抑制预混火焰的传播及防止爆炸,很多研究成果已产品化。

3.6.2 气体灭火技术

以气体作为灭火介质的灭火系统称为气体灭火系统。气体灭火系统的适用范围是由气体灭火剂的灭火性质决定的。卤代烷 1211 和卤代烷 1301 灭火剂与二氧化碳灭火剂在灭火应用中具有许多相同之处:化学稳定性好、耐储存、腐蚀性小、不导电、毒性低、蒸发后不留痕迹、适用于扑救多种类型火灾。因此这三种气体灭火系统具有基本相同的使用范围和应用限制。

根据物质燃烧特性可把火灾分为四类:A 类火灾、B 类火灾、C 类火灾、D 类火灾。

(1)A 类火灾。一般是固体物质火灾。这类固体物质往往具有有机物性质,一般在燃烧时能产生灼热的余烬,如木材、纤维、纸张以及其他天然与合成的固体有机材料。卤代烷 1211、卤代烷 1301 和二氧化碳灭火系统都适用于扑救 A 类火灾中一般固体物质的表面火灾。二氧化碳灭火系统还适用于扑救棉、毛、织物、纸张等部分固体的深位火灾。

(2)B 类火灾。指液体火灾以及在燃烧时可熔化的某些固体发生的火灾。卤代烷 1211、卤代烷 1301 和二氧化碳灭火系统都适用于扑救常见的液体火灾。

(3)C 类火灾。气体火灾。卤代烷 1211、卤代烷 1301 和二氧化碳灭火系统都适用于扑救常见的气体火灾,但同时应具备能够在灭火前切断可燃气源或在灭火后能立即切断可燃气源的可靠措施。带电设备和电气线路火灾,由于带电设备和电气线路的过热、短路引发的火灾,气体灭火系统都适用于此。

(4)D 类火灾。指活泼金属的火灾。此时气体灭火系统不适用。

气体灭火系统还不适用于下列类型物质的火灾:过氧化剂、过氧化剂的混合物以及能够自身提供氧而且在无空气的条件下能迅速氧化、燃烧的物质;金属氢化物;能自动分解的物质;能自燃的物质等。

3.6.3 气溶胶灭火技术

气溶胶俗称烟或雾,是固体或液体微粒悬浮于气体介质中的一种物质分散形态。固体微粒主要是金属氧化物和碳酸盐,气体的主要成分是二氧化碳、氮气、水蒸气等。气溶胶灭火剂是固体气溶胶发生剂燃烧的产物,含有约 60% 的气体和 40% 的分散固体。在常规灭火质量浓度下燃烧产物本身对健康没有伤害。气溶胶灭火的关键在于灭火气溶胶中的固体微粒。气溶胶的灭火机理包含了物理吸热和化学阻断的双重作用,具体的灭火机理如下:

(1)气溶胶微粒遇到高温时能发生强烈的吸热分解反应,迅速降低火焰温度。

(2)气溶胶烟雾吸收火焰的热辐射,阻止了火焰与燃烧物之间的热回馈,使燃烧过程受到抑制。

（3）气溶胶微粒以及气溶胶微胶热分解后产生的离子，与燃烧过程中可燃物分解产生的活性自由基发生中和作用，阻断了燃烧过程中能量传递作用，从而抑制了燃烧反应。

气溶胶灭火系统的适用场所有计算机房、通信机房、配电柜、控制室、输变电设备、铁路机车室、印刷机械、汽车、仓库等。主要适用于扑救电气火灾、可燃液体火灾和固体表面火灾。

4 火灾管理与应急

4.1 防火规章制度建设

防火规章制度是各机关、团体、企业、事业等单位贯彻国家有关消防安全生产法律法规、国家和行业标准，贯彻国家消防安全生产方针政策的行动指南，是相关单位有效防范生产、经营过程火灾风险，保障从业人员和公众的人身、财产安全，维护公共安全的重要措施。

消防工作贯彻预防为主、防消结合的方针，按照政府统一领导、部门依法监管、单位全面负责、公民积极参与的原则，实行消防安全责任制，建立健全社会化的消防工作网络。

4.1.1 建立防火规章制度的必要性

建立健全防火规章制度是生产经营单位的法定责任。生产经营单位是安全生产的责任主体，《中华人民共和国安全生产法》第4条规定"生产经营单位必须遵守本法和其他有关安全生产的法律、法规，加强安全生产管理，建立、健全安全生产责任制度，完善安全生产条件，确保安全生产"；《中华人民共和国劳动法》第52条规定"用人单位必须建立、健全劳动安全卫生制度，严格执行国家劳动安全卫生规程和标准，对劳动者进行劳动安全卫生教育，防止劳动过程中的事故，减少职业危害"；《中华人民共和国突发事件应对法》第二十二条规定"所有单位应当建立健全安全管理制度，定期检查本单位各项安全防范措施的落实情况，及时消除事故隐患"。所以，建立健全防火规章制度是国家有关安全生产法律法规明确规定的生产经营单位的法定责任。

建立健全防火规章制度是生产经营单位安全生产的重要保障。安全风险来自于生产、经营过程之中，只要生产、经营活动在进行，安全风险就客观存在。客观上需要企业对生产工艺过程、机械设备、人员操作进行系统分析、评价，制定出一系列的操作规程和安全控制措施，以保障生产经营单位生产、经营工作合法、有序、安全地运行，将安全风险降到最低。在长期的生产经营活动过程中积累的大量风险辨识、评价、控制技术，以及安全事故教训的积累，是探索和驾驭安全生产客观规律的重要基础，只有形成生产经营单位的规章制度才能够得到不断积累、有效继承和发扬。

建立健全防火规章制度是生产经营单位保护从业人员安全与健康的重要手段。国家有关保护从业人员安全与健康的法律法规、国家和行业标准在一个生产经营单位的具体实施，只有通过企业的生产规章制度体现出来，才能使从业人员明确自己的权利和义务；同时，也为从业人员遵章守纪提供标准和依据。建立健全安全生产规章制度可以防止生产经营单位管理的随意性，有效地保障从业人员的合法权益。

4.1.2 防火规章制度建设的依据和原则

4.1.2.1 防火规章制度建设的依据

防火规章制度是以消防安全法律法规、国家和行业标准、地方政府的法规和标准为依据。各机关、团体、企业、事业单位的防火规章制度首先必须符合国家法律法规、国家和行业标准的要求，以及单位所在地方政府的相关法规、标准的要求。单位的防火规章制度是一系列法律法规在单位具体贯彻落实的表现。

4.1.2.2 防火规章制度建设的原则

（1）"预防为主，防消结合"的原则。防火规章制度的建设必须坚持"预防为主，防消结合"的原则。"预防为主，防消结合"是我国的消防工作的指导方针，是我国经济社会发展现阶段消防工作客观规律的具体要求。

（2）主要负责人负责的原则。防火规章制度的建设和实施，涉及生产经营单位的各个环节和全体人员，只有主要负责人负责，才能有效调动和使用生产经营单位的所有资源，才能协调好各方面的关系，规章制度的落实才能够得到保证。

（3）系统性原则。火灾风险来自于生产、经营活动过程之中，因此，防火规章制度应涵盖生产经营的全过程、全员和全方位。

（4）规范化和标准化的原则。生产经营单位防火规章制度的建设应实现规范化和标准化管理，以确保安全生产规章制度建设的严密、完整、有序。

4.1.3 防火规章制度的建立

建立健全消防安全制度是各机关、团体、企业、事业等单位的法定责任。单位的主要负责人是本单位的消防安全责任人。根据《中华人民共和国消防法》第十六条以及公安部第六十一号令对机关、团体、企业、事业等单位消防安全职责的规定，可以从如下几个方面建设相关单位防火规章制度。

4.1.3.1 建立消防安全责任制

消防安全责任制的建立，旨在明确单位各级领导、各职能部门、管理人员及各生产岗位的有关消防安全工作的责任、权利和义务等内容。消防安全责任制属于防火规章制度范畴，其核心是清晰消防安全管理的责任界面，解决"谁来管，管什么，怎么管，承担什么责任"的问题，消防安全责任制也是单位防火规章制度建立的基础。

建立消防安全责任制，一是增强生产经营单位各级主要负责人、各管理部门人员及各岗人员对消防安全的责任感；二是明确责任，充分调动各级人员和各管理部门对消防工作的积极性和主观能动性，加强自主管理，落实责任；三是责任追究的依据。

单位的主要负责人是本单位的消防安全责任人。各部门行政主要负责人为本部门的防火安全第一责任人，负责组织制定适合本部门特点的防火安全制度和保障防火安全的操作规程并督促其落实。一般单位的逐级消防安全责任制应包括以下方面：

（1）董事长、总经理（法定代表人）消防安全责任制。按照《机关、团体、企业、事业单位消防安全管理规定》，法人单位的法定代表人是单位的消防安全责任人，对本单位的消防安全工作全面负责，应当履行下列消防安全职责：

1）贯彻执行消防法规，保障消防安全符合规定，掌握公司的消防安全情况。

2）将消防工作与生产、科研、经营、管理等活动统筹安排，批准实施年度消防工作计划。

3）为消防安全提供必要的经费和组织保障。

4）确定逐级消防安全责任，批准实施消防安全制度和保障消防安全的操作规程。

5）督促组织防火检查，落实火灾隐患整改，组织处理涉及消防安全的重大问题。

6）批准建立防火机构及专职消防队、义务消防队。

（2）总经理、分管消防工作副总经理（消防安全管理人）以及副总经理消防安全责任制。消防安全管理人对单位的消防安全责任人负责，实施和组织落实下列消防安全管理工作，其主要职责是：

1）组织拟订年度消防安全工作计划，组织实施日常消防安全管理工作。

2）组织制订消防安全制度和消防安全的操作规程并检查督促其落实。

3）拟订消防安全工作的资金投入方案。

4）组织实施防火检查和火灾隐患整改工作。

5）组织实施对消防设施、灭火器材和消防安全标志的维护保养，确保完好有效，确保疏散通道和安全出口畅通。

6）在员工中组织开展消防知识、技能的宣传教育和培训，组织灭火和应急疏散预案的实施和演练。

7）完成消防安全责任人委托的消防安全管理工作。

8）定期向消防安全责任人报告消防安全情况。

（3）分厂厂长、经理、部、处长（非法人单位主要负责人）消防安全责任制。按照《机关、团体、企业、事业单位消防安全管理规定》，非法人单位的主要负责人是该单位的消防安全责任人，对本单位的消防工作全面负责。主要职责是：

1）全面负责本单位的消防安全工作。认真贯彻消防法律、法规及上级对消防工作的要求，拟订年度消防安全工作计划。

2）支持、督促副职、安全管理人员做好分管工作范围内的消防安全工作，协调消防工作与生产经营工作的关系。

3）定期召开消防工作会议，将消防安全工作与本单位的经济责任制考核挂钩，研究决定奖惩。

4）建立健全各项消防安全管理制度、消防安全操作规程、逐级消防安全责任制，把消防安全管理工作列入议事日程，做到"五同时"。

5）加强义务消防队伍建设，开展消防安全宣传教育，防火灭火知识、技能培训。定期开展事故预案演练，并做好演练记录，不断完善预案。

6）认真开展消防安全检查，及时消除火灾隐患和不安全因素，接受上级消防部门的监督检查。

7）组织实施对消防设施、灭火器材和消防安全标志的维护保养，确保完好有效，禁止挪用、损坏或丢失；确保疏散通道和安全出口畅通。

8）定期向消防安全管理部门和分管副总经理报告消防安全情况。

9）发生火灾事故，组织现场指挥扑救，并按事故"四不放过"的原则查明事故原因和责任。

10）实行消防安全目标责任管理，逐级签订消防安全责任书。

（4）工段长、班组长消防安全责任制。各单位的工段长、班组长是本工段、班组消防安全第一责任人，全面负责本工段、班组的消防安全工作，其主要职责是：

1）负责本工段、班组各项消防安全责任制、消防安全规章制度、消防安全操作规程的制定和修订，实行消防安全目标管理。

2）认真执行公司和本单位的各项消防安全规章制度，制止违章行为。

3）组织员工学习国家有关消防法律法规、防火灭火的基本知识；积极组织员工参加各项消防安全知识教育培训和消防安全活动。

4）开展班前班后消防安全检查，及时发现和消除火灾隐患，预防事故发生。

5）严格管理配备在本工段、班组的各类消防器材、设施，责任到人，实行"三定"，列入交接班制度，禁止用于与消防无关的地方。

6）发现火灾事故立即报警，并按公司《义务消防队扑救初起火灾的灭火程序及预案》迅速组织事故处置和扑救，协助专职消防队灭火救援；保护火灾现场，配合事故调查，落实防范措施。

7）加强对火源、电源管理，严格动火审批手续。

8）及时汇报消防安全工作情况。

（5）员工消防安全责任制。生产经营单位全体员工应自觉遵守消防法律法规以及企业的各项消防安全管理制度，其主要职责是：

1）严格执行本岗位消防安全管理制度，遵守本岗位消防安全操作规程，不擅离岗位，不违章作业。

2）加强对本岗位火源、电源和易燃易爆危险化学物品的管理，发现不安全因素及时汇报、整改，并采取安全措施。

3）积极参加公司组织的消防安全教育活动和消防安全知识培训，掌握防火灭火知识。

4）熟悉本岗位的火灾危险性，掌握预防火灾的基本措施和灭火的基本方法，做到会报火警、会扑救初起火灾、会正确使用消防器材、会协助专职消防队灭火、会逃生自救。

5）自觉维护和保养配备在本岗位上的消防器材和消防设施，对扑救初起火灾使用的消防器材要及时上报。

6）保证消防通道和疏散通道畅通。

7）接受、协助、配合消防部门管理。

（6）安全员消防安全责任制。安全员是本单位消防安全责任人，是单位消防安全责任人、管理人开展消防安全管理工作的助手，对消防安全责任人和消防安全管理人负责，其主要职责是：

1）认真贯彻落实上级消防安全工作的指示和规定，制定消防安全工作管理目标和考核。

2）负责制定或修订本单位消防安全管理规章制度和消防安全操作规程，并检查督促其执行情况。

3）结合本单位生产经营的性质，负责制定或修订本单位灭火救援预案，并组织教育演练，做好演练记录。

    4）开展消防安全宣传教育、防火灭火知识培训，积极组织员工参加消防安全活动。

    5）开展消防安全检查，督促整改火灾隐患。制止违章行为，消除不安全因素。

    6）落实消防器材、设施的管理措施，及时上报消防器材损失，保证消防通道畅通。

    7）负责火灾统计、上报，参加火灾事故调查，分析提出防范措施。

4.1.3.2　制定消防安全管理制度

A　消防安全工作例会制度

建立消防安全例会制度，定期召开消防安全例会，处理涉及消防安全的重大问题，研究、部署、落实单位（场所）的消防安全工作计划和措施。

B　防火巡查和防火检查制度

建立防火巡查和防火检查制度，确定巡查和检查的人员、内容、部位和频次。

防火巡查时应填写《每日防火巡查（夜查）记录表》并存档备查，巡查人员应在记录上签名。巡查中发现能当场整改的火灾隐患应填写《单位火灾隐患当场整改通知单》并消除隐患；不能当场消除的，填写《单位火灾隐患限期整改通知单》并及时上报主管负责人。

应进行每日防火巡查，并结合实际组织夜间防火巡查。公共娱乐场所在营业时间应至少每2h巡查一次，营业结束后应检查并消除遗留火种。

防火巡查应包括下列内容：用火、用电有无违章情况；安全出口、疏散通道是否畅通，有无锁闭；安全疏散指示标志、应急照明是否完好；常闭式防火门是否处于关闭状态，防火卷帘下是否堆放物品；消防设施、器材是否在位、完整有效，消防安全标志是否完好清晰；消防安全重点部位的人员在岗情况；其他消防安全情况。

C　利用多种形式开展经常性的消防安全宣传、教育与培训

应通过多种形式开展经常性的消防安全宣传与培训。消防安全教育与培训由消防安全管理人负责组织，根据不同季节、节假日的特点，结合各种火灾事故案例，利用张贴图画、消防刊物、视频、网络、举办消防文化活动等各种形式，宣传防火、灭火和应急逃生等常识，使员工提高消防安全意识和自防自救能力。

消防培训应包括下列内容：有关消防法规、消防安全管理制度、保证消防安全的操作规程等；本单位、本岗位的火灾危险性和防火措施；建筑消防设施、灭火器材的性能、使用方法和操作规程；报火警、扑救初起火灾、应急疏散和自救逃生的知识、技能；本场所的安全疏散路线，引导人员疏散的程序和方法等；灭火和应急疏散预案的内容、操作程序。

消防宣传填写《消防宣传记录》，消防培训应填写《消防安全教育、培训记录》及《消防安全培训合格登记表》并存档。

D　建立疏散设施管理制度

明确消防安全疏散设施管理的责任部门和责任人，明确定期维护、检查的要求，确保安全疏散设施的完好、有效、通畅。安全疏散设施检查的内容应包括：

（1）安全疏散设施处应设置统一标识和检查、测试、使用方法的文字或图示说明；在使用和营业期间疏散出口、安全出口的门不应锁闭；封闭楼梯间、防烟楼梯间的门应完好，门上应有正确启闭状态的标识，保证其正常使用；常闭式防火门应经常保持关闭。

（2）需要经常保持开启状态的防火门，应保证其火灾时能自动关闭；自动和手动关闭的装置应完好有效；平时需要控制人员出入或设有门禁系统的疏散门，应有保证火灾时人员疏散畅通的可靠措施。

（3）安全出口、疏散门不得设置门槛和其他影响疏散的障碍物，且在其1.4m范围内不应设置台阶；消防安全标志应完好、清晰，不应遮挡；安全出口、公共疏散走道上不应安装栅栏、卷帘门；窗口、阳台等部位不应设置影响逃生和灭火救援的栅栏。

（4）各楼层的明显位置应设置安全疏散指示图，指示图上应标明疏散路线、安全出口、人员所在位置和必要的文字说明；举办展览、展销、演出等大型群众性活动，应事先根据场所的疏散能力核定容纳人数，活动期间应对人数进行控制，采取防止超员的措施。

安全疏散设施检查应填写《安全疏散设施检查记录》并存档。

E　建立消防设施管理制度

明确消防设施管理的责任部门和责任人，明确消防设施的检查内容和管理要求，明确消防设施定期维护保养的要求。消防设施管理应符合下列要求：

（1）消防设施应有明显标识，并附有使用操作、检查测试说明；室内消火栓箱不应上锁，箱内设备应齐全、完好；室外消火栓不应埋压、圈占，距室外消火栓、水泵接合器2.0m范围内不得设置影响其正常使用的障碍物。

（2）展品、商品、货柜，广告箱牌，生产设备等的设置不得影响防火门、防火卷帘、室内消火栓、灭火剂喷头、机械排烟口和送风口、自然排烟窗、火灾探测器、手动火灾报警按钮、声光报警装置等消防设施的正常使用。

（3）应确保消防设施和消防电源始终处于正常运行状态；需要维修时，应采取相应的措施启动备用设施，维修完成后，应立即恢复到正常运行状态；按照相关标准定期检查、检测消防设施，并做好记录，存档备查。

（4）自动消防设施应按照有关规定，每年委托具有相关资质的单位进行全面检查测试，达到合格标准，并出具检测合格报告，存档及报送当地公安消防机构备案。

（5）消防控制室应保证其环境满足设备正常运行要求。室内应设置消防设施平面布置图，存放完整的消防设施设计、施工和验收资料以及灭火和应急疏散预案等。

消防设施、器材检查应分别填写《建筑消防设施功能检查记录表》《安全疏散设施检查记录》。

F　建立火灾隐患整改制度

因违反或不符合消防法规而导致的各类潜在不安全因素，应认定为火灾隐患。

（1）巡查、检查中发现可当场整改的火灾隐患，应立即填写《单位火灾隐患当场整改通知单》，并当场改正；不能立即改正的，填写《单位火灾隐患限期整改通知单》，并逐级报告消防安全管理人采取措施整改。

（2）消防安全管理人或部门消防安全责任人应组织对报告的火灾隐患进行认定，明确火灾隐患整改责任部门、责任人、整改的期限和所需经费来源；在火灾隐患整改期间，应采取相应措施，保障安全。

（3）消防安全管理人或部门消防安全责任人应对火灾隐患整改完毕的进行复查确认，填写《单位火灾隐患整改复查单》。

（4）对公安消防机构责令限期改正的火灾隐患和重大火灾隐患，应在规定的期限内改正，并将火灾隐患整改复函送达公安消防机构。

（5）重大火灾隐患不能立即整改的，应自行将危险部位停产停业整改；对于涉及城市规划布局而不能自身解决的重大火灾隐患，应提出解决方案并及时向其上级主管部门或当地人民政府报告。

G　建立用火、用电、动火安全管理制度

明确用火、用电、动火管理的责任部门和责任人，用火、用电、动火的审批范围、程序和要求以及操作人员的岗位资格及其职责要求等内容。

（1）用电安全管理制度：

1）明确用电防火安全管理的责任部门和责任人；采购电气、电热设备，应选用合格产品，并应符合有关安全标准的要求；电气线路敷设、电气设备安装和维修应由具备职业资格的电工操作；不得随意乱接电线，擅自增加用电设备。

2）电器设备周围应与可燃物保持 0.5m 以上的间距；对电气线路、设备应定期检查、检测，严禁超负荷运行；营业场所营业结束时，应切断营业场所的非必要电源。

（2）用火、动火安全管理。用火、动火安全管理应明确管理的责任部门和责任人，用火、动火的审批范围、程序和要求以及电气焊工的岗位资格及其职责要求等，应符合下列要求：

1）需要动火施工的区域与使用、营业区之间应进行防火分隔；电气焊等明火作业前，实施动火的部门和人员应填写《单位临时用火、用电作业审批表》，办理动火审批手续，清除易燃可燃物，配置灭火器材，落实现场监护人和安全措施，在确认无火灾、爆炸危险后方可动火施工。

2）禁止在营业时间进行动火施工；演出、放映场所需要使用明火效果时，应落实相关的防火措施；不应使用明火照明或取暖，如特殊情况需要时应有专人看护。

3）烟道等取暖设施与可燃物之间应采取防火隔热措施；厨房的烟道应至少每季度清洗一次；燃油、燃气管道应经常检查、检测和保养。

H　易燃易爆化学物品使用、管理制度

确立易燃易爆化学物品使用、管理制度，明确易燃易爆化学物品管理的责任部门和责任人。

（1）易燃易爆化学物品的管理由消防安全管理人负责；非特定的易燃易爆化学物品生产储存单位严禁生产、储存易燃易爆化学物品；需要使用易燃易爆化学物品时，应根据需要限量使用，存储量不超过一天的使用量，且应由专人管理、登记、备案，掌握使用情况。

（2）地下场所禁止经营和储存火灾危险性为甲、乙类商品，禁止使用液化石油气及闪点低于 60℃ 的液体燃料；公共娱乐场所营业厅不应使用甲、乙类清洗剂。

（3）盛装可燃液体、气体的密闭容器应避免日光照射；使用、储存、运输易燃易爆化学危险物品必须严格遵守操作规程并采取相应的技术措施保证安全。

I　消防安全重点部位管理制度

人员集中的厅（室）以及储油间、变配电室、锅炉房、厨房、空调机房、资料库、可燃物品仓库、消防控制室等应确定为消防安全重点部位，并明确消防安全管理的责任部门和责任人。

根据实际需要配备相应的灭火器材、装备和个人防护器材，并制定和完善事故应急处置操作程序，同时列入防火巡查范围，作为定期检查的重点。

J　灭火和应急疏散预案编制和演练制度

单位应根据人员集中、火灾危险性较大的重点部位的实际情况，制订有针对性的灭火和应急疏散预案。预案应包括下列内容：

（1）明确火灾现场通信联络、灭火、疏散、救护、保卫等任务的负责人。规模较大的人员密集场所应由专门机构负责，组建各职能小组。并明确负责人、组成人员及其职责。

（2）火警处置程序和应急疏散的组织程序和措施。

（3）扑救初起火灾的程序和措施。

（4）通信联络、安全防护和人员救护的组织与调度程序和保障措施。

K　制定火灾处置程序

明确火灾发生后立即启动灭火和应急疏散预案，疏散建筑内所有人员，实施初期火灾扑救，并报火警；明确保护火灾现场，接受火灾事故调查，总结事故教训，改善消防安全管理的工作程序及要求。

（1）确认火灾发生后，应立即启动灭火和应急疏散预案，通知建筑内所有人员立即疏散，实施初期火灾扑救，并报火警。

（2）火灾发生后，应保护火灾现场。公安消防机构划定的警戒范围是火灾现场保护范围；尚未划定时，应将火灾过火范围以及与发生火灾有关的部位划定为火灾现场保护范围。

（3）未经公安消防机构允许，任何人不得擅自进入火灾现场保护范围内，不得擅自移动火场中的任何物品。

（4）未经公安消防机构同意，任何人不得擅自清理火灾现场；应接受事故调查，如实提供火灾事故情况，协助火灾调查；应做好火灾伤亡人员及其亲属的安排、善后事宜。

（5）火灾调查结束后，应及时分析事故原因，总结事故教训，及时改进消防安全管理工作，预防火灾事故再次发生，并将事故情况记入防火档案。

4.1.4　防火规章制度的管理

4.1.4.1　起草

根据生产经营单位安全生产责任制，由安全生产管理部门或相关职能部门负责起草。起草前应对目的、适用范围、主管部门、解释部门及实施日期等给予明确说明，同时还应做好相关资料的准备和收集工作。

规章制度的编制，应做到目的明确、条理清楚、结构严谨、用词准确、文字简明、标点符号正确。

4.1.4.2　会签或公开征求意见

起草的规章制度，应通过正式渠道征得相关职能部门或员工的意见和建议，以利于规章制度颁布后的贯彻落实；当意见不能取得一致时，应领导组织讨论，统一认识，达成一致。

4.1.4.3　审核

制度签发前应进行审核。一是由生产经营单位负责法律事务的合规性审查；二是专业技术性较强的规章制度应邀请相关专家进行审核；三是涉及全员性的制度，应经过职工代表大会或职工代表进行审核。

4.1.4.4　签发与发布

技术规程、安全操作规程等技术性较强的安全生产规章制度，经由单位主管生产的领导或总工程师签发；涉及全局性的综合管理制度，应由主要负责人签发。

生产经营单位的规章制度，应采用固定的方式进行发布，如红头文件形式、内部办公网络等。发布的范围应涵盖应执行的部门、人员。有些特殊的制度还应正式送达相关人员，并由接收人员签字。

4.1.4.5　培训

对新颁布的安全生产规章制度、修订的安全生产规章制度，应组织安全操作规程类规章制度培训，还应组织相关人员进行考试。

4.1.4.6　反馈与持续改进

应定期检查安全生产规章制度执行中存在的问题，或建立信息反馈渠道，及时掌握安全生产规章制度的执行效果。

生产经营单位应每年制定规章制度制定、修订计划，并应公布现行有效的安全生产规章制度清单。对安全操作规程类规章制度，除每年进行审查和修订外，每3~5年应进行一次全面修订，并重新发布，确保规章制度的建设和管理有序进行。

4.2　应急管理

制订灭火和应急疏散预案，是为了在单位面临突发火灾事故时，能够统一指挥，及时有效地整合资源，迅速针对假想的火情实施有组织的控制和扑救，避免火灾来临之时慌乱无序，防止贻误战机和漏管失控，最大限度地减少人员伤亡和财产损失。因此，制定灭火和应急疏散预案应结合各具体单位实际情况，有针对性地制订灭火应急疏散预案和演练，学会应对和处置突发火灾事故的方法，熟练掌握应急处置的程序和措施，才能最大限度地减少或降低火灾危害，提高单位防范自救、抗御火灾事故的能力。

4.2.1　制订灭火和应急疏散预案重要性和必要性

4.2.1.1　消防安全重点单位火灾危险较大

消防安全重点单位的建筑空间大、使用的可燃物品多、着火源多，人员高度集中、流动量大、火灾蔓延快，火灾荷载大，火灾危险性大，发生火灾后损失大、伤亡大、影响大，无数火灾实例说明，重点单位发生火灾后，不仅会影响本单位的生产和经营，有时还会影响一个系统、一个行业，甚至一个地区人民群众的生活和社会的安定。为此，加强重点单位的消防安全管理，有针对性地制订灭火应急疏散预案和演练，建立相应适合本单位完善的应急处置预案，立足防范自救，势在必行。

4.2.1.2 消防安全重点单位消防安全主体意识较差

针对当前消防安全重点单位消防责任人员安全意识薄弱，消防管理人员消防操作程序不熟悉、初起火灾处置程序错误、消防安全责任制落实不到位等问题，制定灭火应急疏散预案对于提高社会单位消防安全管理水平和火灾应急处置能力，预防和减少火灾危害具有重要作用。

4.2.1.3 灭火和应急疏散预案实用性不强

相当多的消防安全重点单位制订灭火和应急疏散预案仅仅为了应付公安消防机构的有关防火档案的检查，假定对象往往为整个单位，针对性和实用性不强，且预案中的灭火、疏散程序和措施概念含糊不清、条理混乱，一旦发生火灾，预案很可能起不到应有的作用。

4.2.2 制订灭火应急疏散预案的基本方法

4.2.2.1 明确预案和演练的程序内容

灭火和应急疏散预案演练，可以使场所内全体员工都能熟知必要的消防基础知识，做到"三懂、四会"，三懂即懂得本场所的火灾危险性，懂得预防火灾的措施，懂得自查整改一些火灾隐患；四会即会报警，会使用消防器材，会扑救初起火灾，会组织疏散。这是构建单位同火灾事故做斗争的第一道防线，应增强消防安全意识，提高单位员工的消防素质，达到自防自救。因此，制订的预案必须具备详尽的内容：

（1）部位清楚。假想的火灾应该有具体的部位、部位的基本情况，包括：设备、物品名称、数量、价值、使用功能、灭火设施种类，对发生火灾时，该部位的火灾危险性、火灾损失情况、人员伤亡情况、产生的影响情况以及火灾特点、火势蔓延方向等，要有详尽的叙述。

（2）内容清晰，职责明确。灭火应急疏散预案的基本内容包括：灭火应急指挥部、组织机构（下设五个行动小组：灭火指挥组、行动组、通讯联络组、疏散引导组、安全防护救护组）、报警和接警处置程序；应急疏散的组织程序和措施；扑救初起火灾的程序和措施；安全防护救护的程序和措施。组织机构的设置应结合单位的实际情况，遵循归口管理、统一指挥、讲究效率、责权对等和灵活机动的原则，配备负责人和相对应的成员，明确在处置突发情况时各自的职责和任务，预防和应对突发火灾时各级领导和员工的慌乱无序，防止贻误战机和失控漏管，最大限度地减少人员和财产损失。

（3）程序清晰，措施得当。发现火灾险情时，报警接警处置程序：报警要以快捷方便为原则，如口头报警、有线报警、无线报警等，向单位值班领导或消控中心报警等。接警后，应立即确认火灾部位，迅速通知指挥部、各职能小组和义务消防队，切断非消防电源，在指挥部的统一指挥下，各负其责、各尽其职，积极、正确地引导人员迅速撤离到安全区域，快攻快战、阻止火势蔓延，禁止一切盲目行动，保证灭火和疏散工作紧张有序地进行。

（4）图文并茂，直观明了。针对假设部位应绘制总平面图、各层平面图、消防设施图、灭火进攻图、疏散路线图。标明重点部位、疏散通道、安全出口及灭火器材配置、各类消防设施、灭火进攻和疏散撤退的路线、灭火进攻的方向、消防水源、物资放置、人员停留地点以及指挥员位置。

（5）注意安全，加强防范。预案中应将灭火人员的安全注意事项及防范措施填写清楚。比如火灾扑救中可能有人员的中毒、触电、滑倒、跌落、炸伤等，以加强安全防范，保障灭火人员安全。

4.2.2.2 遵循基本步骤，不断完善预案

"凡事预则立，不预则废"。根据发生火灾的危险性和发生火灾后的影响，确定有可能发生火灾风险的重点部位，结合本单位的实际情况，针对容易发生火灾的部位，切实制订横向到边、纵向到底、大家看得懂、员工记得住、现场管用的应急处置预案是十分必要的。为了增强应急预案的针对性和可操作性，重点单位在制定灭火应急疏散预案时必须遵循确定假想起火部位、编制处置措施、适时演练的基本的步骤，检验单位的应急安全疏散能力及员工的自救、互救能力，确保在应急情况下的人员安全；检验员工应对突发事件发生后的正确处置能力，熟知如何正确引导群众，怎样组织群众开展疏散、逃生、自救等方法，最大限度地确保人民群众的生命安全，从而不断修订和完善预案体系。

4.2.2.3 灭火应急预案的两个原则

灭火应急疏散预案是企业内部开展巡查、扑救初起火灾、防患于未然的程序，可有效提高企业自防自救、抗御火灾的能力。但也必须考虑：

（1）立足于初起火灾的扑救。灭火预案是建立在及时发现火灾的前提下，如果发现时已经达到猛烈燃烧阶段，就应立刻报告消防队救火，立即疏散人员。

（2）贯穿"救人第一"的原则。当火灾发生时，无论是扑救初起火灾还是疏散群众，都应当遵从生命至上的原则，第一时间救人。当预案中灭火和疏散发生冲突时，设施器材应无条件服从疏散需要。

预案虽是一种假设，但通过对灾害发生方式及可能造成的损失的预判，熟悉并掌握应急预案的程序，就可在紧急状态下有效地采取应急措施，有效实施自防自救，提高单位抗御火灾的能力，预防和降低火灾的危害。

4.2.3 消防应急疏散演练实例

某单位消防疏散演习预案

根据××市安全生产监管部门和××区消防大队《关于加强生产经营单位消防安全管理要求》的文件精神，为加强公司生产场所和职工宿舍等生产生活场区的消防管理，真正贯彻落实"预防为主，防消结合"的消防工作方针，有效防止火灾事故的发生，针对本公司生产的具体情况，定于201×年×月×日下午2∶45进行消防疏散演练，时间约15min，特制定本预案。

A 制定目的

加强安全员、义务消防员和广大员工安全防火意识，提高火灾等安全事故发生时的应急疏散处理能力，确保全体员工的生命安全，强化自我保护意识。

B 各小组人员职责及分工

公司消防指挥系统框架见图4-1。

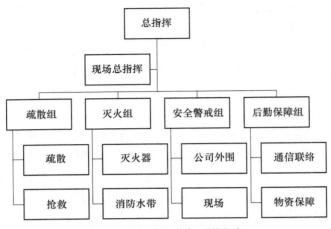

图4-1　公司消防指挥系统框架

（1）指挥部各小组分工

公司总经理担任总指挥，费副总任现场总指挥，饶副总任制造一部疏散组长，李某任制造二部疏散组长，张某为办公区疏散组长，品管部赵某任安全警戒组长，灭火组由丁某某负责，后勤保障组由贾某某负责。

1）接到火灾报警后，应立即启动消防救援指挥部。

2）向各小组明确布置疏散、灭火和警戒安全及其他具体执行情况。

3）组织火情侦察，掌握火势发展情况，及时集中力量进行扑救。

4）消防队到达现场时，及时向消防队报告火情，按照统一部署，带领员工配合消防队执行灭火工作。

5）扑灭火灾后，保护火灾现场，组织做好事故调查，分析着火原因，教育群众，向上级提交事故调查报告。

（2）疏散组

1）疏散就是按事先规定的道路，通过公司消防安全门及员工通道，将人员疏散到安全地带。要使疏散有条不紊地进行，必须明确分工，把责任落实到车间主管人员、安全员和义务消防员。

2）安全员在带领员工疏散时，必须逐房清理，不让一人遗漏。

3）车间主管人员应分工负责，按照不同出口，让员工疏散到指定的安全区域。疏散示意图如图4-2所示。

4）疏散中，看护安慰员工，不让其走散或返回起火现场。

5）各组（线）长应携带职工考勤表到集结点清点员工人数和分配任务。

6）在疏散的同时，一些与消防有关的重要部门必须照常运转。如电话总机、水、电等在岗人员都必须坚守岗位。如这些部门受到威胁，应迅速向指挥部报告，请求组织力量保护，尽力排除各种险情。

7）必须掌握科学的疏散次序和方法：

①先疏散着火房间，后疏散着火房间相邻房间。

②先疏散着火层以上层面，后疏散着火层以下层面。

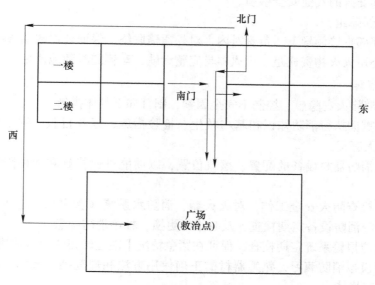

图 4-2 疏散示意图

③指导人员冲过烟雾沿安全楼梯疏散，人员不得从专用消防楼梯疏散。

④严禁使用电梯疏散人员。

（3）灭火组

1）组织灭火是扑灭火灾的关键，而有效地灭火，就必须有一个强有力的灭火指挥组，来指挥灭火战斗。

2）灭火指挥组成员由公司安全管理员负责，由安全员和义务消防员、工程技术人员和事发部门主管人员等组成。灭火组的职责是深入火场，有效地控制、扑灭火灾。

3）灭火组的职责如下：

①组织侦察火情，掌握火势发展情况。

②及时向救灾指挥部汇报火情。

③根据火势情况指挥切断电源、可燃气源。

④指挥参战人员实施灭火、疏散、抢救伤员。

⑤派出人员关闭着火层防火分区的防火门，阻止火势蔓延。

⑥检查参战人员的灭火战斗部署是否符合要求。

⑦公安消防队到场后，协同组织灭火抢救。

4）防烟和排烟是防止火灾蔓延、保证人员安全转移的重要手段。启用送风排烟装置，对安全楼梯间进行正压送风排烟。

（4）安全警戒组

1）火灾现场安全警戒的任务，由保安部门来承担。

2）外围的警戒任务是：不准无关人员进入公司；指导疏散人员离开大楼；看管好疏散物品；保证消防楼梯为消防人员使用；指引公安消防队进入着火楼层。

3）负责人员清点汇总工作，并随时报安全组长。

4）及时将火灾现场人员情况报指挥部。

5）指挥部安排的其他安全事项。

（5）后勤保障组

1）在指挥部直接领导下，负责对内、对外通信联络，保证公司政令通畅。

2）保障公司灭火物资充足、灭火器具完整无缺、车辆随时随地调用。

C　具体措施

为减少和消除火灾隐患，控制不安全因素，制订如下具体措施：

（1）认真贯彻执行消防知识和基本救生、抢险措施，以及自救、逃生的方法，做到安全防火，人人有责。

（2）熟悉消防器材设备的配置、摆放位置，以便能迅速找到和利用附近的消防器材进行扑救。

（3）经常检查防火安全工作，对灭火器、消防水系统（含水泵、稳压泵、管道、阀门、消防栓）等消防设备定期检查，及时维修更换，杜绝消防隐患。

（4）对消防报警系统定期检查，保证在紧急情况下能运转正常投入使用。

（5）进行模拟消防演习，熟悉器材的正确使用方法和规范操作技术，以及使用的注意事项，提高实战能力。

（6）为提高防火、灭火自救能力，预防火灾和扑救火灾必须有机地结合起来，在做好防火工作的同时，要大力加强消防队伍的建设，积极地做好各项灭火准备，常抓不懈，一旦发生火灾，能够迅速有效地灭火和抢救，最大限度地减少火灾所造成的人身伤亡和财物损失。

D　现场模拟演练

（1）疏散演习（本预案重点部分）

1）接到疏散指令后，按照先一楼后二楼的顺序进行。

2）一楼由饶副总负责组织人员疏散，从一楼车间西侧中间敞开式安全门直接向员工通道疏散，出公司后在通道右侧指定区域集结并清点人员。

3）二楼由舒经理负责疏散，由二楼西侧南北两边楼梯按顺序向一楼安全门、员工更衣室通道疏散到室外指定区域集结并清点人员。其中：LNB 系 A 线 C 线、综合系、品管部员工从北侧楼梯下到一楼，从楼梯口安全门疏散到室外通道集结。DBS 系、LNB 系 E 线员工从南侧楼梯下到一楼，从安全门、更衣室疏散到员工通道左侧指定区域集结并清点人员。

4）办公室人员由敬某负责疏散，二楼人员可由办公区楼梯下到一楼，经大厅疏散到前门广场集结。

5）各部门主管、组（线）长组织人员有序进行，不得推挤，不得大声吵闹。

6）负责领导要疏散有序，注意安全，防止踩踏事故的发生。

7）疏散到安全地带后，各生产线主管立即安排组（线）长清点各组（线）人员，并及时将人员情况汇报给安全警戒组长。

8）疏散演练结束后，各生产线主管报请疏散组长同意，按原疏散出口方向有序返回工作车间，返回时请及时在门垫上清洁工作鞋底卫生。

9）各主管人员听从疏散组长的指挥，严格按疏散演练计划执行，确保所属员工安全返回工作岗位。

（2）消防演练预案（本次预案只针对波峰焊机器着火演练）

1）模拟现场：二楼波峰焊机器因炉内焊锡温度过高，突然起火，引燃波纹管。

2）灭火演练步骤：

①波峰焊管理员或车间安全员在机器着火第一时刻，应立即切断起火机器及引风机电源。

②火灾初起阶段，现场人员需立即报告车间主管人员，公司主要负责人接到火灾报告后，视火情决定是否立即启动《消防应急预案》，各组分工负责人员应按预案要求各司其职。

③车间安全员、义务消防队员应快速提起灭火器，按各类灭火器材使用方法，对着火点进行有效扑救。

④火灾发展期，即火势燃烧较大时，应由灭火组组织消防人员（安全员和义务消防员）根据所燃物质类型扑救，消防人员应充分利用第一现场及车间内灭火器材进行有效扑救。

⑤是否使用消防水枪进行扑救，由现场总指挥决定。

⑥如火势无法控制时，公司总指挥，应立即启动《消防应急救援预案》，并报119请求专职消防队救援，非战斗人员不得进入火灾现场。

⑦公司义务消防队员应协助专职消防队进行灭火。

⑧政府部门人员到达后，应将灭火指挥权交地方政府统一指挥，并如实报告火灾原因、已经采取的措施、现场人员伤亡情况及直接经济损失估计情况等，并协助事故调查。

3）消防水带的走法：消防人员发现火灾后（通常2~3人一组），立即打开消防栓门，一人取出水带将水枪头连接上并快速跑向着火处，一人将另一连接头连接到水栓上，打开水栓闸门，小组人员配合喷射着火点。

4）演习时使用消防器材注意事项：

①灭火器应对准着火部位根部喷射。

②使用水枪时，要利用掩蔽物体，尽量接近火源，充分发挥水枪作用，提高灭火效果（注意：消火水枪灭火只适用于不带电的固体物，如纸箱、木材、棉被等，本公司的机器设备非紧急状态下不得使用，如电器、波焊峰机器、SMT机器、主控室设备等）。

③干粉灭火器可扑救带电体，在距离起火点5m左右，首先把灭火器上下颠倒几次，使筒内干粉松动，喷粉过程中始终保持直立状态，不能横卧或颠倒，否则不能喷粉。

④使用二氧化碳灭火器时，距离着火处3m左右，拨出保险栓，握紧喇叭口橡胶部位（防止冻伤），对准着火点根部喷射直至火灭掉。

5）参加演习人员、职务、职责配备表：

总指挥：总经理袁某；

总指挥助理：副总经理饶某某；

现场总指挥：副总经理费某某；

指挥小组成员：制造一部经理舒某某、品管部经理张某某、副经理沈某某、财务部滕会计；

参加人员：胡某某、赵某、朱某某、黄某某、凌某、敬某某、鲁某某。

公司义务消防队员（略）。

6）各小组在消防演练指挥部的统一领导下，各负其责，各尽所能，做好所属员工演练前的宣导工作，明确所属主管人员的分工协作，保证本次消防疏散演练圆满成功。

①疏散时要按明确划分的各疏散线路集结。

②此次演习需全体人员参加，上至总经理下至一线员工，保证无遗漏。

③任何人不得以任何理由不参加此次公司组织的疏散演习。若发现有人推脱此次疏散演习，公司将按规定严肃处理。

④演习结束后，全体人员应做好鞋底清洁卫生后方可进入车间。

5 建筑的防灭火设计

5.1 建筑防灭火设计基础

随着我国社会经济发展进入新时代，人们物质、精神生活水平的不断提高，建筑业也进入新时代，世界最高的 10 栋建筑中我国占 6 栋，我国也是世界上高层建筑最多的国家，新设计、新材料、新工艺、新建筑大量投入使用，各类功能的建筑物和迅猛增长的城市人口叠加在一起，大大增加了火灾的危险性，因此通过建筑防灭火设计，减少和预防火灾发生，已成为一项迫切的任务。

5.1.1 建筑火灾简介

5.1.1.1 建筑以及建筑火灾的特点

根据建筑物的使用功能，建筑又可以分为居住建筑和公共建筑两大类。

居住建筑是指人们生活起居使用的建筑物，包括住宅和集体宿舍。住宅是指家庭居住使用的建筑，有普通住宅、高档公寓和别墅；集体宿舍有单身职工宿舍和学生宿舍。截至 2017 年，全国拥有 8 层以上、超过 24m 的高层建筑 34.7 万幢，百米以上超高层 6000 多幢，数量均居世界第一。2016 年有 1269 人在住宅火灾中死亡，占火灾致死总数的 80.21%。高层住宅人口密集、火灾发生后疏散困难、火灾发展快、扑救困难，一旦失火往往造成大量人员伤亡和巨额财产损失。

公共建筑是指人们从事文化活动、行政办公及其他生活服务等公共事业使用的建筑物，如学校、医院、商场和车站等。公共建筑一般体量较大，多采用钢筋混凝土结构或砖混结构，具有良好的防火性能；但其内部装修比较豪华，装修材料、各种用具、生活用品等可燃物质多，有的公共建筑孔洞多、用电多，使各种火灾因素增多，起火后火势蔓延迅速，又因人员集中，发生火灾时难以扑救和疏散。

经统计分析，建筑火灾往往有如下特点：

（1）发生频率高。由于建筑功能设计结构的复杂多样、使用单位多、人员密集、流动性大，存在各种可燃物质品种、引火源极为复杂，诱发火灾的因素多，一旦人员意识薄弱、操作不当，火灾隐患和漏洞就容易出现。

（2）破坏性大。建筑是人们生活居住和进行生产活动的场所，火灾的发生不仅给国家财产和公民财产带来巨大的损失，还会残害人们的生命，严重时还会导致社会经济正常秩序的混乱，破坏性极大。

（3）场面混乱。民用建筑内居住的人员比较多、结构复杂、楼层高、楼群密集、防火间距小，高层建筑的垂直疏散距离长，电梯不能作为逃生之选，唯一的疏散设施就只有楼梯，很难在短时间内将人员全部撤离危险区，会出现踩踏、摔死、摔伤、跳楼等惨剧。

（4）灾害复杂。由于建筑的多样性、人员复杂性、消防条件和气候不同，使得灾害发生的过程极为复杂。如高层建筑，由于烟囱效应使火灾蔓延速度非常快；砖木结构、砖混结构的建筑，由于其自身材料的耐火极限低，一旦出现火源同可燃物、助燃物的作用就可以引发火灾；此外，人员的消防安全意识及逃生自救能力、场所的消防设施和扑救条件等对火灾的发生、发展和扑救工作过程都有不同程度的影响。

（5）灾后事故处理艰巨。火灾发生后，对于事故的调查处理、人员责任追究、人员伤亡处理、生产生活恢复等许多工作的处理都有很大的难度。

5.1.1.2　建筑火灾典型案例

A　新疆克拉玛依友谊宾馆火灾

1994 年 12 月 8 日，克拉玛依市为迎接自治区的某检查团，组织了 15 所中小学的规范班及家长、教师 796 人，在该市友谊宾馆进行文艺演出。16 时许，因舞台上方的照明灯将幕布烤燃，火势迅速蔓延。在人员向外疏散时又突然停电，加上疏散通道不畅通，人员在一片混乱中盲目逃生，最终造成 325 人遇难、130 人受伤的惨剧。

主要原因系安全门关闭。该馆共有 8 个疏散出口，演出时两侧及舞台左侧的出口被锁死，且安装了铁栅栏；前厅 3 个出口，只有一个打开；因内部装修，厅内两侧的通道严重堵塞，南侧成为临时杂物间，许多人员就是死在门口周围。该馆还有许多火灾隐患，1992 年未经消防部门审核进行改造装修；消防检查多次发现疏散出口被锁，没有应急照明装置和疏散指示，楼梯口堆放可燃物，消火栓被杂物堵塞，电气开关用铜丝代替保险丝等问题；多次提出照明灯离幕布太近，但不整改。

B　火灾案例

（1）2010 年 11 月 15 日 14 时左右，位于上海市静安区胶州路一栋教师公寓楼起火，消防部门第一时间调集了 45 个中队 1300 多名消防官兵展开生死营救，但大火从开始燃烧蔓延至 28 层顶楼只用了不到 4min，楼内大量人员来不及撤离，最终造成 58 人不幸遇难。据调查，大楼起火前正在进行外墙节能改造工程，但该工程违法违规多次分包，施工现场消防安全管理混乱，无证电焊工违章操作，并使用大量尼龙网、聚氨酯泡沫等易燃可燃材料，是这起火灾发生的主要原因。

（2）2011 年 2 月 3 日，大年初一，当天 0 时 13 分，辽宁省沈阳市第一高楼皇朝万鑫国际大厦因燃放烟花，导致外墙保温材料起火，火势迅速蔓延、扩大，形成大面积立体燃烧，上千名消防官兵奋战 7 小时才将大火扑灭，该大厦 152 米高的 B 座公寓楼基本烧光，只剩下主体框架，火势一度延烧至 219 米高的 A 座顶层。

（3）2017 年 7 月 18 日，浙江省杭州市蓝色钱江小区 2 幢 1 单元 18 楼一住户家中由于保姆纵火，造成 4 人死亡，引起了社会的广泛关注。据媒体报道，物业管理单位未按规定严格落实巡查制度，火灾发生时，消控室值班人员未取得建构筑物消防员职业资格证书，无证上岗；消防车道被绿化覆盖，影响消防车辆通行、停放，火灾发生时，水泵房的消火栓泵控制开关未处于自动状态，按下消火栓启泵按钮后，消火栓泵依然无法启动，这些因素都给灭火行动带来了影响。

5.1.2 建筑火灾的蔓延及伤害方式

5.1.2.1 建筑火灾蔓延的四种方式

A 火焰蔓延

初始燃烧的表面火焰，在使可燃材料燃烧的同时，将火灾蔓延开来。火焰蔓延速度主要取决于材料的燃烧性和火焰传热的速度。

B 热传导蔓延

火灾区域燃烧产生的热量，经导热性好的建筑构件或建筑设备传导，能够使火灾蔓延到相邻或上下层房间。影响热传导的主要因素为温差、导热系数和导热物体的厚度和截面积。因此，火灾通过传导的方式进行蔓延扩大，有两个比较明显的特点：其一是必须具有导热性好的媒介，如金属构件、薄壁构件或金属设备等；其二是蔓延的距离较近，一般只能是相邻的建筑空间。可见，由热传导蔓延扩大火灾的范围是有限的。

C 热对流蔓延

热对流是建筑物内火灾蔓延的一种主要方式。它是燃烧过程中烟火与冷空气不断交换形成的。燃烧时，烟气热而轻，易上窜升腾，燃烧又需要空气，这时，冷空气就会补充，形成对流。轰燃后，火灾可能从起火房间烧毁门窗，窜向室外或走廊，在更大范围内进行热对流。

D 热辐射蔓延

热辐射是相邻建筑之间火灾蔓延的主要方式之一。建筑防火设计中的防火间距，主要是考虑防止火焰辐射引起相邻建筑着火而设置的间隔距离。

5.1.2.2 建筑物内火灾发展蔓延的途径

建筑物内某一房间发生火灾，当发展到轰燃之后，火势猛烈，就会突破该房间的限制向其他空间蔓延。

A 火灾在水平方向的蔓延

（1）未设防火分区。对于主体耐火结构建筑，水平蔓延的主要原因之一是建筑物内未设水平防火分区，没有防火墙及相应的防火门等形成控制火灾的区域空间。

（2）洞口分隔不完善。对于逆火建筑来说，火灾横向蔓延的另一途径是洞口处的分隔处理不完善。如户门为火灾时可被烧穿的可燃的木质门；普通防火卷帘无水幕保护，导致卷帘失去隔火作用；管道穿孔处未用不燃材料密封，等等。

（3）火灾在吊顶内部空间蔓延。装设吊顶的建筑，房间与房间、房间与走廊之间的分隔墙只做到吊顶底皮，而吊顶上部仍为连通空间，一旦起火，极易在吊顶内部蔓延，且难以及时发现，导致灾情扩大；对没有设吊顶的建筑，隔墙若未砌到结构底部，留有孔洞或连通空间，也会成为火灾蔓延和烟气扩散的途径。

B 火灾在竖直方向的蔓延

（1）火灾通过竖井向上层蔓延。烟囱效应使烟气沿垂直方向向上升，在有共享中庭、竖向通风风道、楼梯间等具有从底部到顶部有通畅的流通空间的建构筑物中，火灾垂直蔓延。

在现代建筑物内，有大量的电梯、楼梯、设备、垃圾等竖井贯穿整个建筑，若未做好防火分隔，火灾就会蔓延到建筑的其他楼层。因此，相关结构需要按防火、防烟要求进行分隔处理。

（2）火灾通过窗口向上层蔓延。在现代建筑中，从起火房间窗口喷出的烟气和火焰，往往会沿窗槛墙经窗口向上逐层蔓延。若建筑物采用带型窗，火灾房间喷出的火焰被吸附在建筑物表面，有时甚至会卷入上层窗户内部。

C　火灾通过空调系统管道的蔓延

建筑空调系统未设防火阀、采用可燃材料风管、采用可燃材料做保温层都容易造成火灾蔓延。通风管道蔓延火灾，一是通风管道本身起火，并向连通的空间（房间、吊顶内部、机房等）蔓延；二是它可以吸进房间的烟气，向火场外的其他空间蔓延。

5.1.3　建筑防灭火设计的基本知识

5.1.3.1　火灾荷载及建筑耐火等级

A　火灾荷载

火灾载荷是衡量建筑物室内所容纳可燃物数量多少的一个参数，是研究火灾发生、发展及其控制的重要因素。在建筑物发生火灾时，火灾荷载直接决定着火灾持续时间和室内温度的变化。

建筑物内的可燃物可分为固定可燃物和容载可燃物两类。固定可燃物是指墙壁、顶棚等构件材料及装修、门窗、固定家具等所采用的可燃物。容载可燃物是指家具、书籍、衣物、寝具、装饰等构成的可燃物。

建筑物中可燃物种类很多，其燃烧发热量也因材料性质不同而异。为便于研究，在实际中常根据燃烧热值把某种材料换算为等效发热量的木材，用等效木材的重量表示可燃物的数量，称为等效可燃物量。为便于研究火灾性状以及选择防火技术措施，在此把火灾范围内单位地板面积的等效可燃物量定义为火灾荷载。

B　建筑耐火等级

建筑耐火等级是衡量建筑物耐火程度的标准，它是由组成建筑物构件的燃烧性能和耐火极限的最低值决定的。表5-1是一般建筑物构件的燃烧性能和耐火极限。

表 5-1　建筑物构件的燃烧性能和耐火极限　　　　　　　　　　（h）

构件名称		耐　火　等　级			
		一级	二级	三级	四级
墙柱	防火墙	不燃烧体 3.00	不燃烧体 3.00	不燃烧体 3.00	不燃烧体 3.00
	承重墙	不燃烧体 3.00	不燃烧体 2.50	不燃烧体 2.00	不燃烧体 0.50
	非承重墙	不燃烧体 1.00	不燃烧体 1.00	不燃烧体 0.50	燃烧体
	楼梯间的墙、住宅单元之间、住宅分户墙	不燃烧体 2.00	不燃烧体 2.00	不燃烧体 1.50	难燃烧体 0.50
	疏散走道两侧的隔墙	不燃烧体 1.00	不燃烧体 1.00	不燃烧体 0.50	难燃烧体 0.25
	房间隔墙	不燃烧体 0.75	不燃烧体 0.50	难燃烧体 0.50	难燃烧体 0.25

构件名称	耐 火 等 级			
	一级	二级	三级	四级
柱	不燃烧体 3.00	不燃烧体 2.50	不燃烧体 2.00	难燃烧体 0.50
梁	不燃烧体 2.00	不燃烧体 1.50	不燃烧体 1.00	难燃烧体 0.50
楼板	不燃烧体 1.50	不燃烧体 1.00	不燃烧体 0.50	燃烧体
屋顶承重构件	不燃烧体 1.50	不燃烧体 1.00	燃烧体	燃烧体
疏散楼梯	不燃烧体 1.50	不燃烧体 1.00	不燃烧体 0.50	燃烧体
吊顶（包括吊顶格栅）	不燃烧体 0.25	难燃烧体 0.25	难燃烧体 0.15	燃烧体

注：1. 以木柱承重且以不燃烧材料作为墙体的建筑物，其耐火等级应按四级确定。

2. 二级耐火等级的建筑的吊顶采用不燃烧体时，其耐火等级不限。

3. 在二级耐火等级的建筑中，面积不超过 100m² 的房间隔墙，如执行本表的规定确有困难时，可采用耐火极限不低于 0.3h 的不燃烧体。

4. 一、二级耐火等级的建筑疏散走道两侧的隔墙按本表规定确有困难时，可采用耐火极限不低于 0.75h 的不燃烧体。

5. 住宅建筑构件的耐火极限和燃烧性能可按现行国家标准《住宅建筑规范》（GB 50368—2005）规定执行。

5.1.3.2 建筑构件的耐火极限与燃烧性能

建筑构件的耐火极限是指在标准耐火试验条件下，建筑构件、配件或结构从受到火的作用时起，到失去稳定性、完整性或隔热性时为止的这段时间，用小时（h）表示。这三个条件的具体含义是：

（1）失去稳定性。即失去支持能力。是指构件在受到火焰或高温作用下，由于构件材质性能的变化，自身解体或垮塌，使承载能力和刚度降低，承受不了原设计的荷载而破坏。例如受火作用后的钢筋混凝土梁失去支承能力，钢柱失稳破坏；非承重构件自身解体或垮塌等，均属失去支持能力。

（2）失去完整性。即完整性被破坏。是指薄壁分隔构件在火中高温作用下，发生爆裂或局部塌落，形成穿透裂缝或孔洞，火焰穿过构件，使其背面可燃物燃烧起火。例如预应力钢筋混凝土楼板使钢筋失去预应力，发生爆裂，出现孔洞，使火苗窜到上一楼层。

（3）失去隔热性。即失去隔火作用。是指具有分隔作用的构件，背火面任一点的温度达到 220℃ 时，构件失去隔火作用。以背火面温度升高到 220℃ 作为界限，主要是因为构件上如果出现穿透裂缝，火能通过裂缝蔓延，或者是构件背火面的温度到达 220℃，这时虽然没有火焰过去，但这种温度已经能够使靠近构件背面的纤维制品自燃了。

建筑材料通常可按其燃烧性能分为三类：

（1）不燃烧材料。是指在空气中受到火烧或高温作用时不起火、不微燃、不碳化的材料，如金属材料和无机矿物材料。

（2）难燃烧材料。是指在空气中受到火烧或高温作用时，难起火、难微燃、难碳化，当火源移走后，燃烧或微燃立即停止的材料。如刨花板和经过防火处理的有机材料。

（3）可燃烧材料。是指在空气中受到火烧或高温作用时，立即起火或微燃，且火源移走后，仍能继续燃烧或微燃的材料。如木材等。

5.1.3.3 高层建筑

根据我国经济条件与消防装备等现实状况，规定 10 层及 10 层以上的居住建筑及高度超过 24m 的其他工业与建筑为高层建筑，单层主体高度在 24m 以上的体育馆、剧院、会堂、工业厂房等，均不属于高层建筑。表 5-2 为高层建筑分类。

表 5-2 高层建筑分类

名称	一类	二类
居住建筑	19 层及 19 层以上的住宅	10 层至 18 层的住宅
公共建筑	1. 医院； 2. 高级旅馆； 3. 建筑高度超过 50m 或 24m 以上部分的任一楼层的建筑面积超过 1000m² 的商业楼、展览楼、综合楼、电信楼、财贸金融楼； 4. 建筑高度超过 10m 或 24m 以上部分的任一楼层的建筑面积超过 1500m² 的商住楼； 5. 省级以上（含计划单列市）广播电视楼； 6. 网局级和省级（含计划单列市）电力调度楼； 7. 省级（含计划单列市）邮政楼、防灾指挥调度楼； 8. 藏书超过 100 万册的图书馆、书库； 9. 重要的办公楼、科研楼、档案楼； 10. 建筑高度超过 50m 的教学楼和普通的旅馆、办公楼、科研楼、档案楼等	1. 除一类建筑以外的商业楼、展览楼、综合楼、电信楼、财贸金融楼、商住楼、图书馆、书库； 2. 省级以下的邮政楼、防灾指挥调度楼、广播电视楼、电力调度楼； 3. 建筑高度不超过 50m 的教学楼和普通的旅馆、办公楼、科研楼、档案楼等

5.2 建筑的防火设计

5.2.1 耐火设计

5.2.1.1 建筑耐火等级的选定

选定建筑物耐火等级的目的在于使不同用途的建筑物具有与之相适应的耐火安全储备，既利于安全，又节约投资。确定建筑物的耐火等级时，要受到许多因素的影响，如通过火灾统计资料分析建筑物的使用性质与重要程度、建筑物的高度和面积、生产和贮存物品的火灾危险性类别等。表 5-3 是《建筑设计防火规范》（GB 50016—2006）中对建筑的耐火等级、最多允许层数和防火分区最大允许建筑面积的有关规定。

表 5-3 建筑的耐火等级

耐火等级	最多允许层数	防火分区的最大允许建筑面积/m²	备　注
一、二级	按本规范第 1.0.2 条规定	2500	1. 体育馆、剧院的观众厅，展览建筑的展厅，其防火分区最大允许建筑面积可适当放宽； 2. 托儿所、幼儿园的儿童用房和儿童游乐厅等儿童活动场所不应超过三层或设置在四层及四层以上楼层或地下、半地下建筑（室）内

续表 5-3

耐火等级	最多允许层数	防火分区的最大允许建筑面积/m²	备　注
三级	5层	1200	1. 托儿所、幼儿园的儿童用房和儿童游乐厅等儿童活动场所、老年人建筑和医院、疗养院的住院部分不应超过2层或设置在三层及三层以上楼层或地下、半地下建筑（室）内； 2. 商店、学校、电影院、剧院、礼堂、食堂、菜市场不应超过二层或设置在三层及三层以上楼层
四级	2层	300	学校、食堂、菜市场、托儿所、幼儿园、老年人建筑、医院等不应设置在二层
地下、半地下建筑（室）		500	

如在《汽车库、修车库、停车场设计防火规范》（GB 50067—2014）中，用车位数和总面积指标划分防火分类为Ⅰ、Ⅱ、Ⅲ、Ⅳ类。而在《建筑内部装修设计防火规范》（GB 50222—2017）中，没有对其防火进行分类，只是对不同的工业和建筑物或场所室内建筑装修材料的可燃性（A、B_1、B_2、B_3）进行分类。

5.2.1.2　钢结构的耐火设计

A　钢结构防火保护材料

（1）混凝土。钢筋混凝土结构比钢结构更耐火，混凝土是最早出现、应用最广泛的钢结构的防火保护材料。一是混凝土可以延缓金属构件的升温；二是可承受部分荷载。耐火试验表明，耐火性能最好的是石灰岩碎石集料；花岗岩、砂岩和硬煤渣集料次之；石英和燧石颗粒集料最差。决定混凝土防火能力的主要因素是厚度。

（2）石膏。石膏具有较好的耐火性能。当其暴露在高温下时，可释放出20%的结晶水而被火灾的热量所气化（每蒸发1kg的水，吸收 232.4×10^4 J 的热）。火灾中石膏状态稳定，直至被完全煅烧脱水为止。石膏可做成防火材料板粘贴于钢构件表面，也可制成灰浆喷涂到钢构件表面上。

（3）矿物纤维。矿物纤维是最有效的轻质防火材料，它不燃烧、抗化学侵蚀、导热性低、隔音性能好。矿物纤维的原材料为岩石或矿渣，在1371℃高温下制成。

（4）膨胀涂料。膨胀涂料是一种极有发展前景的防火材料。它极似油漆，直接喷涂于金属表面，黏结和硬化与油漆相同。涂料层上可直接喷涂装饰油漆，不透水，抗机械破坏性能好，耐火极限可达2h。

B　钢结构防火工法

钢结构耐火等级不同，采用的防火材料和工法也不同。英国钢结构协会（BSC）认为，钢梁喷涂矿物纤维灰浆、钢柱贴轻质防火板既经济又有效。我国几幢高层钢结构防火工法见表5-4。

（1）现浇法。现浇普通混凝土、轻质混凝土或加气混凝土于钢结构上，是常用防火工法。优点：防护材料便宜、防锈作业、无接缝、表面装饰方便、耐冲击、可以预制；缺点：支模、浇筑、养护等施工周期长，普通混凝土自重大。

表 5-4 高层钢结构防火示例

建筑名称	层数/高度	钢柱防火层	钢梁防火层
北京香格里拉饭店	26/82.75m	钢柱包裹在SRC柱内，无须防火层	平顶以内的钢梁喷涂岩棉，厚45mm，平顶以下钢梁粘贴石膏防火板，厚40mm
上海静安希尔顿饭店	43/143.62m	公共服务层、设备层和避难层钢柱用少筋混凝土现浇层，厚65mm；标房层壁柜内钢柱喷涂蛭石水泥灰浆，厚20mm，耐火极限为2h	吊顶以内钢梁、设备和避难层钢梁喷涂蛭石水泥灰浆，厚20mm，耐火极限为2h；标准客房内外露的钢柱、钢梁部分粘贴矿棉石膏板，厚20mm
北京长富宫饭店	25/94m	钢结构耐火等级为一级，防火采用国产STI-A型蛭石水泥灰浆喷涂防火涂料，厚度35mm，干料密度为460kg/m³，喷涂前清理构件表面油污、浮锈、尘土，刷防锈漆包扎钢丝网，与其构件表面的间隙为5~20mm，钢丝网网格10mm×25mm，钢丝直径0.8mm	

（2）喷涂法。喷涂防火保护材料于钢结构或工字型钢构件钢丝网上，形成中空层防火，喷涂材料一般用岩棉、矿棉等绝热性材料。优点：价格低，适合于形状复杂的钢构件，施工快，可形成装饰层；缺点：养护、清扫麻烦，涂层厚度难于掌握，保证施工质量难，表面较粗糙。

（3）粘贴法。先将石棉硅酸钙、矿棉、轻质石膏等防火保护材料预制成板材，用黏结剂粘贴在钢结构构件上，当构件的结合部有螺栓、铆钉等不平整时，可先在螺栓、铆钉等附近粘垫衬板材，然后将保护板材再粘到在垫衬板材上。优点：材质、厚度容易掌握，无污染，容易修复；好的石棉硅酸钙板可以直接用作装饰层。缺点：不耐撞击，易受潮降低黏结强度。

（4）吊顶法。用轻质、薄型、耐火材料制作吊顶，使吊顶具有防火性能，可省去钢桁架、钢网架、钢屋面等的防火保护层。优点：省略了吊顶空间内的耐火保护层施工，施工速度快。缺点：竣工后需要有可靠的维护管理。

（5）组合法。用两种以上防火保护材料组合成的方法。将预应力混凝土幕墙及蒸压轻质混凝土板作为防火保护材料可加快工期、减少费用，用于超高层建筑物，可减少外部较危险作业，减少粉尘，利于环保。

5.2.1.3 混凝土构件的耐火设计

混凝土是由水泥、水和骨料（如卵石、碎石、砂子）等原材料经搅拌后入模浇筑，经养护硬化后形成的人工石材。

（1）混凝土的抗压强度。混凝土随温度的变化规律：小于300℃时抗压强度不变；大于300℃时随温度的上升而呈直线下降；600℃时，混凝土抗压强度降低55%；1000℃时，强度变为零。

（2）混凝土的抗拉强度。抗拉强度是混凝土重要物理指标，是影响构件的开裂、变形和钢筋锈蚀等重要性能。防火设计中抗拉强度更重要，因为构件过早开裂会将钢筋直接暴露于火中，过早的变形。

（3）混凝土的弹性模量。弹性模量是结构计算的一个重要的物理指标。50℃时，弹性模量基本不变；50~200℃之间弹性模量下降最为明显；200~400℃之间下降速度减缓；400~600℃时变化幅度很小，弹性模量也基本上接近0。

（4）保护层厚度。保护层厚度对钢筋混凝土构件耐火性能有影响。混凝土内部温度随深度呈递减状态，因此适当加大受拉区混凝土保护层的厚度，可提高构件耐火性能。建筑构件的耐火极限与构件的材料性能、构件尺寸、保护层厚度、构件连接方式等密切相关。钢筋混凝土墙（含砖墙）的耐火极限随厚度成正比增加；楼板耐火极限随保护层厚度增加而增加，随载荷增加而减小，支撑条件不同，耐火极限也不同，四面简支现浇板大于非预应力板大于预应力板。

5.2.2   总平面防火设计

建筑的总平面布局要以国家消防技术标准为依据，主要涉及防火间距、消防车道、消防水源、消防登高扑救面以及作业场地等内容，合理布局，节约用地，确保消防安全。

5.2.2.1   总平面布局

总平面设计应满足下列要求：

（1）不宜布置在火灾危险性为甲、乙类厂（库）房，甲、乙、丙类液体和可燃气体储罐以及可燃材料堆场附近。

（2）不宜布置在易燃、易爆物附近。城市中有石油气储配站、可燃物仓库等易燃、易爆的建、构筑物，对相邻建筑具有极大的威胁。

（3）与周围建、构筑物保持足够的防火间距。由于热对流、热辐射和热传导作用，建筑物起火后，火势极易向周围建筑物蔓延，建筑与周围建、构筑物必须保持一定的防火间距。

（4）设计消防车道和消防水源。消防车道是为消防车灭火时提供通行的道路。高层建筑四周的道路应与城市干道有机相连，使消防车能在最短时间内到达火场。当消防车道与铁路平交时，应有备用车道。消防给水管网可以利用城市生活、生产给水管网，水源丰富地区可采用天然水源，但要能满足灭火需要。

如果受条件限制，燃油燃气锅炉房需与高层建筑贴邻布置或布置在高层建筑中时，必须满足下列要求：

（1）当与高层建筑贴邻时，应设置在耐火等级不低于二级的建筑内，用防火墙与高层建筑隔开。

（2）应布置在首层或地下一层靠外墙部位，应设有直接对外安全出口。外墙开口部位的上方，应设置宽度不小于1.00m的不燃防火挑檐。

5.2.2.2   防火间距

A   影响防火间距的因素

影响防火间距的因素很多，如热辐射、热对流、风向、风速、外墙材料的燃烧性能及其开口面积大小、室内堆放的可燃物种类及数量、相邻建筑物的高度、室内消防设施情况、着火时的气温及湿度、消防车到达的时间及扑救情况等，对防火间距的设置都有一定影响。

（1）热辐射。辐射热是影响防火间距的主要因素，当火焰温度达到最高数值时，其辐射强度最大，也最危险，如伴有飞火则更加危险。

（2）热对流。无风时，因热气流的温度在离开窗口以后会大幅度降低，热对流对相邻建筑物的影响不大，通常不足以构成威胁。

（3）建筑物外墙门窗洞口的面积。许多火灾实例表明，当建筑物外墙开口面积较大时，发生火灾后，在可燃物的种类和数量都相同的条件下，由于通风好、燃烧快、火焰温度高，因而热辐射增强，使相邻建筑物接受的热辐射也多，当达到一定程度时便会很快被烤着起火。

（4）建筑物的可燃物种类和数量。可燃物种类不同，在一定时间内燃烧火焰的温度也有差异。如汽油、苯、丙酮等易燃液体，其燃烧速度比木材快，发热量也比木材大，因而热辐射也比木材强。在一般情况下，可燃物的数量与发热量呈正比关系。

（5）风速。风能够加强可燃物的燃烧，促使火灾加快蔓延。露天火灾中，风能使燃烧的炭粒和燃烧着的碎片等飞散到数十米远的地方，强风时则更远。风对火灾的扑救带来困难。

（6）相邻建筑物的高度。一般地说，较高的建筑物着火对较低的建筑物威胁小；反之，则较大。特别是当屋顶承重构件毁坏塌落、火焰穿出房顶时，威胁更大。据测定，较低建筑物着火时对较高建筑物辐射角在30°～45°之间时，辐射强度最大。

（7）建筑物内消防设施水平。建筑物内设有火灾自动报警装置和较完善的其他消防设施时，能将火灾扑灭在初期阶段。这样不仅可以减少火灾对建筑物酿成较大损失，而且可在很大程度上减少火灾蔓延到附近其他建筑物的条件。

（8）灭火时间。建筑物发生火灾后，其温度通常随着火灾延续时间的长短而变化。火灾延续时间越长，则火场温度相应越高，对周围建筑物的威胁增大。只有当可燃物数量逐渐减少时，火场温度才开始逐渐降低。

B　防火间距确定的基本原则

影响防火间距的因素很多，在实际工程中不可能都考虑。通常根据以下原则确定建筑物的防火间距：

（1）考虑热辐射的作用。火灾实例表明，一、二级耐火等级的低层建筑，保持7～10m的防火间距，有消防队扑救的情况下，一般不会蔓延到相邻建筑物。

（2）考虑灭火作战的实际需要。建筑物的高度不同，救火使用的消防车也不同。对低层建筑，普通消防车即可；而对高层建筑，则要使用曲臂、云梯等登高消防车。防火间距应能满足消防车的最大工作回转半径的需要。最小防火间距的宽度应能通过一辆消防车，一般宜为4m。

（3）有利于节约用地。在有消防队扑救的条件下，能够阻止火灾向相邻建筑物蔓延为原则。

C　建筑防火间距标准

（1）建筑之间的防火间距可参照表5-5执行。

（2）防火间距应按相邻建筑物外墙的最近距离计算，如外墙有凸出的可燃构件，则应从其凸出部分外缘算起，如为储罐或堆场，则应从储罐外壁或堆场的堆垛外缘算起。两座相邻建筑较高的一面外墙为防火墙时，其防火间距不限，如图5-1所示。

表5-5 建筑之间的防火间距 （m）

项 目		高层建筑	裙房	其他建筑的耐火等级		
				一、二级	三级	四级
高层建筑		13	9	9	11	14
裙房		9	6	6	7	9
其他建筑的耐火等级	一、二级	9	6	6	7	9
	三级	11	7	7	8	10
	四级	14	9	9	10	12

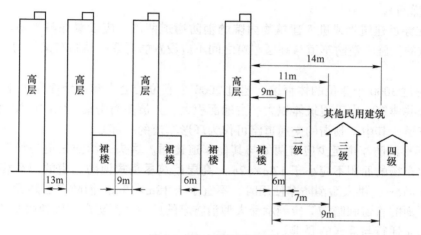

图5-1 防火间距示意图

（3）耐火等级低于四级的原有生产厂房和建筑，其防火间距可按四级确定。

（4）两座建筑相邻两面的外墙为不燃烧体，如无外露的燃烧体屋檐，当每面外墙上的门窗洞口面积之和不超过该外墙面积的5%时，其防火间距可减少25%。但门窗洞口不应正对开设，以防止热辐射与热对流。

D 防火间距不足时的应变措施

防火间距因场地等各种原因无法满足国家规范规定的要求时，可依具体情况采取一些相应的措施：

（1）改变建筑物内的生产或使用性质，尽量减少建筑物的火灾危险性；改变房屋部分的耐火性能，提高建筑物的耐火等级。

（2）将建筑物的普通外墙，改成有防火能力的墙，如开设门窗，应采取防火门窗。

（3）拆除部分耐火等级低、占地面积小、使用价值低的影响新建建筑物安全的相邻的原有建筑物。

（4）设置独立的室外防火墙等。

5.2.2.3 消防车道

在建筑的总平面布置中，街区内的道路应考虑消防车的通行，一旦发生火灾时能够确保消防车辆畅通无阻。消防车道的设置应符合以下要求：

（1）根据我国现有主体消防车的外形尺寸，消防车道的净宽度和净空高度均不应小于 4m。供消防车停留的空地，其坡度不应大于 3%。消防车道与厂房（仓库）、建筑之间不应设置妨碍消防车作业的障碍物。穿过高层建筑的消防车道，其净宽和净空高度也均不应小于 4m。消防车道距高层建筑外墙宜大于 5m，消防车道上方 4m 以下范围内不应有障碍物。

（2）街区内的道路应考虑消防车的通行，其道路中心线间的距离不应大于 160m。当建筑物沿街道部分的长度大于 150m 或总长度大于 220m 时，应设置穿过建筑物的消防车道。当确有困难时，应设有环形消防车道。

（3）有封闭内院或天井的建筑物，当其短边长度大于 24m 时，宜设置进入内院或天井的消防车道。有封闭内院或天井的建筑物临街时，应设置连通街道和内院的人行通道（可利用楼梯间）。

（4）在穿过建筑物或进入建筑物内院的消防通道两侧，应设置保障消防车通行或人员安全疏散的设施。消防车道与高层建筑之间不应设置妨碍登高消防车操作的树木、架空管线等。

（5）超过 3000 个座位的体育馆、超过 2000 个座位的会堂和占地面积大于 3000m² 的展览馆等公共建筑，由于建筑体积大、占地面积大、人员多而密集，因此该类建筑的周围应设环形车道，其中，临街的交通道路可作为环形车道的一部分。

（6）环形消防车道至少应有两处与其他车道连通。尽头式消防车道应设置回车道或回车场，回车场的面积不应小于 12m×12m。高层建筑尽头式消防车道的回车场的面积不应小于 15m×15m，供大型消防车使用时，不宜小于 18m×18m。消防车道路面、扑救作业场地及其下面的管道和暗沟等应能承受大型消防车的压力。消防车道可利用交通道路，但应满足消防车通行与停靠的要求。

5.2.3 防火分区

当建筑物某空间发生火灾时，火焰及热气流会从门、窗洞口或从楼板、墙体的烧损处以及楼梯间等竖井向其他空间蔓延扩大，最终使整幢建筑受灾，因此在建筑设计中应合理进行防火分区，有效控制火灾范围，减少损失，便于安全疏散，为控制、扑救火灾提供有利的条件。

水平防火分区用防火墙或防火门、防火卷帘将各楼层在水平方向分隔成几个防火分区。竖向防火分区用具有一定耐火极限的楼板和窗间墙（两上、下窗的距离不小于 1.2m 的墙）将上下层隔开。

5.2.3.1 划定防火分区的原则

建筑防火分区越小效果越好，但建筑的使用功能、建筑的美观、经济性等变差。划定原则为：

（1）发生火灾危险性大、火灾燃烧时间长的区域应与其他区域分隔开，如饭店的厨房与餐厅部分，由于厨房有明火作业，火灾发生的危险性大，故两者应该考虑作为两个不同的防火分区处理。

（2）同一建筑功能不同、用户不同应进行防火分隔处理。楼梯间、前室、走廊等作为避难用的通道，应确保其不受火灾侵害和畅通。

（3）高层建筑的各种竖井，如电缆井、管道井、垃圾井等，其本身应是独立的防火单元，应保证井道外部火灾不会侵入，井道内部火灾不会外传。

（4）特殊用房，如医院的重点护理病房、贵重设备和物品的储存间，在正常的防火分区内还应设置更小的防火单元。

（5）使用不同灭火方式的房间应分隔，如配电房、自备发动机房等。当采用二氧化碳或卤代烷灭火剂时，由于这些灭火剂毒性大，应分隔为封闭单元，以便施放灭火剂后能密闭起来，防止毒性气体扩散伤人。此外，不能用水灭火的化学物品的使用与储存间，应单独分隔开。

（6）高层建筑在垂直方向应以每个楼层为单元划分防火单元。

5.2.3.2 防火分区的分隔设施

防火分区的分隔设施有防火墙、防火门、防火帘、防火卷帘、耐火楼板、防火水幕带等。

A 防火墙

防火墙是建筑中采用最多的防火分隔构件。我国传统民居中的马头墙就是传统的防火墙。防火墙对阻止火势蔓延作用很大。防火墙分横向防火墙（与建筑物长轴方向垂直）和纵向防火墙（与建筑物长轴方向一致）。防火墙包括内墙防火墙和外墙防火墙，内墙防火墙用来划分内部防火分区，外墙防火墙是两幢建筑间因防火间距不够而设置的无门窗（或设有防火门、窗）的外墙。

防火墙应由耐火极限不低于3.0h的难燃烧材料构成。

B 防火门、窗

防火门、窗是指既具有一定的耐火能力，能形成防火分区，控制火灾蔓延，又具有交通、通风、采光功能的围护设施。

a 防火门的分类

防火门按耐火极限可分为三种，分别是甲级、乙级和丙级防火门，其耐火极限分别不应低于1.2h、0.9h和0.6h。通常甲级防火门用于防火分区中，作为水平防火分区的分隔设施；乙级防火门用于疏散楼梯间的分隔；丙级防火门用于管道井等的检修门上。防火门按其材质分有木质防火门、钢质防火门和复合材料防火门三类；按开启方式分有平开防火门和推拉防火门两类。

b 防火门的一般要求

防火门是一种活动的防火阻隔物，不仅要求具备较高的耐火极限，还应满足启闭性能好、密闭性能好的特点。对于建筑还应保证其美观、质轻等特点。

为了保证防火门能在火灾时自动关闭，通常采用自动关门装置，如弹簧自动关门装置和与火灾探测器联动，由防灾中心遥控操纵的自动关闭防火门。双扇防火门应具有按顺序关闭的功能。

防火门内外两侧应能手动开启。设置在防火墙上的防火门宜做成自动兼手动的平开门或推拉门，并且关门后能从门的任何一侧用手开启，也可在门一侧设便于通行的小门。

c 防火门的选用

防火门的选用一定要根据建筑物的使用性质、火灾的危险性、防火分区的划分等因素来确定。

通常防火墙上的防火门必须采用甲级防火门，耐火极限不低于 1.2h，且在防火门上方不再开设门、窗洞口。地下室、半地下室楼梯间的防火墙上的门洞，也应采用甲级防火门。对于附设在高层建筑或裙房内的设备室、通风、空调机等，应采用具有一定耐火极限的隔墙，用于与其他部位隔开，隔墙的门应采用甲级防火门。

疏散楼梯间的防火门应选用耐火极限不小于 0.9h 的乙级防火门；消防电梯前室的门、防烟楼梯间和通向前室的门、高层建筑封闭楼梯间的门均应选用乙级防火门，并应向疏散方向开启；与中庭相通的过厅、通道等，应设乙级防火门或耐火极限大于 3h 的防火卷帘门。

对于建筑工程中的电缆井、管道井、排烟道、垃圾道等竖向管井井壁上的检查门，应采用耐火极限不小于 0.6h 的丙级防火门。

C 防火卷帘门

防火卷帘门是一种不占空间、关闭严密、开启方便的较现代的防火分隔物，它有可以实现自动控制、可以与报警系统联动的优点。一般由钢板或铝合金板材制成。防火卷帘门与一般卷帘在性能要求上的区别是：它具备必要的非燃烧性能、耐火极限及防烟性能。

钢质防火卷帘门可依其安装位置、形式和性能进行分类。

(1) 钢质防火卷帘门因安装在建筑物中位置的不同而有区别，可分为外墙用防火卷帘门和室内防火卷帘门。其中外墙卷帘门也可按强度和耐火等级区分。而室内用卷帘门则按其耐火等级、防烟性能来区分。

(2) 按耐风压强度，可分为 $500N/m^2$、$800N/m^2$、$1200N/m^2$ 三种。

(3) 按耐火极限，普通型防火卷帘门可分为耐火极限 1.5h 和 2h 两种。复合型防火卷帘门可分为 2.5h 和 3h 两种。

(4) 普通型钢质防火防烟卷帘门，可分为耐火极限为 1.5h，漏烟量（压力差为 20Pa）小于 $0.2m^3/(m^2 \cdot min)$ 以及耐火极限为 2h，漏烟量（压力差为 20Pa）小于 $0.2m^3/(m^2 \cdot min)$ 两种。

(5) 复合型钢质防火防烟卷帘门，也可分为耐火极限为 2.5h，漏烟量（压力差为 20Pa）小于 $0.2m^3/(m^2 \cdot min)$ 和耐火极限为 3h，漏烟量（压力差为 20Pa）小于 $0.2m^3/(m^2 \cdot min)$ 两种。

防火卷帘门的防火构造应满足下列要求：

(1) 门扇各接缝处、导轨、卷帘箱等缝隙处，应该采取密封措施，防止串烟火；

(2) 门扇和其他容易被火烧着的部分，应涂防火涂料，以提高其耐火极限；

(3) 设置在防火墙上或代作防火墙的防火卷帘门，要同时在卷帘门两侧设置水幕保护；

(4) 要采用自动和手动两种开启装置。

使用卷帘时可能出现下列问题：

(1) 防火卷帘采用易熔合金的关闭方式，在易熔合金熔断之前，卷帘箱的缝隙、导轨及卷帘下部常常因受热而变形，致使卷帘无法落下；

(2) 在防火卷帘下往往堆放货物、纸箱、杂品等，使卷帘不能落下；

(3) 防火卷帘的气密性较低，防烟效果较差；

(4) 防火卷帘受火焰作用后，向受火面凸出，往往出现较大缝隙，失去阻止火势蔓延的作用；

(5) 灼热的防火卷帘能产生强烈的辐射热，当背火面附近有可燃物时，便会引起火灾蔓延。

所以，在选用防火卷帘时，应该注意采取保护措施，使之充分发挥作用。

5.2.3.3 建筑防火分区

建筑防火分区的面积大小，应考虑建筑物的使用性质、建筑物高度、火灾危险性、消防扑救能力等因素。因此，多层建筑、高层建筑、工业建筑的防火分区其划定有不同的标准。

A 多层建筑的防火分区

我国现行《建筑设计防火规范》（GB 50016—2006）对多层建筑防火分区的面积做了详细规定，见表 5-3。

在划分防火分区面积时还应该注意以下几点：

（1）建筑内设置自动灭火系统时，该防火分区的最大允许建筑面积可按表 5-3 的规定增加 1.0 倍。局部设置时，增加面积可按该局部面积的 1.0 倍计算。

（2）防火分区间应采用防火墙分隔。如有困难时，可采用防火卷帘和水幕分隔。

（3）对于贯通数层的、有封闭式中庭的建筑，或者是有自动扶梯的建筑，一般都是上下两层甚至是几层相连通，其防火分区被上下贯通的大空间所破坏，发生火灾时，烟气易于蔓延扩大，给上层人员的疏散、消防和扑救带来一系列的困难。为此，应将相连通的各层作为一个防火分区考虑。参照表 5-3 中的规定，对于耐火等级为一、二级的多层建筑，上下数层面积之和不应超过 2500m²；耐火等级为三级的多层建筑，上下数层面积之和不应超过 1200m²。

（4）建筑物的地下室、半地下室发生火灾时的防火分区面积应严格控制在 500m² 以内。

B 高层建筑的防火分区

高层建筑防火分区的划分是非常重要的。一般来说，高层建筑规模大，用途广泛，可燃物量大，一旦发生火灾，火势蔓延迅速，烟气迅速扩散，必然造成巨大的损失。因此，减少这种情况发生的最有效的办法就是划分防火分区，且应采用防火墙等分隔设施。每个防火分区最大允许建筑面积不应超过表 5-6 的规定。

表 5-6 每个防火分区的最大允许建筑面积

建筑类别	每个防火分区建筑面积/m²
一类建筑	1000
二类建筑	1500
地下室	500

（1）防火分区面积的大小应根据建筑的用途和性能的不同而加以区别。有些高层建筑的商业营业厅、展览厅常附设在建筑下部，面积往往超出规范很多，对这类建筑，其地上部分防火分区的最大允许建筑面积可增加到 4000m²，地下部分防火分区的最大允许建筑面积可增加到 2000m²。但为了保证安全，厅内应设有火灾自动报警系统及自动灭火系统，装修材料应采用不燃或难燃材料。

一般的高层建筑，若防火分区内设有自动灭火系统，则其允许最大建筑面积可按

表5-6的规定增加1倍；当局部设置自动灭火系统时，增加面积可按该局部面积的1倍计算。

（2）与高层建筑相连的裙房，其建筑高度较低，火灾的扑救难度相对较小。若裙房与主体建筑之间用防火墙等分隔设施分开时，其最大允许建筑面积应不大于2500m²；若设有自动喷水灭火系统时，防火分区最大允许建筑面积可增加1倍。

（3）高层建筑内设有上下层连通的走廊、敞开楼梯、自动扶梯等开门部位时，为了保障防火，应将上下连通层作为一个整体看待，其最大允许建筑面积之和不应超过表5-6的规定。若总面积超过规定，则应在开口部位采取防火分隔设施。如采用耐火极限大于3h的防火卷帘或水幕等分隔设施，此时面积可不叠加计算。

（4）高层建筑多采用垂直排烟道（竖井）排烟，一般是在每个防烟区设一个垂直烟道。如防烟区面积过小，使垂直排烟道数量增多，则会占用比较大的有效空间；如防烟分区的面积过大，使高温的烟气波及面积加大，会使受灾面积增加，不利于安全疏散和扑救。因此，《建筑防火设计规范》中规定：每个防烟分区的建筑面积不宜超过500m²，且防烟分区不应跨越防火分区。

5.2.4　防排烟设计

5.2.4.1　防排烟设计概述

A　防排烟设施的设计范围

根据我国《建筑防火设计规范》的规定，按建筑物的使用功能、建筑规模、疏散和扑救难度以及对人员疏散的重要程度等，防排烟设施的设计范围也相应地有所不同。对于一类高层建筑和建筑高度超过32m的二类高层建筑的下列部位，应采取可开启外窗的自然排烟和设置机械排烟措施：

（1）长度超过20m的内走道，即不能直接对外采光和自然通风的内走道；或虽有直接采光和自然通风，但长度超过60m的内走道。

（2）面积超过100m²且经常有人停留或可燃物较多的房间（如大型办公室、储存较多的可燃物的库房等）。对于面积较大的房间考虑排烟设施；而对于使用人数较少，面积较小的房间不考虑排烟设施；既可保障基本安全，又可节约投资。

（3）超高层建筑封闭避难层。避难层是人们暂时避难之处，必须有独立的防排烟设施。

（4）高层建筑室内中庭。中庭在烟气控制、防止火灾蔓延、安全疏散和火灾救援等方面仍有一定问题，应设置排烟设施。

（5）总面积超过200m²，或一个房间超过50m²，而且经常有人停留或可燃物较多的地下室。

此外，防烟楼梯及其前室，消防电梯前室或两者合用前室，也必须设置防排烟设施。

B　防烟分区

防烟分区面积越小，防排烟效果越好，安全性越高。但防烟分区过小，排烟管道增多，占用有效空间，造价提高；防烟分区面积过大，高温烟气波及范围增大，不利于安全疏散和扑救。此外，防烟分区划分时还应考虑建筑物不同部位的用途、不同的楼层数等因素。

根据《建筑设计防火规范》（GB 50016—2014）的规定，每个防烟分区的建筑面积不宜超过 $500m^2$，且防烟分区不应跨越防火分区。

划分防烟分区还应满足以下要求：

（1）疏散楼梯间及其前室和消防电梯及其前室设独立的防烟设施。

（2）超高层建筑的避难层或避难间都应单独划为防烟分区。

（3）走道和房间都需要设置排烟设施时，一般情况下应分别设置。

（4）净高大于 6m 的房间，一般说来是使用面积较大的房间，如会议厅、观众厅等不划分防烟分区，但仍要设排烟设施。

C　隔烟设施

防烟分区设施有防烟垂壁和挡烟梁两大类。应在区域边界上形成围挡，使烟气不能越过阻碍物而继续流动。在火灾发展初期，垂壁和挡烟梁对阻止烟气的水平扩散很有效，若及时启动排烟装置，则烟气能被有效地控制在本区域内；若没有及时排烟，烟气会越过垂壁下端继续沿水平方向扩散。挡烟垂壁通常有防烟卷帘、活动式挡烟板、固定式挡烟板等。

5.2.4.2　防排烟方式

A　防烟方式

防烟方式归纳起来，有不燃化防烟、密闭防烟和机械加压防烟等几种。

a　不燃化防烟方式

不燃化防烟方式即采用不燃烧的室内装修材料、家具、各种管道及其保温绝热材料，特别是对综合性大型建筑、特殊功能建筑、无窗建筑、地下建筑以及使用明火的场所（如厨房等）应严格执行有关规范，特别是不得使用易燃的、可产生大量有毒烟气的材料做室内装修。不燃烧材料具有不燃烧、不碳化、不发烟的特点，采用不燃烧材料是从根本上解决防烟问题的方法。采用不燃烧材料制作壁橱、钢橱等来收藏可燃物品，减少火灾时的产烟量。高度大于 100m 的超高层建筑、地下建筑等，应优先采用不燃化防烟方式。

b　密闭防烟方式

密闭防烟方式多用于较小的房间，如住宅、旅馆、集体宿舍等。由于房间容积小，采用耐火结构的墙、楼板分隔密闭性能好，当可燃物少时，有可能因氧气不足而熄灭；门窗具有一定防火能力且密闭性能好时，也能达到防止烟气扩散的目的。

c　机械加压防烟方式

在建筑物发生火灾时，对着火区以外的有关区域进行送风加压，使其保持一定的正压，以防止烟气侵入的防烟方式叫加压防烟。在加压区域与非加压区域之间用一些构件分隔，如墙壁、楼板及门窗等，分隔物两侧之间的压力差可有效地防止烟气通过缝隙渗漏进去。

B　排烟方式

排烟方式可分为自然排烟和机械排烟方式。

a　自然排烟方式

自然排烟方式是利用火灾时产生的热烟气流的浮力和外部风力作用，通过建筑物的对外开口把烟气排至室外的排烟方式。这种排烟方式实质上是热烟气与室外冷空气的对流运动。在自然排烟设计中，必须有冷空气的进口和热烟气的排烟口，排烟口可以是建筑物的外窗，也可以是专门设置在侧墙上部或屋顶上的排烟口。优点：不需要动力和复杂设备，容易实现；缺点：排烟效果不够稳定。

b 机械排烟方式

机械排烟方式是用机械设备强制送风或排烟的手段来排除烟气的方式。

（1）全面通风排烟方式。对着火房间进行机械排烟，同时对走廊、楼梯（电梯）前室和楼梯间等进行机械送风，控制送风量略小于排烟量，使着火房间保持负压，以防止烟气从着火房间漏出的排烟方式称为全面通风排烟方式。全面通风排烟方式能有效地防止烟从着火房间漏到走廊，从而确保走廊和楼梯间等重要疏散通道的安全。优点：防烟效果好；缺点：需要机械设备，投资较高，维护保养复杂。此外，还要有良好的风压、风量调节控制装置；要求排烟系统（排烟机械、管道、阀门等）的材料和结构等能够耐高温。

（2）机械送风正压排烟方式。用送风机给走廊、楼梯间前室和楼梯间等送新鲜空气，使这些部位的压力比着火房间相对高些，着火房间的烟气经专设的排烟口或外窗以自然排烟的方式排出。因走廊、楼梯间前室和楼梯间等处的压力较着火房间高，所以新鲜空气会漏入着火房间，将会助长火灾的发展，而且，两者间的压力相差越大，漏入的空气量越多，因此应严格控制加压区域的压力，这是保障排烟效果的关键。

（3）机械负压排烟方式。用排烟机把着火房间内的烟气通过排烟口排至室外的排烟方式。火灾初期能使着火房间内的压力下降，造成负压，烟气不会向其他区域扩散；在火灾旺盛阶段，排烟温度达到280℃后，排烟防火阀门自动关闭，排烟系统停止工作。

上述几种防排烟方式各有优缺点，因而各有其适用的范围。鉴于我国经济实力与消防设备现状及管理水平，宜优先采用自然排烟方式，而对那些性质重要、功能复杂的综合大厦、超高层建筑及无条件自然排烟的高层建筑，则采用机械加压防烟的方式结合机械排烟方式。

5.3 建筑的灭火设计

5.3.1 火灾自动报警系统设计

在工程设计中确定火灾自动报警系统时，首先应根据工程性质和有关建筑防火设计规范，综合确定适合于该工程的火灾自动报警系统。

5.3.1.1 系统的设置原则及前期准备工作

A 火灾自动报警系统的设置

建筑物的火灾自动报警系统的设置，应该按照国家现行有关建筑设计防火规范的规定执行。首先应按照建筑物的使用性质、火灾危险性划分的保护等级选用不同的火灾自动报警系统。建筑的保护等级划分见表5-7。一般情况下，一级保护对象采用控制中心报警系统，并设有专用消防控制室。二级保护对象采用集中报警系统，消防控制室可兼用。三级保护对象宜用区域报警系统，可将其设在消防值班室或有人值班的场所。但在具体工程设计中还需按工程实际要求进行综合考虑，并取得当地主管部门认可，在系统的选择上不必拘于上述的一般情况。

表 5-7 建筑物保护等级的划分

保护级别	高层建筑	一般的多层及单层建筑
一级	1. 一类建筑的可燃性物品仓库、空调机房、变电室、电话机房、自备发电机房； 2. 高级旅馆的客房和公共活动房（包括公共走道）、电信楼、广播楼、省级邮政楼的主要机房； 3. 大、中型电子计算机房； 4. 高层医院火灾危险性较大的房间和物品房，贵重设备间	1. 国家级重点文物保护单位的木结构建筑； 2. 国家级和省级重点图书馆、档案馆、博物馆、资料馆； 3. 大、中型电子计算机房； 4. 设有卤代烷、二氧化碳等固定灭火装置的房间
二级	1. 火灾危险性较大的实验室； 2. 百货大楼、财贸金融大楼的营业厅、展览楼的展览大厅； 3. 重要的办公楼、科研楼的火灾危险性较大的房间和物品库	1. 火灾危险性大的实验室； 2. 广播楼、通信楼的重要机房； 3. 图书文物珍藏室、每座藏书量超过 100 万册的书库； 4. 重要的档案室、资料室、超过 4000 座位的体育观众厅； 5. 有可燃物的吊顶内及其电信设备间； 6. 每层建筑面积超过 3000m^2 的百货楼、展览楼、高级旅馆； 7. 多层建筑内的底层停车库，一、二、三类地下停车库； 8. 地下工程中的电影院、礼堂、商店等
三级	其他需要设置火灾报警系统的场所	其他需要设置火灾报警系统的场所

B　火灾自动报警系统设计的前期工作

火灾自动报警系统设计的前期工作主要包含以下三个方面：

（1）摸清建筑物的基本情况。主要包括建筑物的性质、规模、功能以及平、剖面情况；建筑内防火区的划分，建筑、结构方面的防火措施、结构形式和装饰材料；建筑内电梯的配置与管理方式，竖井的布置、各类机房、库房的位置以及用途等。

（2）摸清有关专业的消防设施及要求。这方面主要包括消防泵的设置及其电气控制室与联锁要求，送风机、排风机及空调系统的设置；防排烟系统的设置，对电气控制与联锁的要求；防火卷帘门及防火门的设置及其对电气控制的要求；供、配电系统，照明与电力电源的控制及其与防火分区的配合；消防电源的配置，应急电源的设计要求等。

（3）明确设计原则。这方面主要包括按照规范要求确定建筑物的防火分类等级及保护方式，制定自动消防系统的总体设计方案，充分掌握各种消防设备及报警器材的技术性能指标等。

5.3.1.2　系统的主要设计内容

A　探测区域和报警区域的划分

火灾探测区域是以一个或多个火灾探测器并联组成的一个有效探测报警单元，可以占有区域火灾报警控制器的一个部位号。而火灾报警区域是由多个火灾探测器组成的火灾警戒区域范围。

火灾探测区域的划分一般是按照独立房（套）间来划分的，同一房（套）间内可以划分为一个探测区域，但总面积不宜超过 500m^2；从主要出入口能够看清其内部，并且面积不超过 1000m² 的房间可以划分为一个探测区域；敞开及封闭楼梯间、同层的防烟楼梯间前室、消防电梯前室、同一防火分区的走道、建筑物闷顶、夹层、最多跨越三层楼的主要电气配电线路竖井、坡道、电缆隧道等亦可分别划分为一个探测区域。

火灾报警区域一般应按照防火分区或楼层来划分。一个火灾报警区域宜由一个防火分区或同一楼层的几个防火分区组成。同一火灾报警区域的同一警戒分路不应跨越防火分区。当不同楼层划分为同一个火灾报警区域时，应该在未装设火灾报警控制器的各个楼层的各主要楼梯口，或消防电梯前室明显部位设置灯光及音响警报装置。

B　火灾探测器的选择

工程设计时应该预测火灾可能发生的情况和火源的性质，正确选用符合工程实际需要的探测器。一般选用火灾探测器时应考虑以下原则：

（1）对火灾初期有阴燃阶段、能产生大量烟和少量热、很少或没有火焰辐射的火灾（如棉麻、织物火灾等），应选用感烟探测器（一般在旅馆客房等处选用感烟探测器为宜）。

（2）对火灾发生时蔓延迅速，产生大量热、烟和火焰辐射的火灾（如油类火灾等），宜选用感温探测器、感烟探测器、火焰探测器或它们的组合）。

（3）对火灾发生时蔓延迅速，并有强烈的火焰辐射和少量烟、热的场所（如轻金属及其他化合物火灾），应选用火焰和感温组合探测器。

（4）下列场所宜装设感烟火灾探测器：

1）饭店、旅馆、教学楼、办公楼的厅堂、卧室、办公室；

2）电子计算机房和通信机房等；

3）楼梯、走道、竖井、书库、档案库、地下室、仓库；

4）可能发生电气火灾的场所。

（5）下列场所宜装设感温探测器：

1）车库、厨房及其他在正常情况下有烟滞留的场所；

2）有粉尘细沫或水蒸气滞留的场所；

3）锅炉房、发电机房、茶炉房、烘干车间；

4）湿度经常高于 95% 以上的场所；

5）吸烟室和小会议室等。

C　火灾探测器数量的确定

一个火灾探测区域所需的火灾探测器数量应该由式（2-1）决定：

$$N \geqslant \frac{S}{K \cdot A} \tag{2-1}$$

火灾探测器的保护面积数据一般是由生产厂家提供。但是，在实际应用中由于各种因素影响往往相差较大。火灾探测器的影响因素一般有下列几个方面：

（1）火灾探测器的灵敏度越高，其响应阈值越灵敏，保护空间越大。

（2）探测器的响应时间越快，保护空间越大。

（3）建筑空间内发烟物质的发烟量越大，感烟火灾探测器的保护空间面积越大。

（4）燃烧性质不同时，阴燃比爆燃的保护空间大。

（5）建筑结构及通风情况。烟雾越易积累，并且越容易到达火灾探测器时，则保护空间越大；空间越高，保护面积越小；如果由于通风原因及火灾探测器布点位置不当，致使烟雾无法积累或根本无法达到火灾探测器时，则其保护空间几乎接近于零。

（6）允许物质损失的程度。如果允许物质损失较大，发烟时间较长，甚至出现明火，烟雾可以借助火势迅速蔓延，则保护空间更大。

上述各种因素，有的可以预计其影响程度，有的无法考虑。因此，修正系数 K 值应综合考虑有关因素的影响。

D　火灾探测器的设置要求

火灾探测器的设置位置可以按照下列基本原则确定：

（1）设置位置应该是火灾发生时烟、热最易到达之处，并且能够在短时间内聚积的地方。

（2）消防管理人员易于检查、维修，而一般人员应不易触及火灾探测器。

（3）火灾探测器不易受环境干扰，布线方便，安装美观。

对于常用的感烟和感温探测器来讲，其安装时还应符合下列要求：

（1）探测器距离通风口边缘不小于 0.5m，如果顶棚上设有回风口时，可以靠近回风口安装。

（2）顶棚距离地面高度小于 2.2m 的房间、狭小的房间（面积不大于 10m² ）火灾探测器宜安装在入口附近。

（3）在顶棚和房间坡度大于 45°斜面上安装火灾探测器时，应该采取措施使安装面成水平。

（4）在楼梯间、走廊等处安装火灾探测器时，应该安装在不直接受外部风吹的位置。

（5）在与厨房、开水间、浴室等房间相连的走廊安装火灾探测器时，应该避开入口边缘 1.5m 内。

（6）建筑物无防排烟要求的楼梯间，可以每隔 3 层装设一个火灾探测器，倾斜通道安装火灾探测器的垂直距离不应大于 15m。

（7）安装在顶棚上的火灾探测器边缘与照明灯具的水平间距不小于 0.2m；距离电风扇不小于 1.5m；距嵌入式扬声器罩间距不小于 0.1m；与各种水灭火喷头间距不小于 0.3m；与防火门、防火卷帘门的距离一般为 1~2m；感温火灾探测器距离高温光源不小于 0.5m。

在下列场所，可以不安装感烟、感温火灾探测器：

（1）火灾探测器安装位置与地面间的高度大于 12m 者。

（2）因受气流影响，火灾探测器不能有效检测到烟、热的场所。

（3）顶棚与上层楼板间距、地板与楼板间距小于 0.5m 的场所。

（4）闷顶及相关的吊顶内的构筑物及装饰材料为难燃型，并且已安装有自动喷淋灭火系统的闷顶及吊顶的场所。

（5）电梯井上有机房，且机房地面与电梯井有大于 0.25m² 的开孔，并且在开孔附近装有火灾探测器的电梯井道。

（6）隔断板高度在 3 层以下，并且完全处于水平警戒范围内的各种竖井及类似场所。

（7）长度小于 10m 的独立走廊、通道或开敞式走廊与通道。

E　火灾探测器保护面积的确定

感烟、感温火灾探测器的保护面积（A）和保护半径（R）之间的关系见表2-7。

F　火灾自动报警方式的确定

火灾自动报警方式，一般应根据各类建筑物性质和防火管理方式的不同而确定。但这里需指出的是，各种形式的报警方式在工程中的选用目前国内还未做出具体规范规定，故设计时应根据建筑物等级和保护对象的重要程度，结合国情而定。一般可分为两种方式报警。第一，区域报警控制器可接收报警区域内各探测区域送来的火警信号，但集中报警控制器只能接收各区报警控制器送来的报警区域信号，不显示区域报警控制器探测区域部位号。第二，区域或集中报警控制器，都应报出整个火灾自动报警系统中的任何一个区域号或部位号。以上两种报警器方式，采用哪种为宜，应根据工程具体要求和保护对象的重要程度，确定火灾自动报警系统的结构形式和报警显示方式。

5.3.1.3　系统工程设计要点

对于具体的自动消防工程而言，采用哪一种形式的火灾自动报警系统应该根据工程的建设规模、被保护对象的性质、火灾监控区域的划分、消防管理机构的组织形式以及火灾自动报警产品的技术性能等因素综合确定。无论采用哪一种火灾自动报警系统，都应当考虑并符合以下的设计要点。

A　自动控制与手动控制设置

为了提高火灾自动报警系统的可靠性，在设置自动控制系统的同时，必须设置相应的手动控制装置，以确保人工能够直接启动或停止消防设备运行。

B　区域报警系统设计

区域火灾报警装置的数量不能多于3个，报警装置的安装高度必须参照相关规范和有关电力、通信等国家标准确定，区域报警装置必须设置在有人值班的房间或场所。

C　集中报警系统设计

当采用集中报警系统时，火灾自动报警系统中应该设置一台集中火灾报警装置和至少两台及以上的区域火灾报警装置。

D　系统接地问题

火灾自动报警系统的接地，通常分为工作接地和保护接地。工作接地一般利用专用接地装置在消防控制中心接地。保护接地的要求是：凡是火灾自动报警系统中引入的有交流供电的设备、装置的金属外壳，都应采用专用接零干线引入作保护接地。

E　消防设备供电问题

一般地，消防设备供电系统应能充分保证设备的工作性能，在发生火灾时能够发挥设备的功能，将火灾损失降到最低。

F　系统布线质量

火灾自动报警系统的布线质量直接影响整个系统的可靠性，在设计时必须依照有关规范实施。

G　室内配线的防火、耐热措施

为了保证消防设备在发生火灾时的可靠工作，连接消防设备的线路必须满足耐火耐热性能要求，并且须采取防火和阻燃措施。具体采取的措施有：管道内敷设耐火材料，检查门采用丙级防火门，电线管在穿墙部位使用不燃烧体充填等。

5.3.1.4 火灾报警器设备的选择和系统布线以及工程应用

根据建筑工程对火灾自动报警系统的不同需要，可选择各种类型的火灾报警控制器。在选择设备时，可以参考以下几点：

（1）选用设备应以报警可靠和便于维护检修为主，对一般中、小型工程不宜过于追求先进设备，应根据具体情况，因地制宜地选用。

（2）组成火灾自动报警系统时应尽量使系统结构简单、可靠，便于维护，力求导线根数少、接头少（应焊接）；选用火灾报警控制器的数量在满足报警方式要求的情况下，应尽量少。

（3）火灾自动报警系统布线需考虑以下几点：

1）火灾自动报警系统选用导线，其电压等级不应低于交流250V，导线截面见表5-8。

表5-8 绝缘导线（含电缆）线芯的最小截面积

序 号	类 别	线芯的最小截面积（铜线线芯）/mm²
1	管内敷设的绝缘导线	0.75
2	线槽内敷设的绝缘导线	0.40
3	多芯电缆	0.20

2）火灾自动报警系统的传输线路绝缘导线应穿入管内或在封闭式线槽内敷设，但穿管和线槽应采用非易燃性材料和钢管、铁质线槽制成。

3）装设定温探测器房间内的传输或直接作用于启动灭火装置的传输线，应穿金属管保护，并需在管上采取防火保护措施。

4）穿管绝缘导线的总截面积与管内截面积的比值应考虑：

①穿单股导线和电缆时应小于40%；

②穿绞合导线时应小于25%，穿平行导线时应小于30%；

③敷设于封闭线槽内的绝缘导线（含电缆）总截面积应不大于线槽的净截面积的60%；

④导线宜选用不同颜色的绝缘导线，使布线明显，便于施工及维护。

5.3.2 建筑消火栓灭火系统设计

5.3.2.1 消火栓灭火系统的特点与任务

室内消火栓灭火系统是把室外给水系统提供的水量，经过加压（外网压力不满足需要时）输送到用于扑灭建筑物内的火灾而设置的固定灭火设备，是建筑物中最基本的灭火设施。

5.3.2.2 消火栓灭火系统的组成与布置

室内消火栓灭火系统一般由消火栓箱、消防卷盘、消防管道、消防水池、高位水箱、水泵接合器及增压水泵等组成。图5-2所示为设有水泵、水箱的室内消火栓灭火系统图。

A 消火栓箱

市内消火栓箱又称消防箱，由箱体及装于箱内的消火栓、水龙带、水枪、消防按钮和

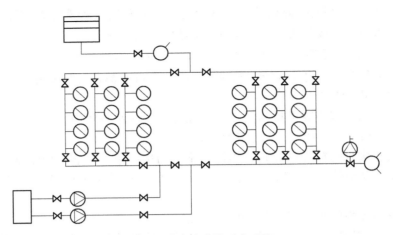

图 5-2　室内消火栓灭火系统

消防卷盘等组成。常用的 SG 系列室内消火栓箱主要尺寸见表 5-9 和图 5-3。

表 5-9　SG 系列室内消火栓箱主要尺寸　　　　　　　　　　　　　　　　（mm）

规　格	L	H	C	T	C_1
1000×700×240	1000	700	240	150	100
800×650×240	800	650	240	120	100
800×650×210	800	650	210	120	80

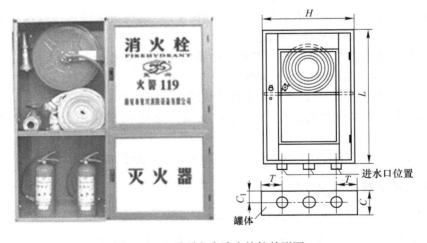

图 5-3　SG 系列室内消火栓箱外形图

B　水枪

水枪一般为直流式，喷嘴口径有 13mm、16mm、19mm 三种，口径 13mm 水枪配备直径 50mm 水带，16mm 水枪可配 50mm 或 65mm 水带，19mm 水枪配备 65mm 水袋。低层建筑的消火栓可选用 13mm 或 16mm 口径水枪，高层建筑选用 19mm 口径水枪。

水带口径有 50mm、65mm 两种，水带长度一般为 15mm、20mm、25mm、30mm 四种；水带口径有麻织和化纤两种，有衬胶与不衬胶之分，衬胶水带阻力较小。

消火栓均为内扣式接口的球形阀式龙头，有单出口和双出口之分。双出口消火栓直径为 65mm，单出口消火栓直径有 50mm 和 65mm 两种。

消防卷盘（消防水喉）是装在消防竖管上带小水枪及消防胶管卷盘的灭火设备，是在启用室内消火栓之前供建筑物内一般人员自救初期火灾的消防设施，一般与室内消火栓合并设置在消火栓箱内。消防卷盘（消防水喉）的栓口直径宜为 25mm，配备的胶带内径不小于 19mm，水枪喷嘴口径不小于 6mm。在高层建筑的高级旅馆、重要的办公楼、一类建筑的商业楼、展览楼、综合楼及高度超过 100m 的其他建筑内应设置消防卷盘。

室内消火栓箱应设置在走道、防火构造楼梯附近、消防电梯前室等明显易于取用的地点。设在楼梯附近时，不应妨碍避难行动的位置，供集会或娱乐用场所的舞台点两侧、观众席后两侧及包厢后侧、出入口附近宜设室内消火栓。平屋顶上应设检查用消火栓，坡屋顶或寒冷地区可设在顶层出口处或水箱间内。

设有室内消火栓灭火系统的建筑物，除无可燃物的设备层以外，其他各层均应设消火栓。建筑高度超过 100m 的超高层建筑的避难层、避难区和直升机停机坪附近，均应设室内消火栓。消火栓箱体可根据建筑要求明装或嵌墙暗装。消火栓栓口离地面高度宜为 1.10m，接口出水方向宜向下或与设置消火栓的墙面相垂直。高层建筑的裙房及多层建筑的消火栓间距不应大于 50m。高层建筑的消火栓间距不应大于 30m，多层建筑、跃层公寓或住宅建筑可以在相邻层共用一消火栓。

C　水泵接合器

水泵接合器的主要用途是当室内消防泵发生故障或遇大火室内消防用水不足时，供消防车从消防水池或室外消火栓取水，通过水泵接合器将水送到室内消防管网，供紧急灭火时使用。水泵接合器有地上、地下和墙壁式三种类型。

超过 4 层的厂房和库房、高层工业建筑、设有消防管网的住宅及超过 5 层的其他建筑，其室内应设水泵接合器。水泵接合器设置在便于消防车使用的地点。距室外消火栓或消防水池的取水口、取水井的距离宜为 15~40mm。当采用墙壁式水泵接合器时，其安装高度为中心距室外地坪 700mm，接合器上部墙面不宜用玻璃幕墙或玻璃窗等易破碎材料，以防火灾时，破损玻璃块掉下损坏连接水龙带或妨碍消防人员的操作。当必须设在该位置时，应在其上采取有效的遮挡保护措施。

D　消防管道

建筑物内消防管道是与其他给水系统合并还是独立设置，应根据建筑物的性质和使用要求经技术经济比较后确定。

E　消防水池

消防水池用于无室外消防水源情况下，储存火灾持续时间内的室内消防用水量。消防水池可设于室外地下或地面上，也可设在室内地下室，或与室内游泳池、水景水池兼用。消防水池设有进水管、溢水管、通气管、泄水管、出水管及水位指示器等附属装置。根据各种用水系统的供水水质要求是否一致，可将消防水池与生活或生产储水池合用，也可单独设置。

F　消防水箱

消防水箱对扑救初期火灾起着重要作用，为确保其自动供水的可靠性，应采用重力自流供水方式。消防水箱宜与生活（或生产）高位水箱合用，以保持箱内储水经常流动、防止水质变坏。

消防水箱应储存有 10min 的消防用水量。对于一般建筑，当室内消防用水量不超过 25L/s 时，消防水箱容积不大于 12m³；当室内消防用水量超过 25L/s 时，消防水箱不大于 18m³。对于高层建筑，一类公共建筑不应小于 18m³；二类公共建筑和一类居住建筑不应小于 12m³；二类居住建筑不应小于 6m³。

高位消防水箱的设置高度应保证最不利点消火栓静水压力。当建筑高度不超过 100m 时，高层建筑最不利点消火栓静水压力不应小于 0.07MPa；当建筑高度超过 100m 时，高层建筑最不利点消火栓静水压力不应小于 0.15MPa。

5.3.3 自动喷水灭火系统设计

5.3.3.1 自动喷水灭火系统的特点

自动喷水灭火系统是一种能自动打开喷头喷水灭火，同时发出火警信号的固定灭火装置。当室内发生火灾后，火焰和热气流上升至天花板，天花板内的火灾探测器因光、热、烟等作用报警。当温度继续升高到设定温度时，喷头自动打开喷水灭火。

自动喷水灭火系统因不需要人员操作灭火，有以下特点：

（1）火灾初期自动喷水灭火，故着火面积小，用水量少。

（2）灭火成功率高，达 90% 以上，损失小，无人员伤亡。

（3）目的性强，直接面对着火点，灭火迅速，不会蔓延。

（4）造价高。

5.3.3.2 自动喷水灭火系统的应用范围与设置场所

A   自动喷水灭火系统的应用范围

当建筑物性质重要或火灾危险性较大；人员集中，不易疏散；外部增援灭火与救生较困难时，宜设置自动喷水灭火系统。自动喷水灭火系统适用于各类民用与工业建筑，但不适用于下列物品的生产、使用、储存场所：

（1）遇水发生爆炸或加速燃烧的物品。

（2）遇水发生剧烈化学反应或产生有毒有害物质的物品。

（3）洒水将导致喷溅或沸溢的液体。

B   自动喷水灭火系统设置场所

自动喷水灭火系统一般设置在下列部位和场所：

（1）容易着火的部位。如舞台（道具、布景、幕布、灯具等）、厨房（炉灶等）、旅馆客房、汽车停车库、可燃物品库房、垃圾道顶部等。这些部位可燃物品多，容易因自燃、灯光烤灼、吸烟不慎等原因引起火灾，成为起火点，因此必须予以迅速扑灭。

（2）疏散通道。如门厅、电梯厅、走道、自动扶梯底部等，建筑物内火灾一旦发生，应使人员及时疏散，迅速离开火场和着火建筑物，在疏散通道设置自动喷水灭火系统的喷头有利于通道的畅通和人员的安全疏散。

（3）人员密集的场所。如观众厅、会议室、展览厅、多功能厅、舞厅、餐厅、商场营业厅、体育健身房等公共活动用房等。人员密集场所一旦发生火灾，由于出口集中、人员众多，给疏散工作带来困难，往往会因拥挤碰撞、践踏而造成无谓的伤亡，因此在人员密集的场所也应设置喷头及时扑灭火灾。

（4）兼有以上两种特点的部位。如餐厅等，既具有人员密集的特点，也因有蜡烛、电热灶具、燃气灶具等易燃物品而容易着火，展览厅也具有人员密集和展板、展品、电气设备多而容易着火的特点，应设置自动喷水灭火系统的喷头。

（5）火灾蔓延通道。如玻璃幕墙、共享空间的中庭、自动扶梯开口部位等，也应设置自动喷水灭火系统的喷头。

（6）疏散和扑救难度大的场所。地下室一旦发生火灾，不仅疏散困难，也不容易扑救，应设置自动喷水灭火系统。

5.3.3.3 自动喷水灭火系统的分类

自动喷水灭火系统按喷头是否开启分为闭式自动喷水灭火系统和开式自动喷水灭火系统。闭式喷水灭火系统有湿式、干式、干湿交替式和预作用式；开式有雨淋式、水喷雾式和水幕式。

（1）湿式自动喷水灭火系统为喷头常闭的灭火系统，管网中充满有压水，当建筑物发生火灾，火点温度达到开启闭式喷头时，喷头出水灭火。该系统有灭火及时、扑救效率高的优点。但由于管网中充有有压水，当渗漏时会损坏建筑装饰和影响建筑的使用。该系统适用于环境温度 $4℃ < t < 70℃$ 的建筑物。

（2）干式自动喷水灭火系统为喷头常闭的灭火系统，管网中平时不充水，充有有压空气（或氮气）。当建筑物发生火灾，火点温度达到开启闭式喷头时，喷头开启，排气、充水、喷水、灭火。该系统灭火时需先排气，故喷头出水灭火不如湿式系统及时。但管网中平时不充水，对建筑物装饰无影响，对环境温度也无要求，适用于采暖期长而建筑内无采暖的场所。但因在启动过程中增加了排气和充水两个环节，延缓了喷头出水的时间。为减少排气时间，一般要求管网的容积不大于 2000L。

（3）干湿交替系统是把干式和湿式两种系统的特点结合在一起，最适用于季节温度变化明显，在寒冷时期又无采暖设备的场所。但管道因干湿交替，较易腐蚀。

（4）预作用喷水灭火系统为喷头常闭的灭火系统，管网中平时不充水（无压），发生火灾时，火灾探测器报警后，自动控制系统控制闸门排气、充水，由干式变为湿式系统。只有当着火点温度达到开启闭式喷头时，才开始喷水灭火。该系统弥补了干式和湿式两种系统的缺点，适用于准工作状态时，严禁管道跑冒滴漏或严禁系统误喷的场所。预作用系统需配套设置用于启动系统的火灾自动报警设备。

（5）雨淋喷水灭火系统为喷头常开的灭火系统，当建筑物发生火灾时由自动控制装置打开集中控制闸门，使整个保护区域所有喷头同时喷水灭火，该系统具有出水量大、灭火及时的优点。雨淋系统适用于火灾的水平蔓延速度快、需及时喷水、迅速有效覆盖着火区域的场所；或建筑内部容纳物品的顶部与顶板或吊顶的净距大，发生火灾时，能驱动火灾自动报警系统，而不易迅速驱动喷头开放的场所。

（6）水幕系统采用水幕喷头，喷头沿线状布置，喷出的水形成水帘状。水幕系统不是直接用来扑灭火灾的设备，而是与防火卷帘、防火幕配合使用，用于防火隔断、防火分区及局部降温。如舞台与观众之间的隔离水帘、消防防火卷帘的冷却等。

（7）水喷雾灭火系统，用喷雾喷头把水粉碎成细小的水雾滴之后喷射到正在燃烧的物质表面，通过表面冷却、窒息以及乳化、稀释的共同作用实现灭火。由于水喷雾具有多种灭火机理，因此适用范围广，可以提高扑灭固体火灾的灭火效率。同时，由于水雾具有不会造成液体火飞溅、电气绝缘性好的特点，在扑灭可燃液体火灾、电气火灾中，均得到了广泛的应用。

除上述 7 种基本的自动喷水灭火系统外，近几年又有了一些新的灭火系统，如循环喷水灭火系统、泡沫喷水灭火系统和家庭简易自动喷水灭火系统，这里不再详述。

5.3.3.4 闭式自动喷水灭火系统的组成与布置

闭式自动喷水灭火系统主要由闭式喷头、管道、报警阀组、水流指示器、火灾探测器等组成。

A 喷头

喷头在灭火中充当了探测火警、喷水灭火的功能。发生火灾时，一部分水向下用于灭火，另一部分水向上打湿吊顶，防止火灾向上蔓延。

喷头的布置间距要求在所保护的区域内任何部位发生火灾都能得到一定强度的水量。喷头的布置间距与建筑物的危险等级有关，根据建筑平面的具体情况，有正方形、长方形和菱形三种布置形式。

B 报警阀组

报警阀组是由报警阀及其他一些附件组成的自动报警系统，图 5-4 所示为湿式报警阀组。

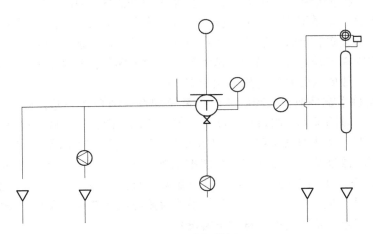

图 5-4 湿式报警阀组

报警阀的作用是开启和关闭管网的水流，传递控制信号至控制系统并启动水力警铃直接报警。它是一种只允许流向喷头，并在规定流量动作报警的单向阀。

C 水流指示器

水流指示器用于湿式自动喷水灭火系统的检测及区域报警，一般安装在系统各分区的配水干管上，可将水流动的信号转换为输出电信号，送至报警器或控制中心显示喷水灭火区域，对系统实施监控、报警作用。水流指示器由器体、印刷电路、永久磁铁、桨片及法兰底座（或丁字管）组成。当湿式喷水灭火系统中的某分区发生火灾，使洒水喷头感温爆炸开始喷水灭火，消防水在输水管中流动，推动桨片，接通延时电路延时后，使继电器动作，给出水流动信号，传至报警控制器或控制中心。这就是水流指示器的"指示"作用。

5.3.3.5 开式自动喷水灭火系统的组成与布置

开式自动喷水灭火系统由火灾探测器、开式喷头、雨淋阀和管道组成。雨淋阀开启有手动控制、水力控制和电动控制几种方式。

A 开式洒水喷头

开式喷头按用途和洒水形状的特点分为开式洒水喷头、水幕喷头和喷雾喷头，如图5-5所示。

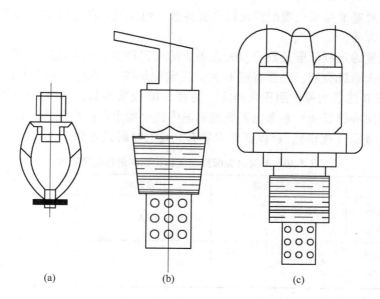

图5-5 开式喷头
（a）开式洒水喷头；（b）水幕喷头；（c）喷雾喷头

（1）开式洒水喷头。开式喷头是无释放机构的洒水喷头。闭式洒水喷头去掉感温元件及密封组件就是开式洒水喷头。按安装方式可分为直立型和下垂型，按结构可分为单臂和双臂。适用于雨淋喷水灭火和其他开式系统。

（2）水幕喷头。水幕喷头喷出的水形成均匀的水帘状，起阻火、隔火作用，以防止火势蔓延扩大。按安装方式分为水平型和下垂型，按结构形式分为窗口水幕喷头、檐口水幕喷头、普通水幕喷头。凡需保护的门、窗、洞、檐口、舞台口等，应安装这类喷头。

（3）喷雾喷头。喷雾喷头是在一定压力下将水流分解为细小的水滴，以锥形喷出的喷头。它可分为中速喷雾和高速喷雾喷头两种。一般用于保护石油化工装置和电力设备。

B 雨淋阀

雨淋阀是水幕等开式系统自动开启的重要组件。其构造分为A、B、C三室。A室通供水干管，B室通安装喷头的配水管网，C室连接传动管网。在没有发生火灾时，A、B、C三室都充满着水，其中A、C两室间有一细管连通，两室充满的水具有相同压力。B室内的水仅具充满配水管网的水的静压力。由于雨淋阀C室橡胶隔膜大圆盘的面积一般是A室小圆盘面积2倍以上，因此，在相同压力作用下，雨淋阀处于关闭状态。

5.3.4 建筑灭火器配备设计

5.3.4.1 灭火器的特点和作用

灭火器是一种移动式应急的灭火器材，主要用于扑救初起火灾，对被保护物品起到初期防护作用。灭火器轻便灵活，使用广泛。虽然灭火器的灭火能力有限，但初起火灾范围小、火势弱，是扑灭火灾的最佳时机，如能配置得当、应用及时，灭火器作为第一线灭火力量，对扑灭初起火灾具有显著效果。

5.3.4.2 灭火器配置基准

灭火器配置基准是灭火器配置设计主要参数，包含灭火器配置定额和灭火器配置最小规格限制两个方面。

灭火器配置的定额标准及数量与配置场所的火灾种类，火灾危险等级，建筑内（外）设置的固定灭火系统类别、完善程度有关。其定额是按 A 类或 B 类火灾在危险级别不同情况下每 A 或 B 的最大保护面积来确定，见表 5-10 及表 5-11。同时由于物质燃烧特性不同，在不同危险等级场所，参考国外标准和国内灭火器生产标准规格，规定了每具灭火器最小配置灭火级别（规格），以保证灭火器有必要的喷射强度和灭火效能。

表 5-10　A 类火灾配置场所灭火器的最低配置基准

危险等级	严重危险级	中危险级	轻微危险级
单具灭火器最小配置灭火级别	3A	2A	1A
单位灭火级别最大保护面积（A）/m²	50	75	100

表 5-11　B、C 类火灾场所灭火器的最低配置基准

危险等级	严重危险级	中危险级	轻危险级
单具灭火器最小配置灭火级别	89B	55B	21B
单位灭火级别最大保护面积（B）/m²	0.5	1.0	1.5

此外，从安全可靠和规格不过于小而使数量多，规范提出任一配置场所内灭火器不少于 2 具、每个设置点不多于 5 具的要求。

5.3.4.3 灭火器设置要求

灭火器应设于明显和便于取用的地方，而且不能影响安全疏散。当这样设置有困难和不可能时，必须有明显的指示标志，指出灭火器的实际位置。灭火器应相对集中、适当分散设置，以便能够尽快就近取用。灭火器最大保护距离，指灭火器配置场所内任意着火点到最近灭火器设置点的行走距离，即要求灭火器设置点到计算单元内任一点的距离都小于灭火器的最大保护距离。考虑到人们取用灭火器的速度，是能及时灭火、控火的关键，对在不同危险等级的场所，要求有不同的保护距离，见表 5-12 和表 5-13。

表 5-12　A 类场所灭火器最大保护距离　　　　　　　　（m）

项　目	手提式	推车式
严重危险级	15	30
中危险级	20	40
轻危险级	25	50

表 5-13　B、C 类场所灭火器最大保护距离　　　　　　（m）

项　目	手提式	推车式
严重危险级	9	18
中危险级	12	24
轻危险级	15	30

保护距离指行走距离，如需经走廊通过门到达室内着火点是一条折线，就不能以平面图上两点间的直线计算保护距离。灭火器设置要安全稳固，其顶部距地面高度应小于1.5m；底部距地面不宜小于0.15m。当设在潮湿或强腐蚀性的地点时，应采取相应的保护措施。经过计算建筑灭火器配置要求见表5-14。

表 5-14　建筑灭火器配置

灭火器的配置和选择			配置场所的危险等级								
			严重危险级			中危险级			轻危险级		
			Ⅰ	Ⅱ	Ⅲ	Ⅰ	Ⅱ	Ⅲ	Ⅰ	Ⅱ	Ⅲ
灭火器的最大保护距离/m			15	15	15	20	20	20	25	25	25
每个配置点要求的灭火级别（A）			18	13	6	21	15	7	25	18	8
每个配置点的保护面积/m²			180			315			500		
灭火器类型	磷酸铵盐干粉	每具灭火器的灭火级别（A）	13	8	5	13	8	5	13	8	5
		每具灭火器的灭火剂充装量/kg	6	4	2	5	5	2	8	6	2
		每配置点灭火器数量/具	2	2	2	2	2	2	2	2	2
	化学泡沫	每具灭火器的灭火级别（A）	8	8	5	8	8	5	8	8	5
		每具灭火器的灭火剂充装量/kg	9	9	6	9	9	6	9	9	6
		每配置点灭火器数量/具	3	2	2	3	2	2	4	3	2
	清水酸碱	每具灭火器的灭火级别（A）	8	8	5	8	8	5	8	8	5
		每具灭火器的灭火剂充装量/kg	9	9	7	9	9	7	9	9	7
		每配置点灭火器数量/具	3	2	2	3	2	2	4	3	2

注：1. 表中火灾种类按 A 类、E 类考虑。

2. 根据配置场所的灭火设施情况分为 3 种类型：Ⅰ—无灭火系统的场所；Ⅱ—设有消防栓系统的场所；Ⅲ—设有消防栓和自动喷水灭火系统的场所。

3. 灭火器均采用手提式灭火器。

5.4 安全疏散设计

5.4.1 安全分区与疏散路线

建筑物发生火灾时，为了避免建筑物内的人员因烟气中毒、火烧和房屋倒塌而受到伤害，必须尽快从失火建筑撤离，同时消防队员也要迅速对起火部位进行火灾扑救。因此，需要完善的安全疏散设施。

安全疏散设计，是建筑设计中最重要的组成部分之一。因此，要根据建筑物的使用性质、人们在火灾事故时的心理状态与行动特点、火灾危险性大小、容纳人数、面积大小合理布置疏散设施，为人员的安全疏散创造有利条件。

5.4.1.1 疏散安全分区

一方面，当建筑物内某一房间发生火灾，并达到轰燃时，沿走廊的门窗会被破坏，导致浓烟、火焰涌向走廊。若走廊的吊顶上或墙壁上未设置有效的阻烟、排烟设施，则烟气就会继续向前室蔓延，进而流向楼梯间。另一方面，发生火灾时，人员的疏散行动路线，也基本上和烟气的流动路线相同，即房间→走廊→前室→楼梯间。因此，烟气的蔓延扩散，将对火灾层人员的安全疏散形成很大的威胁。为了保障人员疏散安全，最好能够使疏散路线上各个空间的防烟、防火性能逐步提高，而楼梯间的安全性达到最高。为了证明疏散路线的安全可靠性，需要把疏散路线上的各个空间划分为不同的区间，称为疏散安全分区，简称安全分区，并依次称为第一安全分区、第二安全分区等。离开火灾房间后先要进入走廊，走廊的安全性就高于火灾房间，故称走廊为第一安全分区；依此类推，前室为第二安全分区，楼梯间为第三安全分区。一般说来，当进入第三安全分区，即疏散楼梯间，就可以认为达到了相对安全的空间。

5.4.1.2 疏散设施的布置与疏散路线

根据火灾事故中疏散人员的心理与行为特征，在进行建筑平面设计，尤其是布置疏散楼梯间时，原则上应使疏散的路线简捷，并能与人们日常生活的活动路线相结合，使人们通过生活了解疏散路线，并尽可能使建筑物内的每一房间都能向两个方向疏散，避免出现袋形走道。

(1) 合理组织疏散路线。综合性高层建筑，应按照不同用途，分别布置疏散路线，以便平时管理，火灾时便于有组织地疏散。如某高层建筑地下一、二层为停车场，地上数层为商场，商场以上若干层为办公用房，再上若干层是旅馆、公寓。为了便于安全使用，有利火灾时紧急疏散，在设计中必须做到车流与人流完全分流，百货商场与其上各层的办公、住宿人流分流。

(2) 在标准层 (或防火分区) 的端部设置。对中心核式建筑，布置环形或双向走道；一字形建筑端部应设疏散楼梯，以便于双向疏散。

(3) 靠近电梯间设置。发生火灾时，人们往往首先考虑熟悉并经常使用的、由电梯组成的疏散路线，靠近电梯间设置疏散楼梯，即可将常用路线和疏散路线结合起来，有利于疏散的快速和安全。如果电梯厅为开敞式，楼梯间应按防烟楼梯间设计，以免电梯井蔓延烟火而切断通向楼梯的道路。

（4）靠近外墙设置。靠近外墙设置有利于采用安全性最大的、带开敞前室的疏散楼梯间形式；同时，也便于自然采光通风和消防队进入高楼灭火救人。

（5）出口保持间距。建筑安全出口应均匀分散布置，也就是说，同一建筑中的出口距离不能太近。太近会使安全出口集中，导致人流疏散不均匀，造成拥挤，甚至伤亡；而且，出口距离太近，还会出现同时被烟火封堵，使人员不能脱离危险区域而造成重大伤亡事故的风险。因此，高层建筑的两个安全出口的间距不应小于 5m。

（6）设置室外疏散楼梯。当建筑设置内楼梯不能满足疏散要求时，可设置室外疏散楼梯，既安全可靠，又可节约室内面积。室外疏散楼梯的优点是不占使用面积，有利于降低建筑造价，又是良好的自然排烟楼梯。

5.4.2 安全疏散时间与距离

5.4.2.1 允许疏散时间

建筑物发生火灾时，人员能够疏散到安全场所的时间叫允许疏散时间。由于建筑物的疏散设施不同，对普通建筑物（包括大型公共建筑）来说，允许疏散时间是指人员离开建筑物，到达室外安全场所的时间；而对于高层建筑来说，是指到达封闭楼梯间、防烟楼梯间、避难层的时间。

影响允许疏散时间的因素很多，主要可从两个方面来分析。一方面是火灾产生的烟气对人的威胁；另一方面是建筑物的耐火性能及其疏散设计情况、疏散设施可否正常运行。

根据国内外火灾统计，火灾时人员的伤亡，大多数是因烟气中毒、高温和缺氧所致。而建筑物中烟气大量扩散与流动以及出现高温和缺氧，是在轰燃之后才加剧的。火灾试验表明，建筑物从着火到出现轰燃的时间大多在 5~8min。

一、二级耐火等级的建筑，一般说来是比较耐火的。但其内部若大量使用可燃、难燃装修材料，如房间、走廊、门厅的吊顶、墙面等采用可燃材料，并铺设可燃地毯等，火灾时不仅着火快，而且还会产生大量有毒气体，影响人员的安全疏散。如某大楼的走廊和门厅采用可燃材料吊顶，火灾时很快烧毁，掉落在走廊地面上，未疏散出的人员不敢通过走廊进行疏散，耽误了疏散时间，以致造成伤亡事故。我国建筑物吊顶的耐火极限一般为15min，它限定了允许疏散时间不能超过这一极限。

但是，由于建筑构件，特别是吊顶的耐火极限，一般都比出现一氧化碳等有毒烟气、高温或严重缺氧的时间晚。所以，在确定允许疏散时间时，首先要考虑火场上烟气中毒问题。产生大量有毒气体和出现高温、缺氧等情况，一般是在轰燃之后，故允许疏散时间应控制在轰燃之前，并适当考虑安全系数。一、二级耐火等级的公共建筑与高层建筑，其允许疏散时间为 5~7min，三、四级耐火等级建筑的允许疏散时间为 2~4min。

考虑影剧院、礼堂的观众厅，容纳人员密度大，安全疏散比较重要，所以允许疏散时间要从严控制。一、二级耐火等级的影剧院允许疏散时间为 2min，三级耐火等级的允许疏散时间为 1.5min。由于体育馆的规模一般比较大，观众厅容纳人数往往是影剧院的几倍到几十倍，火灾时的烟尘下降速度、温度上升速度、可燃装修材料、疏散条件等，也不同于影剧院，疏散时间一般比较长，所以对一、二级耐火等级的体育馆，其允许疏散时间为 3~4min。

工业厂房的疏散时间，依生产的火灾危险性不同而异。考虑到甲类生产的火灾危险性大，燃烧速度快，允许疏散时间应控制在 30s 以内；而乙类生产的火灾危险性较甲类生产要小，燃烧速度比甲类慢，故允许疏散时间可控制在 1min 左右。

5.4.2.2 疏散速度

疏散速度是安全疏散的一个重要指标。它与建筑物的使用功能、使用者的人员构成、照明条件有关，其差别比较大，表 5-15 是群体情况下疏散人员行动能力分类。

表 5-15   疏散人员行动能力的分类

人 员 特 点	群体行动能力			
	平均步行速度/m·s⁻¹		流动系数/人·m⁻¹	
	水平（V）	楼梯（V）	水平（N）	楼梯（N）
仅靠自力难以行动的人：重病人、老人、婴幼儿、弱智者、身体残疾者等	0.8	0.4	1.3	1.1
不熟悉建筑内的通道、出入口等位置的人员：旅馆的客人、商店顾客、通行人员等	1.0	0.5	1.5	1.3
熟悉建筑物内的通道、出入口等位置的健康人：建筑物内的工作人员、职员、保卫人员等	1.2	0.6	1.6	1.4

5.4.2.3 安全疏散距离

安全疏散距离包括两个含义：一是要考虑房间内最远点到房门的疏散距离，二是从房门到疏散楼梯间或外部出口的距离。

A 房间内最远点到房门的距离

当房间面积过大时，可能集中人员过多，要把较多的人群集中在一个宽度很大的安全出口来疏散，实践证明，这是不安全的。因为疏散距离大，疏散时间就长，若超过允许的疏散时间，就是不安全的。

对于人员密集的影剧院、体育馆等，室内最远点到疏散门口距离是通过限制走道之间的座位数和排数来控制的。在布置疏散走道时，横走道之间的座位排数不超过 20 排；纵走道之间的座位数，影剧院、礼堂等每排不超过 26 个，这样就可有效地控制室内最远点到安全出口的距离。

B 从房门到安全出口疏散距离

根据建筑物使用性质、耐火等级情况的不同，对房门到安全出口的疏散距离应提出不同要求，以便各类建筑在发生火灾时，人员疏散有相应的保障。例如，对托儿所、幼儿园、医院等建筑，其内部大部分是孩子和病人，无独立疏散能力，而且疏散速度很慢，所以，这类建筑的疏散距离应尽量短捷。学校的教学楼等，由于房间内的人数较多，疏散时间比较长，所以到安全出口的距离不宜过大。对居住建筑，火灾多发生在夜间，一般发现比较晚，而且建筑内部的人员身体条件不等，老少兼有，疏散比较困难，所以疏散距离也不能太大。此外，对于有大量非固定人员居住、利用的公共建筑，如旅馆等，由于顾客对疏散路线不熟悉，发生火灾时容易引起惊慌，找不到安全出口，往往耽误疏散时间，故从疏散距离上也要区别对待。建筑的疏散距离见表 5-16。应该指出的是，房间内最远点到房门的距离，不应超过表 5-16 中袋形走道两侧（或尽端房间）从房门到外部出口（或楼梯间）的距离。

表 5-16 建筑安全疏散距离

建筑名称	房门至外部出口或封闭楼梯间的最大距离/m					
	位于两个外出口或楼梯间之间的房间			位于袋形走道两侧或尽端的房间		
	耐火等级			耐火等级		
	一、二级	三级	四级	一、二级	三级	四级
托儿所	25	20	—	20	15	
医院、疗养院	35	30	—	20	15	
学校	35	30	—	22	20	—
其他建筑	40	35	25	22	20	15

高层建筑的疏散更困难，人们对于高层建筑火灾的惊慌与恐惧更为严重，因此，疏散距离较一般建筑要求更加严格（表 5-17）。高层建筑的观众厅、展览厅、多功能厅、餐厅、营业厅和阅览室等，其内任意一点至最近的疏散出口的直线距离不宜超过 30m。其他房间最远点不宜超过 15m。

表 5-17 高层建筑安全疏散距离

建筑名称		房间门或住宅户门至最近的外部出口或楼梯间的最大距离/m	
		位于两个安全出口之间的房间	位于袋形走道两侧或尽端的房间
医院	病房部分	24	12
	其他部分	30	15
教学楼、旅馆、展览楼		30	15
其他建筑		40	20

5.4.3 安全出口与疏散楼梯

5.4.3.1 安全出口

A 安全出口的宽度与数量

a 安全出口的宽度

为了满足安全疏散的要求，除了对安全疏散的时间、距离提出要求之外，还对安全出口的宽度提出要求。如果安全出口宽度不足，就会延长疏散时间，造成滞留和拥挤，甚至出现因安全出口宽度不足造成意外伤亡事故。安全出口的宽度是由疏散宽度指标计算出来的。宽度指标是在对允许疏散时间、人体宽度、人流在各种疏散条件下的通行能力等进行调查、实测、统计、研究的基础上建立起来的，它既利于工程技术人员进行工程设计，又利于消防安全部门检查监督。下面简要介绍工程设计中应用的计算安全出口宽度的简捷方法——百人宽度指标。

百人宽度指标可按下式计算：

$$B = \frac{N}{A \cdot t} b$$

式中 B——百人宽度指标，即每 100 人安全疏散需要的最小宽度，m；

$\quad\quad N$——疏散总人数，人；

$\quad\quad t$——允许疏散时间，min；

$\quad\quad A$——单股人流通行能力，平坡时 $A = 43$ 人/min；阶梯地时，$A = 37$ 人/min；

$\quad\quad b$——单股人流的宽度，人流不携带行李时，$b = 0.55$m。

【例 5-1】 试求 $t = 2$min 时（三级耐火等级）的百人宽度指标。已知，平坡地时，$A_1 = 43$ 人/min；阶梯地时，$A_2 = 37$ 人/min。

已知：$N = 100$ 人，$t = 2$min，$A_1 = 43$ 人/min，$A_2 = 37$ 人/min，$b = 0.55$m。

求：平坡地时，$B_1 = ?$ 阶梯地时，$B_2 = ?$

【解】

$$B_1 = \frac{N}{A_1 \cdot t} b = \frac{100}{43 \times 2} \times 0.55 = 0.64\text{m}$$

取 0.65m。

$$B_2 = \frac{N}{A_2 \cdot t} b = \frac{100}{37 \times 2} \times 0.55 = 0.74\text{m}$$

取 0.75m。

答：三级建筑的百人宽度指标，平坡地时为 0.65m，阶梯地时为 0.75m。

决定安全出口宽度的因素很多，如建筑物的耐火等级与层数、使用人数、允许疏散时间、疏散路线是平地还是阶梯等。为了使设计既安全又经济，符合实际使用情况，对上述计算结果做适当调整后，学校、商店、办公楼、候车室等的走道的百人宽度指标见表 5-18，影剧院、礼堂、体育馆的疏散宽指标见表 5-19。

表 5-18 楼梯、门和走道宽度指标 （m/百人）

层　数	耐　火　等　级		
	一、二级	三级	四级
一、二层	0.65	0.75	1.00
三层	0.75	1.00	—
≥四层	1.00	1.25	—

表 5-19 大型公共建筑疏散宽度指标 （m/百人）

疏散部位		影剧院、礼堂		体育馆		
				观众厅座位个数		
		≤2500	≤1200	≤3000~5000	5001~10000	10000~20000
		耐　火　等　级				
		一、二级	三级	一、二级	一、二级	一、二级
门和走道	平坡地面	0.65	0.85	0.43	0.37	0.32
	阶梯地面	0.75	1.00	0.50	0.43	0.37
楼梯		0.75	1.00	0.50	0.43	0.37

底层外门和每层楼梯的总宽度应按该层或该层以上人数最多的一层计算，不供楼上人

员疏散的外门，可按一层的人数计算。电影院、剧院、礼堂等观众厅内疏散走道的宽度按每百人的指标计算，这一宽度基本上是按成年人单股人流行进的宽度考虑的。即

$$B_总 = b_1 + b_2 + \cdots + b_n = \frac{N_总}{100} \times 0.6\text{m}$$

在进行观众厅疏散走道布置时，应注意中间走道的最小宽度不得小于1.1m，约是两股人流的宽度；边走道应尽量宽一些。因为无论正常使用的散场时，还是发生事故时，人员大量拥向两侧的安全出口，所以边走道宽一些，人员的容量就会大一些，通行能力也应得到提高。

高层建筑各层走道、门的宽度应按其通行人数每人不小于1m计算，其首层疏散外门的总宽度应按人数最多的一层每100人不小于1m计算，但外门和走道的最小宽度均不应小于表5-20的规定。并且，疏散楼梯间和防烟前室的门，其最小净宽度不应小于0.9m。

表5-20　高层建筑首层疏散外门和走道净宽 （m）

建筑名称	每个外门的净宽	走道净宽	
		单面布房	双面布房
医院	1.30	1.40	1.50
住宅	1.10	1.20	1.30
其他	1.20	1.30	1.40

b　安全出口的数量

为了保证公共场所的安全，应该有足够数量的安全出口。在正常使用的条件下疏散是比较有秩序进行的；而紧急疏散时，由于人们处于惊慌的心理状态，必然会出现拥挤等许多意想不到的现象，所以平时使用的各种内门、外门、楼梯等，在发生事故时，不一定都能满足安全疏散的要求，这就要求在建筑物中应设置较多的安全出口，保证起火时能够安全疏散。

在建筑设计中，应根据使用要求，结合防火安全的需要布置门、走道和楼梯。一般要求建筑物应有两个或两个以上的安全出口，避免造成严重的人员伤亡。例如，影剧院、礼堂、多用食堂等公共场所，当人员密度很大时，即使有两个出口，往往也是不够的。根据火灾事故统计，通过一个出口的人员过多，常常会发生意外，影响安全疏散。因此对于人员密集的大型公共建筑，如影剧院、礼堂、体育馆等，为了保证安全疏散，要控制每个安全出口的人数，具体做法是：影剧院、礼堂的观众厅每个安全出口的平均疏散人数不应超过250人。当容纳人数超过2000人时，其超过2000人的部分，每个安全出口的平均疏散人数不应超过400人。体育馆每个安全出口的平均疏散人数不宜超过400~700人，当然，规模较小的体育馆采用下限值较为合适，规模较大的采用上限值较合适。

公共建筑和通廊式居住建筑安全出口的数量不应小于两个，但符合下述条件时可设一个：

（1）一个房间的面积不超过60m²，且人数不超过50人时，可设一个门；位于走道尽端的房间（托儿所、幼儿园除外）内，由最远一点到房门口的直线距离不超过14m，且人数不超过80人时，也可设一个向外开启的门，但门的净宽不应小于1.4m。

（2）二、三层的建筑（医院、疗养院、托儿所、幼儿园除外）符合表 5-21 要求时，可设一个疏散楼梯。

表 5-21　设置疏散楼梯的条件

耐火等级	层数	每层最大建筑面积/m²	人　数
一、二级	二、三层	500	第二层和第三层人数之和不超过 100 人
三级	二、三层	200	第二层和第三层人数之和不超过 50 人
四级	二层	200	第二层人数不超过 30 人

（3）单层公共建筑（托儿所、幼儿园除外）如面积不超过 200m²，且人数不超过 50 人时，可设一个直通室外的安全出口。

（4）设有不少于两个疏散楼梯的一、二级耐火等级的公共建筑，如顶层局部升高时，其高出部分的层数不超过两层，每层面积不超过 200m²，人数之和不超过 50 人时，可设一个楼梯，但应另设一个直通平屋面的安全出口。

B　疏散门的构造要求

疏散门应向疏散方向开启，但房间内人数不超过 60 人，且每个门的平均通行人数不超过 30 人时，门的开启方向可以不限。疏散门不应采用转门。

为了便于疏散，人员密集的公共场所观众厅的入场门、太平门等，不应设置门槛，其宽度不应小于 1.4m，靠近门口处不应设置台阶踏步，以防摔倒、伤人。人员密集的公共场所的疏散楼梯、太平门，应在室内设置明显的标志和事故照明。室外疏散通道的净宽不应小于疏散走道总宽度的要求，最小净宽不应小于 3m。

建筑物直通室外的安全出口上方，应设置宽度不小于 1m 的防火挑檐，以防止建筑物上的跌落物伤人，确保火灾时疏散的安全。

5.4.3.2　疏散楼梯

当发生火灾时，普通电梯如未采取有效的防火防烟措施，因供电中断，一般会停止运行。此时，楼梯便成为最主要的垂直疏散设施。它是楼内人员的避难路线，是受伤者或老弱病残人员的救护路线，还可能是消防人员灭火进攻路线，足见其作用之重要。楼梯间防火性能的优劣，疏散能力的大小，直接影响着人员的生命安全与消防队的扑救工作，楼梯间相当于一个大烟囱，如果不加防烟措施，火灾时烟火就会拥入其间，不仅会造成火灾蔓延，增加人员伤亡，还会严重妨碍救火。

A　普通楼梯间

普通楼梯间是多层建筑常用的基本形式。该楼梯的典型特征是，不论它是一跑、两跑、三跑，还是剪刀式，其楼梯与走廊或大厅都敞开在建筑物内。楼梯间很少设门，有时为了管理的方便，也设木门、弹簧门、玻璃门等，但它仍属于普通楼梯间。普通楼梯间在防火上是不安全的，它是烟、火向其他楼层蔓延的主要通道。因多层建筑层数不算很多，疏散较方便，加上这种楼梯直观、易找、使用方便、经济，所以是多层建筑中使用较多的形式。

普通楼梯间楼梯宽度、数量及位置应结合建筑平面，根据规范合理确定。这里应注意：

（1）疏散楼梯最小宽度为 1.1m；不超过六层的单元式住宅中一边设有栏杆的，疏散宽度可不小于 1m。

（2）楼梯首层应设置直接对外的出口，当楼层数不超过 4 层时，可将对外出口设在距离楼梯间不超过 15m 处。楼梯间最好靠外墙，并设通风采光窗。

B　封闭楼梯间

根据目前我国经济技术条件和建筑设计的实际情况，当建筑标准不高，而且层数不多时，也可采用不设前室的封闭楼梯间，即用具有一定耐火能力的墙体和门将楼梯与走廊分隔开，使之具有一定的防烟、防火能力。当发生火灾时，设在封闭的楼梯间外墙上的窗户打开，若外墙面处于高层建筑的负压区，起火层人流进入楼梯间带入的烟气，即可以从窗户排出室外。若封闭楼梯间，设有窗户的外墙面处于高层建筑迎风面时，一旦发生火灾打开窗户，起火层人流进入封闭楼梯间时，从窗户吹进来的风会阻挡欲进入楼梯的烟气，以保障发生火灾情况下的人员安全疏散。

a　封闭楼梯的设计标准

根据《建筑设计防火规范》（GB 50016—2014）的要求，下列建筑可采用封闭楼梯间：

（1）高层建筑中，高度低于 32m 的二类建筑；

（2）10 层及 11 层通廊式住宅，12~18 层的单元式住宅；

（3）与高层建筑主体部分直接相连的附属裙房；

（4）超过 5 层的公共建筑和超过 6 层的塔式住宅。

对于 11 层及 11 层以下的单元式住宅，允许适当放宽楼梯间的要求，可以不设封闭楼梯间，但楼梯间必须靠外墙设置，能直接利用自然采光和通风，同时，开向楼梯间的户门必须是乙级防火门。

b　封闭楼梯间的类型

为了使人员通过更为方便，楼梯间的门平时可处于开启状态，但须有相应的关闭措施。如安装自动关门器，以便起火后能自动或手动关门。此外，如有条件还可把楼梯间适当加长，设置两道防火门形成门斗（因其面积很小，与前室有所区别），这样处理之后可以提高它的防护能力，并给疏散以回旋的余地，封闭楼梯间的基本形式如图 5-6 所示。

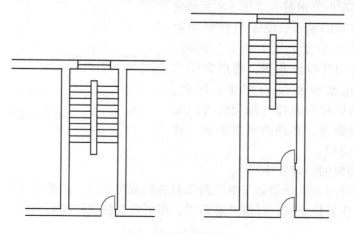

图 5-6　封闭楼梯间

需要指出，封闭楼梯间应靠外墙设置，并设可开启的玻璃窗排烟。此外，设计中为了丰富门厅的空间艺术处理，并使交通流线清晰流畅，常把首层的楼梯间敞开在大厅中。此时，须对整个门厅作扩大的封闭处理，以乙级防火门或防火卷帘等将门厅与其他走道和房间等分隔开，门厅内还宜尽可能采用不燃化内装修。

C　防烟楼梯间

在楼梯间入口之前，设置能阻止火灾时烟气进入的前室，或阳台、凹廊的楼梯间，称为防烟楼梯间。

a　防烟楼梯间的设计标准

在高层建筑中，防烟楼梯间安全度最高。发生火灾时，能够保障所在楼层人员疏散安全，并有效地阻止火灾向起火层以上的其他楼层蔓延；同时也为消防队扑救火灾准备了有利的条件。防烟楼梯间是高层建筑中常用的楼梯形式，根据规范要求，以下几种情况必须设置防烟楼梯间：

（1）一类高层建筑和建筑高度超过 32m 的二类建筑；

（2）高度超过 24m 的高级高层住宅（凡设集中空调系统的为高级住宅，否则为普通住宅，仅设窗式空调器的高层住宅属于后者）；

（3）层数不低于 12 层的通廊式住宅；

（4）层数不低于 19 层的单元式住宅；

（5）高层塔式住宅。

b　带开敞前室的防烟楼梯间

这种类型的特点是以阳台或凹廊作为前室，疏散人员须通过开敞的前室和两道防火门才能进入封闭的楼梯间内。其优点是自然风力能将随人流进的烟气迅速排走，同时，转折的路线也使烟很难袭入楼梯间，无须再设其他的排烟装置。因此，这是安全性最高的和最为经济的一种类型。但是，只有当楼梯间能靠外墙时才有可能采用，故有一定的局限性。

（1）利用阳台作为开敞前室。图 5-7 所示的是以阳台为开敞前室的防烟楼梯间，人流通过阳台才能进入楼梯间，风可将窜到阳台的烟气立即吹走，且不受风向的影响，所以防烟、排烟的效果很好。

（2）利用凹廊做开敞前室。图 5-8 所示是凹廊作为开敞前室的例子。除了自然排烟效果好之外，在平面布置上也有特点，例如，将疏散楼梯与电梯厅配合布置，使经常用的路线和火灾时疏散路线结合起来。同时，图 5-8（b）所示形式的电梯厅如用防火门或防火卷帘做封闭处理，如设防排烟措施，就可作为封闭前室使用。

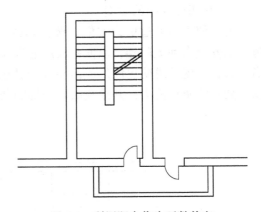

图 5-7　利用阳台作为开敞前室

c　带封闭前室的防烟楼梯间

这种类型的特点是人员须通过封闭的前室和两道防火门，才能到达楼梯间内，与前一种类型相比，其主要优点是，可靠外墙布置，亦可放在建筑物核心筒内部。平面布置十分

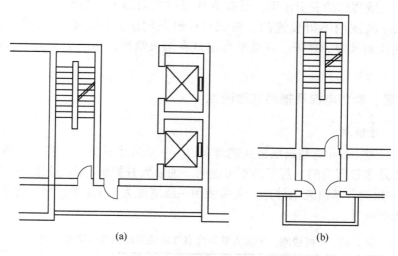

(a)   (b)

图 5-8   凹廊作为开敞前室

灵活，且形式多样；主要缺点是防排烟比较困难，位于内部的前室和楼梯间须设机械防烟设施，设备复杂和经济性差，而且效果不易完全保证，当靠外墙时可利用窗口自然排烟。

d   剪刀楼梯间

剪刀楼梯，又称为叠合楼梯或套梯。它是在同一楼梯间设置一对既相互重叠，又相互隔绝的两座楼梯，剪刀楼梯在每层楼之间的梯段一般为单跑梯段。剪刀楼梯的重要特点是，在同一楼梯间里设置了两座楼梯，形成两条垂直方向的疏散通道。因此，在平面设计中可利用较狭窄的空间，节约使用面积。正因为如此，剪刀楼梯在国内外高层建筑中得到了广泛的应用。

e   室外疏散楼梯

室外疏散楼梯是在建筑外墙上设置简易的、全部开敞的室外楼梯，且常布置在建筑端部，不占室内有效的建筑面积（图 5-9）。它不易受到烟气的威胁，在结构上，可以采取悬挑方式。此外，侵入楼梯处的烟气能迅速被风吹走，不受风向的影响。因此，它的防烟效果和经济性都好。缺点是室外疏散楼梯易造成心理上的高空恐惧感。为此，临空三面的栏板应做成不低于 1.1m 的实体栏板墙，以增加安全感。室外楼梯和每层出口处平台，应采用不燃材料制作，且平台的耐火极限不应低于 1h。室外疏散楼梯的最小宽度不应小于 0.9m，坡度不应大于 45℃。

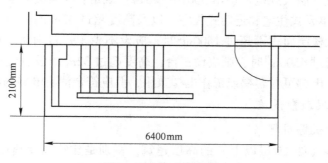

图 5-9   室外疏散楼梯

为了室外疏散楼梯的安全使用，设有室外楼梯的墙面上，与室外梯（包括楼梯平台在内）相距 2m 范围内不得设置门、窗洞口；疏散门应采用乙级防火门，宽度不小于0.9m，且不应正对梯段。这样，一旦平台出口有烟火喷出，也不会对上部疏散人员造成威胁。

5.4.4 避难层、消防电梯及辅助疏散设施

5.4.4.1 避难层

对于高度超过 100m 的超高层公共建筑来说，一旦发生火灾，要将建筑物内的人员全部疏散到地面是非常困难的，甚至是不可能的。加拿大有关研究部门根据测定与测算，提出了表 5-22 的数据，其研究条件是：大楼使用一座宽度为 1.1m 的楼梯，将不同楼层，不同的人数疏散到室外。

表 5-22 不同楼层、不同人数的高层建筑使用楼梯疏散需要的时间　　　　（min）

建筑层数	每层 240 人	每层 120 人	每层 60 人
50	131	66	33
40	105	52	26
30	78	39	20
20	51	25	13
10	38	19	9

我国除 18 层及 18 层以下的塔式高层住宅和单元式高层住宅之外，其他高层建筑每个防火分区的疏散楼梯都不少于两座。因此，与表 5-22 相比，可使疏散时间减少 1/2。但是，当建筑高度在 100m（30 层）以上时，将人员疏散到室外，所需时间仍然超过安全允许时间。对于高度达 300~400m 的综合性超高层建筑，其内部从业及其他人员多达数万人甚至超过 10 万人，要将如此众多人员在安全允许时间内疏散到室外，是绝对不可能的。因此，对于建筑高度超过 100m 的公共建筑，设置暂时避难层（间）是非常必要的。

5.4.4.2 消防电梯

高层建筑发生火灾时，要求消防队员迅速到达高层部分去灭火和援救遇险人员。从楼梯而上要受到疏散人流的阻挡，且通过楼梯登高后体力消耗大，难以有效地进行灭火战斗。

我国《建筑设计防火规范》（GB 50016—2014）规定：一类公共建筑、塔式住宅、12 层及 12 层以上的单元式住宅和走廊式住宅，以及高度超过 32m 的其他二类公共建筑，其高层主体部分最大楼层面积不超过 1500m² 时，应设不少于一台消防电梯；1500~4500m² 时，应设两台，超过 4500m² 时，则应设三台；高度超过 32m 的设有电梯的厂房、库房应设消防电梯。消防电梯可与客梯或工作电梯兼用，但应符合消防电梯的功能要求。

5.4.4.3 辅助疏散设施

A 屋顶直升机停机坪

对于层数较多（如 25 层以上）的高层建筑，特别是建筑高度超过 100m，且标准层面积超过 1000m² 的公共建筑，其屋顶宜设供直升机抢救受困人员的停机坪或供直升机救

助的设施。从避难的角度而言，可以把它看作垂直疏散的辅助设施之一。利用直升机营救被困于屋顶的避难者，消防队员可从天而降，灭火救人。因此，从消防角度来说，它是十分有效的疏散及灭火救援的辅助设施。

B 阳台应急疏散梯

在高层建筑的各层设置专用的疏散阳台，其地面上开设洞口，用附有栏杆的钢梯（又称避难舷梯）连接各层阳台。

采用这种疏散设施时，应以防火门将阳台和走道进行分隔。对阳台所在的墙面、防火门以及阳台、栏杆等的要求与室外疏散楼梯基本相同。这种阳台一般设置在袋形走廊的尽端，也可设于某些疏散条件困难之处，作为辅助性的垂直疏散设施。设置方式是在阳台上开设约 60cm×60cm 的洞口，发生火灾时，人员可打开洞口的盖板，沿靠墙的铁爬梯或悬挂的软梯至下层，再转入其他安全区域疏散到底层。

C 避难桥、避难扶梯、避难袋

（1）避难桥。分别安装在两座高层建筑相距较近的屋顶或外墙窗洞处，将两者联系起来，形成安全疏散的通道。避难桥由梁、桥面板及扶手等组成。

（2）避难扶梯。这种梯子一般安装在建筑物的外墙上，有固定式和半固定式。

（3）避难袋。避难袋可作为一些高层建筑的辅助疏散设施。避难袋的构造共有三层，最外层由玻璃纤维制成，可耐 800℃ 的高温；第二层为弹性制动层，能束缚住下滑的人体和控制下滑速度；最内层张力大而柔软，使人体以舒适的速度向下滑降。

D 缓降器

GZH-10 型高层建筑自救缓降器，是从高层建筑下滑自救的器具，操作简单、下滑平稳。消防队员还可带着一人滑至地面。对于伤员、老人、体弱者或儿童，可由地面人员控制而安全降至地面，也可携带物品下滑或停顿在某一位置上，因此，它又是消防队员在火灾中抢救人员和物资时随身携带的器具。

5.5 特殊建筑场所防灭火设计

5.5.1 地下建筑防灭火设计

5.5.1.1 地下建筑火灾特点

地下建筑是在地下通过开挖、修筑形成的建筑空间，其外部由岩石或土层包围，只有内部空间，无外部空间，不能开设窗户，由于施工困难及建筑造价等原因，与建筑外部相连的通道少，而且宽度、高度等尺寸较小。由此决定了地下建筑发生火灾时的特点。

A 地下建筑火灾升温快

地下建筑与外界连通的出口少，发生火灾后，烟热不能及时排出去，热量集聚，建筑空间温度上升快，可能较早地出现轰燃，使火灾温度很快升高到 800℃ 以上，房间的可燃物会全部烧着，烟气体积急剧膨胀。因通风不足，燃烧不充分，一氧化碳、二氧化碳等有毒有害气体的浓度迅速增加，高温烟气的扩散流动使所到之处的可燃物蔓延燃烧，疏散通道能见度降低，影响人员疏散和消防队员救火。

B　疏散困难

（1）地下建筑由于受到条件限制，出入口较少，疏散步行距离较长，火灾时，人员疏散只能通过出入口，其他辅助疏散渠道少。

（2）火灾时，出入口若没有排烟设备，会成为喷烟口，高温浓烟的扩散方向与人员疏散的方向一致，而且烟的扩散速度比人群疏散速度快得多，远离高温浓烟难，多层地下建筑更难。

（3）地下建筑无自然采光，一旦停电，黑暗、热烟和心理紧张对人员疏散和灭火行动带来很大困难。

（4）地下建筑发生火灾时，会出现严重缺氧，产生大量一氧化碳及其他有害气体，影响受灾人员疏散。

C　扑救困难

消防人员无法直接观察地下建筑起火部位及燃烧情况，这给现场组织指挥灭火造成困难，甚至导致侦察员牺牲。灭火进攻路线少，消防队员接近着火点难；可用的灭火剂少，一般情况下不能使用或不宜使用；通信联络困难，照明条件差。因此，要重视地下建筑的防火设计。

5.5.1.2　地下建筑的防火设计

目前地下商业街、建筑群地下车库，人民防空地下设施改造和平战结合的地下建筑越来越多，做好地下建筑防火设计尤为重要。

A　地下建筑的使用功能和规模

（1）人员密集的公共建筑应设在地下一层。如影剧院、地下游乐场、溜冰场等，以缩短疏散距离，使发生火灾后人员能够迅速疏散出来。日本的大中型城市都有地下街，其消防法规明确规定，地下街只能设在地下一层，埋深超过 5m 时设上行自动扶梯，深度超过 7m 时必须设上下行自动扶梯。在我国超过两层的地下建筑，应设防烟楼梯和送风加压防烟系统和排烟系统，以确保疏散楼梯的安全。

（2）甲、乙类生产和储存物品不应设在地下建筑内。如某地下建筑的相邻地面汽油库漏油，汽油渗到地下建筑中，达到了爆炸极限浓度，电灯开关打火花造成爆炸，而且是连续的爆炸。

B　地下建筑的防火分区设计

每个店铺尽可能形成独立防火分区；若几个店铺划在一个防火分区，则中间人行通道应设计成能够从相邻防火分区进风的形式，火灾时烟和热气就不会从人行道流到相邻防火分区内，还可作为辅助疏散出口、消防队员入口等。可把防火分隔部位的通道设窄一些，设置挡烟垂壁。例如，从分隔走道的防火墙两侧各设一扇折叠式防火门，中间部分用防火卷帘加水幕分隔，防火卷帘平时下放到距地板面 1.8m 高处，使人员能够正常通行，要具有一定的耐火能力，店铺面向人行道路时，宜设防火卷帘，并最好能有水幕保护。

C　地下建筑的防排烟设计

a　地下建筑的防烟分区

地下建筑的防烟分区应与防火分区相同。其面积不应超过 $500m^2$ 且不得跨越防火分区。在地下商业街等大型地下建筑的交叉道口处，两条街道的防烟分区不得混合，如

图 5-10 所示。这样，不仅能提高相互交叉的地下街道的防烟安全性，而且，防烟分区的形状简单，还可以提高排烟效果。

地下建筑的防烟分区大多数用挡烟垂壁形成，一般与感烟探测器联动的排烟设备配合使用。

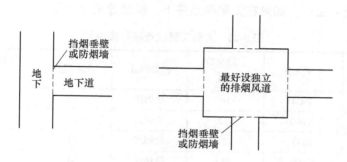

图 5-10 交叉道口处的防烟分区设计

b 排烟口与风道

地下建筑的每个防烟分区均应设置排烟口，其数量不少于 1 个，其位置宜设在吊顶面上或其他排烟效果好的部位。当采用机械排烟时，最好能与挡烟垂壁相互配合，设计为与地下走道垂直、长度与走道宽度相同的排烟口，排烟口的吊顶面比一般吊顶面凹进去一些的排烟效果会更好。地下建筑内的走道与房间的排烟风道要分别独立设置。

c 自然排烟

当排烟口的面积较大，占地下建筑面积的 1/5 以上，而且能够直接通向大气时，可采用自然排烟的方式。但要防止地面风从排烟口倒灌到地下建筑内，出口要高出地表面，同时要做成不受外界风力影响的形状。

为确保安全出口无烟，要在安全出口设置机械排烟。

d 机械排烟

地下建筑机械排烟应采用负压排烟，各个疏散口正压进风，确保楼梯间和主要疏散通道无烟。排烟设施布置在走道和楼梯间及较大的房间。

e 防烟楼梯间

对于埋置较深或多层地下建筑，还必须设防烟楼梯间，并在防烟楼梯间设独立的进、排风系统。

D 地下建筑的安全疏散设计

a 人员密度

地下或半地下人员密集的厅（包括商店营业厅、证券营业厅）、室和歌舞娱乐放映游艺场所，其房间疏散门、安全出口、疏散走道和疏散楼梯的各自总净宽度，按每 100 人不小于 1.00m 计算。

$$人员密度 = \frac{100 人 \times \sum (门宽或安全出口宽或走道宽) \times 各自数量}{空间面积}$$

b 疏散时间

疏散时间由发现火情报警人们做出反应时间、从最远危险点到安全出口的运动时间、通过安全出口的疏散时间来确定。地下建筑疏散时间应控制在 3min 之内。

c　疏散速度

根据表 5-23 中所列的流通能力,阶梯式出口、单股人流宽度按 0.6m 计算,一般可取 20~25 人/(股·min);水平出口和坡道出口的建筑,单股人流宽度按 0.6m 计算,一般可取 40~50 人/(股·min)。如果在无照明条件下,疏散速度会小很多。

表 5-23　人防工程战备疏散流通量

序号	实验地点	参试人数	工事出口总数	出口形式	人流股数	通过时间/min	流通能力/人·min⁻¹
1	某地道	3700	18	阶梯式	单	10	20
2	某干道地道	23000	112	阶梯式	单	10	20
3	某公司地道	1800	8	阶梯式	单	10	22
4	某地道	10000	85	阶梯式	单	6	20~30
5	某公司地道	700	2	斜坡道	单	7	50

注:单股人数按 0.6m 计算。

d　疏散距离与出入口数量

地下建筑必须有足够数量的出入口。我国规定:

(1)一般的地下建筑,必须有两个以上的安全出口,对于较大的地下建筑,有两个或两个以上防火分区且相邻分区之间的防火墙上设有防火门时,每个防火分区可分别设一个直通室外的安全出口,以确保人员的安全疏散。

(2)电影院、礼堂、商场、展览厅、大餐厅、旱冰场、体育场、舞厅、电子游艺场,要设两个及以上直通地面的安全出口。坑道、地道也应设有两个及两个以上的安全出口,万一有一个出口被烟火封住,另有一个出口可供疏散,以保证人员安全脱险。

(3)使用面积不超过 50m² 的地下建筑,且经常停留的人数不超过 15 人时,可设一个直通地上的安全出口。

(4)为避免紧急疏散时人员拥挤或烟火封口,安全出口宜按不同方向分散均匀布置,且安全疏散距离要满足以下要求:

1)房间内最远点到房间门口的距离不能超过 15m;

2)房间门至最近安全出口的距离不应大于表 5-24 的最大距离。

表 5-24　房间门至最近安全出口的最大距离

房间名称	房门口到最安全出口的最大距离/m	
	位于两个安全出口之间的房间	位于袋形走道两侧或尽端的房间
医院	24	12
旅馆	30	15
其他房间	40	20

(5)直接通向地面的门、楼梯和每层走道的总宽度均按每 100 人不小于 1m 计算。电影院、礼堂、商场、大餐厅、展览馆、旱冰场、舞厅、电子游艺场的直通地面出口净宽不

应小于 1.8m，楼梯净宽不应小于 1.5m。

e 疏散标志

为了疏散辨别方向要设置明确的疏散标志，高度以不影响正常通行为原则，如果太高容易被聚集在顶棚上的烟气所阻挡；最好用高强玻璃在地板上设发光型疏散标志，更有利于疏散。

5.5.2 城市交通隧道消防设计

城市交通隧道（以下简称隧道）的防火设计应综合考虑隧道内的交通组成、隧道的用途、自然条件、长度等因素。由于隧道是一个比较封闭的长管形空间，加之汽车携带燃油的特性，使隧道火灾具有烟气量大、火势发展迅速、散热困难、人员疏散困难、火灾扑救难度大、火灾损失大等特点。

5.5.2.1 隧道的分类及耐火极限

A 隧道分类

影响隧道火灾的危险性因素为：隧道长度、危险物资的运输、双向行驶隧道（没有单独分开的双向行车道）、车流量、车载量和机动车故障火灾等。城市单孔和双孔隧道按封闭段长度及交通情况可分为一、二、三、四 4 类，并应符合表 5-25 的规定。其中一类的隧道封闭段长度相对较长，且可通过危险化学品；而四类的隧道封闭段的长度相对较短，且不允许通过危险化学品。

表 5-25 隧道分类

用途	隧道封闭段长度 L/m			
	一类	二类	三类	四类
可通行危险化学品等机动车	$L>1500$	$500<L\leqslant1500$	$L\leqslant500$	—
仅限通行非危险化学品等机动车	$L>3000$	$1500<L\leqslant3000$	$500<L\leqslant1500$	$L\leqslant500$
仅限人行或通行非机动车	—	—	$L>1500$	$L\leqslant1500$

B 各类隧道内承重结构体的耐火极限

含水混凝土在高温作用下结构内部产生高压水蒸气使表层受压，混凝土爆裂；结构荷载压力越大、混凝土含水率越高，爆裂的可能性越大；当混凝土的质量含水率超过 3% 时，爆裂现象必定发生。干燥的混凝土长时间暴露在高温下时，混凝土内各种材料的结合水蒸发，使混凝土失去结合力而爆裂，破坏混凝土拱顶结构，钢筋外露受热变形，导致隧道结构垮塌，影响人员逃生疏散。

隧道内承重结构体须具有一定的耐火极限，一类隧道不应低于 2.0h；二类不应低于 1.5h；三类不应低于 2.0h；四类隧道的耐火极限不限。水底隧道一旦产生结构性破坏，难以修复，因此其顶部应设置抗热冲击、耐高温的防火衬砌，其耐火极限应按相应隧道类别确定。

5.5.2.2 消防给水和灭火设施设置

A   消防给水系统的设置

四类隧道和行人或通行非机动车辆的二类隧道，由于火灾危险性较小或长度较短，即使发生火灾，人员疏散和火灾扑救也比较容易。因此，可不设置消防给水系统。

消防给水系统的设置应符合下列规定：

（1）消防水源。隧道内消防用水尽可能采用城市管网供水，否则应设置消防水池。

（2）消防用水量应按火灾延续时间和隧道全线同一时间内发生一次火灾计算。二类隧道的火灾延续时间不应小于 3.0h；三类隧道不应小于 2.0h。

（3）隧道内宜设置独立的消防给水系统。严寒和寒冷地区的消防给水管道及室外消火栓应采取防冻措施。干管系统给水时，应在管网最高部位设置自动排气阀。管道充水时间不应大于 90s。

（4）隧道内的消火栓用水量不应小于 20L/s。长度小于 1000m 的三类隧道，隧道内的消火栓用水量可为 10L/s。

（5）隧道洞口外的消火栓用水量不应小于 30L/s。长度小于 1000m 的三类隧道，隧道洞口外的消火栓用水量可为 20L/s。

（6）供水压力应保证用水量达到最大时，最不利点水枪充实水柱不应小于 10.0m。

（7）隧道消火栓栓口处的出水压力超过 0.5MPa 时，应设置减压设施。

（8）隧道出入口应设置消防水泵接合器及室外消火栓。

（9）消火栓布置应保证相邻消火栓的水枪充实水柱同时到达其保护范围内的隧道任何部位，如图 5-11 所示。隧道中消火栓的间距不应大于 50m。消火栓的栓口距地面高度宜为 1.1m。

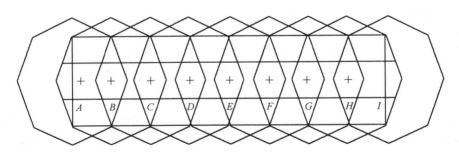

图 5-11   消火栓的布置

（10）设置有消防水泵供水设施的隧道，应在消火栓箱内设置消防水泵启动按钮，以便及时启动消防水泵供水。启动按钮应采取保护措施，一般放置于消火栓箱内，其表面装有玻璃片。

（11）隧道单侧设置室内消火栓（图 5-11），且消防栓箱内应配置 1 支喷嘴口径 19mm 的水枪，1 盘长 25m、直径 65mm 的水带。此外，宜设消防软管卷盘。

B   排水设施的设置

在一、二、三类隧道内应设置排水设施，防止因雨水、渗水、灭火用水的积聚导致可燃液体火灾蔓延，防止由此蔓延到未着火的其他可燃液体或有害液体运输车辆，使灾害扩大，增加疏散与救援困难。排水量除考虑渗水、雨水、隧道清洗等水量外，还应考虑灭火时的消防用水量。

C 灭火器的设置

隧道火灾一般为 A、B 类混合火灾，部分可能因隧道内电器设备、配电线路引起，应配置能扑灭 A、B、C 三类火灾的灭火器。一类隧道的情况比较复杂，且长度与其他类别隧道比差异较大，应从隧道的整体消防安全要求考虑配置灭火器的数量和位置；二类隧道要求隧道两侧设置 A、B、C 三类灭火器，且每个设置点不应少于 4 具；三类隧道要求隧道一侧设置 A、B、C 三类灭火器，且每个设置点不应少于 2 具；四类隧道可参照上述标准配置灭火器。各类隧道内的灭火器设置点的间距不应大于 100m。

5.5.2.3 通风和排烟系统设置

隧道火灾一氧化碳导致的死亡约占总数的 50%，因直接烧伤、爆炸及其他有毒气体引起的约占 50%。为了确保在火灾发生后能及时排除烟雾或有效控制烟雾的蔓延。为司乘人员的撤离提供一定的新风和良好的能见度，同时为消防救援工作创造适宜的条件，必须合理设置通风和排烟系统。

隧道通风主要有自然、横向、半横向和纵向通风 4 种方式。短隧道可以利用隧道内的"活塞风"采取纵向通风，长隧道则需采用横向和半横向通风。对于隧道通风设计，一般需要针对特定隧道的特性参数（如长度、横截面、分级、主导风、交通流向与流量、货物类型、设定火灾参数等）通过工程分析方法进行设计，并由多种场模型或区域模型对隧道内的烟气运动进行计算模拟，FASIT、JASMIN 等。隧道排烟方式分为自然排烟和机械排烟，通行机动车的一、二、三类隧道应设置机械排烟系统，而通行机动车的四类隧道可采取自然排烟方式。

在通常情况下，机械排烟系统可与隧道的通风系统合用，但要求其符合相关的规定：

（1）采用全横向和半横向通风方式时，可通过排风管道排烟；采用纵向通风方式时，应能迅速组织气流有效地排烟。

（2）采用纵向通风方式的隧道，其排烟风速应根据隧道内的最不利火灾规模确定。

（3）隧道内的通风系统在火灾中要起到排烟的作用，其通风管道和排烟设备必须具备一定的耐火性能。即排烟风机在 250℃ 环境条件下连续正常运行不小于 1.0h。排烟管道的耐火极限不小于 1.0h。

5.5.2.4 隧道火灾避难所的安全设置

在隧道内设置的火灾避难设施主要是指设置独立的火灾避难场所，它不仅可为逃生人员提供保护，还可用于消防队员暂时躲避烟雾和热气。避难场所除了本身的结构要有一定的耐火性能外，还必须设置能满足人员避难需要的辅助设施。因此，隧道火灾避难设施内应设置独立的机械加压送风系统，其送风的余压值应为 30~50Pa，以阻止烟气入侵，并为避难人员的呼吸需要提供室外新鲜空气。

5.5.2.5 火灾自动报警系统设置

为了早期发现火灾，及早通知隧道内外的人员与车辆采取疏散和救援行动，尽可能在火灾初期将其扑灭，要求设置合适的火灾报警系统。

A 报警信号装置的设置

当隧道内发生火灾时，隧道外行驶的车辆通常还按正常速度行驶，对隧道内的事故情况处于不知情的状态，因此，在隧道入口外 100~150m 处，应设置火灾事故发生后提示车辆禁入隧道的报警信号装置。

B 火灾自动报警系统的设置

应根据隧道类别设置火灾报警装置，并至少应具备手动或自动火灾报警功能。对于长隧道则还应具备报警联络电话、声光显示报警功能。选择火灾报警装置时，还要充分考虑隧道内环境差异较大、条件恶劣等不利因素。

（1）一、二类通行机动车辆的隧道应设置火灾自动报警系统，其设置应符合下列规定：

1）应设置自动火灾探测装置。

2）隧道出入口以及隧道内每隔 100~150m 处，应设置报警电话和报警按钮。

3）隧道封闭段长度超过 1000m 时，应设置消防控制中心。

4）应设置火灾应急广播。未设置火灾应急广播的隧道，每隔 100~150m 处，应设置发光警报装置。

（2）通行机动车辆的三类隧道宜设置火灾自动报警系统。

（3）隧道内的重要设备与电缆通道，通常情况下无人值守，发生火灾后人员较难及时发现。为了早期发现火灾，并采取合理的疏散及救援行动。要求设置火灾自动报警装置。

C 无线通信设施的设置

隧道内一般均具有一定的电磁屏蔽效应，可能导致通信中断或无法进行无线联络。为保障灭火救援通信联络畅通，应在可能产生屏蔽的隧道内采取措施，将城市地面消防无线通信电波延伸至隧道内，当发生灾害时可通过无线通信系统进行指挥与协调。

5.5.2.6 供电及其他消防设置

A 各类隧道的消防用电要求

隧道火灾一般延续时间较长，且火场环境条件恶劣、温度高，因此，对其消防供电要求应较一般工业与建筑高一些。一、二类隧道的消防用电应按一级负荷要求供电；三类隧道的消防用电应按二级负荷要求供电。

B 隧道内消防应急照明灯具或疏散指示标志的设置

隧道失火后，火场烟雾弥漫，人们往往难以辨认疏散位置及方向。因此，有必要在隧道两侧增设能保持视觉连续的应急照明灯具和明显的发光疏散指示标志，其高度不宜大于1.5m，以能够帮助人们顺利疏散。

隧道火灾的延续时间较长。消防应急照明灯具及疏散指示标志，应该保证有足够的连续的供电时间。因此要求一、二类隧道内消防应急照明灯具和疏散指示标志的连续供电时间不应小于 3.0h；三类隧道不应小于 1.5h。

C 隧道内其他消防设置

（1）为了有效地控制隧道内的灾害源，降低其火灾风险，并防止隧道火灾时高压线路、燃气管线等加剧火灾的发展，影响安全疏散与抢险救援等，因此，隧道内严禁设置高压电线电缆和可燃气体管道。

（2）为了防止电缆线槽与其相邻的管道相互影响，加剧火灾的发展，从而影响安全疏散与抢险救援，隧道内电缆线槽应与其他管道分开埋设。

（3）隧道内的环境因隧道位置、隧道形式及地区条件而差异较大。隧道内设置的相关消防设施必须能耐受隧道内小环境的影响，防止发生霉变、腐蚀、短路、变质等现象，确保设施有效。

（4）隧道内空间易使人缺乏方向感，特别是在火灾条件下，人们的逃生欲望和心理与周围的恶劣环境形成强烈的反差，为保证人员顺利安全疏散，必须设置发光消防疏散指示标志。

6 化工厂防灭火设计

6.1 化工厂的燃爆危险

6.1.1 化学物质的燃爆危险

6.1.1.1 化学物质的燃爆危险机理

化学物质的燃爆危险主要是由化学物质本身具有的化学活性和混合危险性决定的。

（1）化学活性。化学物质的化学活性是指化合物具有的化学反应能力及释放反应能量的性质。化学反应能力很强，可以释放出大量反应能量（如反应热、分解热、燃烧热等形式的能量）的化合物称为活性化学品。活性化学品的主要危险是分解（或燃烧）反应，如果释放出的热量不能及时移除，就会造成热量积聚，从而引起火灾和爆炸。

（2）混合危险。一种物质与另一种物质接触时会发生激烈反应，甚至发火或产生危险性气体。这些物质称为混合危险物质。这些物质的配伍称为危险配伍，或不相容配伍。

6.1.1.2 可燃气体、可燃蒸气、可燃粉尘的燃爆危险性

可燃气体、可燃蒸气或可燃粉尘与空气组成的混合物，当遇点火源时极易发生燃烧爆炸，但并非在任何混合比例下都能发生，而是有其固定的浓度范围，在此浓度范围内，浓度不同，放热量不同，火焰蔓延速度（即燃烧速度）也不相同。在混合气体中，所含可燃气体达到化学计量浓度时，发热量最大；稍高于化学计量浓度时，火焰蔓延速度最快，燃烧最剧烈。可燃物浓度增加或减少，发热量都要减少，蔓延速度降低。当浓度低于某一最低浓度或高于某一最高浓度时，火焰便不能蔓延，燃烧也就不能进行。

另外，某些气体即使在没有空气或氧存在时，同样可以发生爆炸。如乙炔即使在没有氧的情况下，若被压缩到 2.0265×10^5 Pa（2个大气压）以上，遇到火星也能引起爆炸。这种爆炸是由物质的分解引起的，称为分解爆炸。乙炔发生分解爆炸时所需的外界能量随压力的升高而降低。实验证明，若压力在1.5MPa以上，乙炔仅需很少能量甚至无需能量也会发生爆炸，表明高压下的乙炔是非常危险的。其他一些分解反应为放热反应的气体，也有同样性质，如乙烯、环氧乙烷、丙烯、联氨、一氧化氮、二氧化氮、二氧化氯等。

6.1.1.3 可燃液体的燃烧危险性

易（可）燃液体在火源或热源的作用下，先蒸发成蒸气，然后蒸气氧化分解并进行燃烧。开始时燃烧速度较慢，火焰也不高，因为这时的液面温度低，蒸发速度慢，蒸气量较少。随着燃烧时间延长，火焰向液体表面传热，使表面温度上升，蒸发速度和火焰温度则同时增加，这时液体就会达到沸腾的程度，使火焰显著增高。如果不能隔断空气，易

（可）燃液体就可能完全烧尽。

6.1.1.4 可燃固体的燃烧危险性

固体燃烧分两种情况：对于硫、磷等低熔点简单物质，受热时首先熔化，继而蒸发变为蒸气进行燃烧，无分解过程，容易着火；对于复杂物质，受热时首先分解为物质的组成部分，生成气态和液态产物，然后气态和液态产物的蒸气再发生氧化而燃烧。

某些固态化学物质一旦点燃将迅速燃烧，例如镁，一旦燃烧将很难熄灭；某些固体对摩擦、撞击特别敏感，如爆炸品、有机过氧化物，当受外来撞击或摩擦时，很容易引起燃烧爆炸，故对该类物品进行操作时，要轻拿轻放，切忌摔、碰、拖、拉、抛、掷等；某些固态物质在常温或稍高温度下即能发生自燃，如黄磷若露置空气中可很快燃烧，因此生产、运输、储存等环节要加强对该类物品的管理，这对减少火灾事故的发生具有重要意义。

6.1.2 电气的燃爆危险

电能是利用最便利、最广泛和最具有使用价值的能源。在化工企业中，从动力到照明、从控制到信号、从仪表到计算机，无不使用电能。然而由于设计、安装、使用、管理不当，电气设备与设施也易导致各类火灾和爆炸事故的发生，影响企业的安全生产。因此，了解和掌握电气设备防火防爆知识，控制电气火灾形成的条件，对于防止火灾和爆炸事故发生具有重要的意义。

电气火灾一般是指由于电气线路、用电设备、器具以及供配电设备发生故障释放的热能（如高温、电弧、电火花）以及非故障件释放的热能（如电热器具的炽热表面），在具备燃烧条件下引燃本体或其他可燃物而造成的火灾，也包括由雷电和静电引起的火灾。

电气火灾一般是由电气线路、电气设备运行时的短路、过载、接触不良、漏电以及蓄电、静电等原因产生的高温、电弧、电火花引起的。

（1）接触电阻过大。接触电阻过大是指导线与导线、导线与电气设备的连接处，由于接触不良，使接触部位的局部电阻过大的现象。当电流通过时，在接触电阻过大的部位，就会吸收很大的电能，产生极大的热量，从而使绝缘层损坏以致燃烧，使金属导线变色甚至熔化，严重时可引起附近的可燃物着火而造成火灾。

（2）雷电和静电形成的点火源。大自然的雷电产生的电效应、热效应、机械效应和电磁感应及生产过程中的静电放电火花，也常常是石油化工企业发生火灾和爆炸事故的根源之一。

除上面介绍的几个原因外，电力线路或电气设备设计、安装或运行维护不当，工作人员由于思想麻痹而忘记切断电源等导致的火灾和爆炸事故，也屡见不鲜。

从电气火灾形成的规律上看，电气火灾多发生在夏、冬两季，且节假日或夜间发生重大电气火灾事故较多。台风暴雨、山洪暴发、地震等引起房屋倒塌，使带电的设备出现断线、短路等情况时也易导致火灾事故发生。

电气火灾的发生通常具有以下特点：

（1）季节性。夏、冬两季是电气火灾的高发期。夏季多雨，气候变化大，雷电活动频繁，易引起室外线路断线、短路等故障而引发火灾。另外，由于夏季气温高，运行设备的散热条件差（尤其是室内设备，如开关控制柜、变压器、高低压电容器以及电线、电缆等），如果周围环境温度过高，电气设备散热不良而发热，若发现不及时，设备绝缘就可能破坏而引发火灾。冬季气候干燥，多风有雪，也易引起外线断线和短路等故障而引发火灾。冬季气温较低，电力取暖的情况增多，电力负荷过大，容易发生过负荷火灾。具体到取暖电器设备本身，也会因为使用不当，电热元件接近易燃品，取暖电器质量问题，或电源线、控制元件过负荷等引发火灾。

（2）时间性。对于电气火灾，防患于未然特别重要。例如一些重要配电场所，除应设置完备的保护系统外，值班人员定期巡检，依靠听、闻、看等往往能及时发现火灾隐患。在节假日或夜班时间，值班人员紧缺或个别值班人员疏忽大意、抱有侥幸心理，使规定的巡检和操作制度不能正常执行，电气火灾也往往在此时发生。

（3）隐蔽性。电气火灾开始时可能是很小的元件或短路点高温异常，发展过程也可能较长，往往不易被察觉，而一旦着火，引起相邻元件、整个电控设备单元短路着火，便会很快发展成整个供电场所的火灾。另外，在供电场所，离不开绝缘介质，绝缘介质着火后，又会产生刺激性有毒气体并悄然弥漫，它不像明火那样容易引起人们警觉，导致很多电气火灾现场人员都是因窒息而死亡的。

此外，电气火灾还具有突发性、快延性、导电性和扑救难度较大等特点。

6.1.3 生产场所火灾危险性分类

生产场所火灾危险性分类，是依据生产场所危险物质的种类、燃烧爆炸性质以及工艺加工过程的危险性来进行的，主要是为工厂危险场所进行安全设计提供基础资料，同时也为危险因素分析提供依据。

生产场所的火灾危险性与可燃物质的燃烧性密切相关，确切地说是由可燃物质的火灾危险性决定的。根据反映可燃物质火灾危险特性的参数，即爆炸极限、闪点和蒸气压，可将可燃气体分为甲、乙两类，将液化烃、可燃液体分为甲、乙、丙三类，每一类又分为 A 和 B 两小类。具体分类见表 6-1 和表 6-2。

表 6-1　可燃气体的火灾危险性分类

类别	可燃气体与空气混合物的爆炸下限	类别	可燃气体与空气混合物的爆炸下限
甲	$\varphi < 10\%$	乙	$\varphi \geqslant 10\%$

表 6-2　液化烃、可燃液体的火灾危险性分类

类　别		名称	特　征
甲	A	液化烃	15℃时的蒸气压力>0.1MPa 的烃类液体及其他类似的液体
	B		甲 A 类以外，闪点<28℃
乙	A	可燃液体	28℃≤闪点≤45℃
	B		45℃<闪点<60℃
丙	A		60℃<闪点<120℃
	B		闪点>120℃

在我国《建筑设计防火规范》中，按照物质及操作危险性的大小，把生产的火灾危险性分为甲、乙、丙、丁、戊 5 大类，见表 6-3。

表 6-3　生产的火灾危险性分类

生产类别	火灾危险性
甲类	使用或产生下列物质的生产： 1. 闪点<28℃的液体； 2. 爆炸下限<10%的气体； 3. 常温下能自行分解或在空气中氧化即可导致迅速自燃或爆炸的物质； 4. 常温下受到水或空气中水蒸气的作用，能产生可燃气体并引起燃烧或爆炸的物质； 5. 遇酸、受热、撞击、摩擦、催化以及遇有机物或硫黄等易燃的无机物，极易引起燃烧或爆炸的强氧化剂； 6. 受撞击、摩擦或氧化剂、有机物接触时能引起燃烧或爆炸的物质； 7. 在密闭设备内操作温度等于或超过物质本身自燃点的生产
乙类	使用或产生下列物质的生产： 1. 闪点≥28℃至<60℃的液体； 2. 爆炸下限≥10%的气体； 3. 不属于甲类的氧化剂； 4. 不属于甲类的化学易燃危险固体； 5. 助燃气体； 6. 能与空气形成爆炸混合物的浮游状态的粉尘、纤维、闪点≥60℃的液体雾滴
丙类	使用或产生下列物质的生产： 1. 闪点≥60℃的液体； 2. 可燃固体
丁类	具有下列情况的生产： 1. 对非燃烧物质进行加工，并在高热或熔化状态下经常产生强辐射热、火花或火焰的生产； 2. 利用气体、液体、固体作为燃料或将气体、液体进行燃烧作为他用的各种生产； 3. 常温下使用或加工难燃烧物质的生产
戊类	常温下使用或加工非燃烧物质的生产

　　在生产过程中，如使用或产生易燃、可燃物质的量较少，不足以构成爆炸或火灾危险时，可以按实际情况确定其火灾危险性的类别。一座厂房内或防火分区内有不同性质的生产时，其分类应按火灾危险性较大的部分确定，但火灾危险性大的部分占本层或本防火分区面积的比例小于5%（丁、戊类生产厂房的油漆工段小于10%），且发生事故时不足以蔓延到其他部位，或采取防火措施能防止火灾蔓延时，可按火灾危险性较小的部分确定。

　　丁、戊类生产厂房的油漆工段，当采用封闭喷漆工艺，封闭喷漆空间内保持负压且油漆工段设置可燃气体浓度报警系统或自动抑爆系统时，油漆工段占其所在防火分区面积的比例不应超过20%。

　　在仓储条件下，仓库建筑物的火灾危险性也同样与内存物质的火灾危险性相关，与生产场所相似。储存物品的火灾危险性分类见表6-4。

表6-4 储存物品的火灾危险性分类

类别	火灾危险性
甲类	1. 闪点<28℃的液体； 2. 爆炸下限<10%的气体，以及受到水或空气中水蒸气的作用，能产生爆炸极限<10%气体的固体物质； 3. 常温下能自行分解或在空气中氧化即可导致迅速自燃或爆炸的物质； 4. 常温下受到水或空气中水蒸气的作用，能产生可燃气体并引起燃烧或爆炸的物质； 5. 遇酸、受热、撞击、摩擦、催化以及遇有机物或硫黄等易燃的无机物，极易引起燃烧或爆炸的强氧化剂； 6. 受撞击、摩擦或氧化剂、有机物接触时能引起燃烧或爆炸的物质
丙类	1. 闪点≥28℃至<60℃的液体； 2. 爆炸下限≥10%的气体； 3. 不属于甲类的氧化剂； 4. 不属于甲类的化学易燃危险固体； 5. 助燃气体； 6. 常温下与空气接触能缓慢氧化，积热不散引起自燃的物品
乙类	1. 闪点≥60℃的液体 2. 可燃固体
丁类	难燃烧固体
戊类	非燃烧固体

6.2　化工厂建筑防灭火设计

防灭火设计主要指厂址选择、总平面布置、各装置及设施的安全防火距离及厂房结构等方面的设计。

6.2.1　厂址选择

厂址选择需要考虑多方面的因素，是一项政策性、技术性都很强的工作。正确选择厂址也是保证安全生产的前提。厂址选择要根据国民经济建设计划和工业布局的要求，按经批准的设计任务书在指定的某一地理区域里进行选址。在某一地理区域里又要根据城市规划的要求，实地勘察调查进行综合分析。根据获得的地质、自然气候和经济等资料，诸如工程地质条件的优劣，风雨雷雪以及地震等自然灾害可能产生威胁的程度，原料燃料供应、厂际协作、水电交通等方面的资料，进行多方案的技术经济和安全性的比较，择优决策。而在安全方面，则应重点考虑以下几条原则：

（1）要有良好的工程地质条件，避开断层、塌方、洪水地域。厂址不应设在流沙淤泥、土崩、断层、滑坡、溶洞暗流、山谷风及山洪侵袭地区，且要求地基承载力不小于$1kg/cm^2$。地震烈度反映了一个地区可能发生的地震对地面建筑的破坏程度，在厂房、设施的抗震设计中，所在地区的地震烈度参数是最基本的设计依据之一。

（2）气象条件。尽量避免台风、雷击频发地。石油化工企业的生产区宜位于邻近城镇或居住区、全年最小频率风向的上风侧，这样布置的目的是在发生事故时，易燃或有毒的气体及蒸气被风刮向人口密集区的概率最小。厂址布置应在厂外重要火源的下风侧，使工厂泄漏的可燃气体飘向点火源的概率小。同样，把工厂设置在毒性及可燃物质集中地的上风侧，也可使工厂以最大的可能性避免其危害。在山区或丘陵地区，石油化工企业的生产区应避免布置在窝风地带。窝风地带受大气流动影响小，一旦发生泄漏，危险气体不易散发出去。

（3）用水方便、有利交通。工厂靠近水源时，要防止易燃液体、有毒物质污染水源，应设在江河的下游。石油化工企业的生产区沿江河岸布置时，宜位于邻近江河的城镇、重要桥梁、大型锚地、船厂等重要建筑物或构筑物的下游。液化烃或可燃液体的罐区邻近江河、海岸布置时，应采取防止泄漏的可燃液体流入水域的措施。

（4）无公路和电力线路穿越厂区。公路和地区架空电力线路，严禁穿越生产区。公路上行驶的车辆常常是产生明火的火源；架空电力线路在故障和特殊天气情况下产生的火花也是危险源。同时，工厂发生火灾、爆炸、有毒气体泄漏等事故时，也会对公路和架空电力线路造成威胁，一旦受损则事故的间接经济损失很大。

（5）有利防洪。区域排洪沟不宜通过厂区。在降水量较大时候，如排洪沟不能顺畅排水，可能淹没工厂，造成更大的事故。在山区和丘陵地区的雨季更应注意防止突发洪水的袭击。

（6）安全距离。实际上，风向是人所不能控制的，万一发生事故，当时的风向也难以预料。为了避免相互的影响，设置必要的安全距离是最有效的防范事故的方法。石油化工企业与相邻工厂或设施的最小防火间距见表6-5。

表6-5　石油化工企业与相邻工厂或设施的防火间距　　　　　　　　　（m）

相邻工厂或设施	甲、乙类工艺装置或设施	液化烃罐组	可能携带可燃液体的高架火炬
	防火间距		
居住区、公共福利设施、村庄	100	120	120
相邻工厂（围墙）	50	120	120
国家铁路线（中心线）	45	55	80
厂外企业铁路线（中心线）	35	45	80

6.2.2　总平面布置

厂区总平面布置，应从全面出发合理布局，正确处理生产与安全、局部与整体、近期和远期的关系。总平面布置应符合防火、防爆基本要求，满足设计规范及标准的规定。合理布置交通运输道路、管线及绿化环境。合理考虑发展、改建和扩建的要求。

6.2.2.1　总体平面布置的基本原则

在厂址确定之后，就应该根据具体情况，在划定的工厂用地范围内，依据相关的设计规范规定，有计划地、合理地进行建筑物、构筑物及其他工程设施的平面布置，以及物料运输线路的布置、管线综合布置、绿化布置和环境保护措施的布置等。从生产安全角度考虑，在总平面布置中应遵循以下的基本原则：

（1）统筹考虑工厂总体布置，既要考虑生产、安全、适用、先进、经济合理和美观等因素，又要兼顾生产与安全、局部与整体、重点和一般、近期与远期的关系。

（2）充分体现预防为主的方针，工厂总体平面布置不仅要符合防火、防爆的基本要求，还要有疏散和灭火的设施。

（3）按照相关设计规范、规定和标准中有关安全、防火、卫生等的要求，合理布置建构筑物的间距、朝向及方位。

（4）合理布置物流输送和管网线路。

（5）在条件允许的前提下，要合理考虑企业发展和改建、扩建的要求，否则安全距离难以保证。

6.2.2.2 总体平面布置的基本要求

（1）工厂总平面布置，应根据工厂的生产流程及各组成部分的生产特点和火灾危险性，结合地形、风向等条件，按功能分区集中布置。

（2）可能散发可燃气体的工艺装置、罐组、装卸区或全厂性污水处理场等设施，宜布置在人员集中场所及明火或散发火花地点的全年最小频率风向的上风侧，这样泄漏的气体扩散到火源处的概率最小；在山区或丘陵地区，应避免布置在窝风地带，否则不利于可燃气体扩散。

（3）液化烃罐组或可燃液体罐组，不应毗邻布置在高于工艺装置、全厂性重要设施或人员集中场所的阶梯上，防止液体流淌到这些场所。如果受条件限制或有工艺要求时，可燃液体原料储罐可毗邻布置在高于工艺装置的阶梯上，但应采取相应措施。

（4）当厂区采用阶梯式布置时，阶梯间应有防止泄漏的可燃液体漫流的措施。

（5）为防止洪水冲毁，液化烃罐组或可燃液体罐组不宜紧靠排洪沟布置。

（6）空气分离装置，应布置在空气清洁地段并位于散发乙炔、其他烃类气体、粉尘等场所的全年最小频率风向的下风侧，尽量减少吸入气体中可燃气体含量，防止液化的可燃气体的积累，因其与高浓度氧气接触时，易发生爆炸。

（7）全厂性的高架火炬，宜位于生产区全年最小频率风向的上风侧。

（8）汽车装卸站、液化烃灌装站、甲类物品仓库等机动车辆频繁进出的设施，应布置在厂区边缘或厂区外，并宜设围墙独立成区。

（9）采用架空电力线路进出厂区的总变配电所，应布置在厂区边缘。

（10）生产区不应种植含油脂较多的树木，宜选择含水分较多的树种；工艺装置或可燃气体、液化烃、可燃液体的罐组与周围消防车道之间，不宜种植绿篱或茂密的灌木丛；在可燃液体罐组防火堤内，可种植生长高度不超过15cm、含水分多的四季常青的草皮；液化烃罐组防火堤内严禁绿化；厂区的绿化不应妨碍消防操作。

6.2.2.3 分区布置规划应注意的问题

按使用功能，合理分区布置。根据工厂各组成部分的性质、运输联系及防火防爆要求，分成若干组块，一般可分成五大部分：

（1）生产车间及生产工艺装置区；

（2）原料及成品储放区（含储罐区、气柜等）；

（3）公用工程及辅助设施区；

（4）工厂管理区；

（5）生活区。

其中应该注意的问题主要有：

（1）生产车间及生产工艺装置区应充分满足工艺流程和设备运转的要求。根据工艺流程的流向和运转的顺序规划机器设备的位置，以不交叉为原则，按照从原料投入到中间制品，再到成品的顺序进行布置规划；对有化工过程的工艺，通有易燃易爆物质的输送管道或生产设备装置，要考虑防爆泄压的要求；装置内明火加热炉宜布置在装置的边缘，且位于可燃性流体设备的全年最小频率风向的下风侧；为防止灾害扩大和保证安全操作，装置设备之间应留有有效的空地；应与居民区、公路、铁路等保持一定的安全距离；工艺装置成阶梯状布置时，阶梯间应有截流措施。

（2）原料及成品储放区，在配置规划时应注意避免各种装置之间的原料、中间产品和制成品之间的交叉运输，且应规划成最短的运输路线；对化工原料和产品，要注意其燃烧、爆炸和毒害的危险性；成品库、灌装站不得规划在通过生产区、罐区等一类的危险地带；可燃气体或液体的罐区，不应设在排洪沟上游，或高于相邻工艺装置及人员集中场所，必须布置时，应采取防流散的有效措施。

（3）辅助及公用工程区，在配置时离生产区和罐区要保持一定的安全距离。在遇有紧急情况时，不致受到影响发生故障而被迫停工；对于锅炉设备、总配变电所等，因有成为引火源的危险，所以要设置在处理可燃流体设备的上风向。

（4）工厂管理区及生活区，布置时不要通过危险区，应坐落在厂前区靠正门的地方，最好设在厂外。

（5）其他。为防止可燃有毒气体的弥漫，并迅速排除，厂区的长轴与主导风向最好垂直或不小于45°交角，可利用穿堂风，加速气流扩散。

6.2.2.4 厂内交通路线的规划

工厂交通路线的设置应结合生产，根据生产作业线和工艺流程的要求合理组织流线、流量，使厂内外运输经常保持畅通，合理分散人流和物流。

工厂道路出入口至少应设两处，且设于不同方位。厂内不同区块，至少应有两个不同方向接近道路。

厂内道路应尽可能做环形布置，道路的宽度原则上应能使两辆汽车对开错车。

工厂、仓库应设消防车道。即除可作为消防车道的环形交通道路外，当厂房、库房或可燃物等堆场两侧无道路时，应沿其两侧全长设宽度不小于6m的平坦空地。对消防车道的宽度要求不小于3.5m，在道路上空若遇有管架、栈桥等，其净空应不低于5m。消防车道宜避免与铁道平交，如必须平交，应设置备用车道；尽头式车道应设回车道或面积不小于12m×12m的回车空地。

6.2.3 工艺装置间的安全距离

在化工企业平面设计中，工艺装置之间设置足够的防火间距，其目的是在一套装置发生火灾时，不会使火灾蔓延到相邻的装置，限制火灾的范围，避免扩大灾害损失。

在工厂，习惯上把安全距离称为防火间距，防火间距是指建筑物或构筑物之间空出的最小水平距离。在防火间距之内，不得再搭建任何建筑物和堆放大量可燃易燃材料，不得设置任何储有可燃物料的装置及设施。根据设计规范，防火间距的计算方法，一般是从两座建筑物或构筑物的外墙（壁）最突出的部分算起。

发生火灾时，在剧烈的燃烧或爆炸过程中，高温的火焰辐射热将加热邻近装置及设施，使其承受高温，甚至被点燃；喷射或飞散出来的燃烧着的物体、液体、火星，以及流淌的着火液体都能点燃邻近的易燃液体或可燃气体；发生事故时，高温辐射热和浓烟会阻碍灭火和人员疏散。所以这些都需要设置足够的防火间距来缓冲与防范。安全距离越大越利于阻止火灾事故蔓延，但在保证安全的前提下，还要考虑节省土地，因此不能无限地增大。

防火间距的另一个重要作用是为消防灭火活动提供场所，使消防设施免受危害，使消防车辆能够通行。

辐射热是确定防火间距大小时的主要考虑因素，同时还要考虑生产过程的火灾危险性大小，以及物料和构筑物的特点。我国现行的防火规范对各种不同的装置、设施、建筑物等的防火间距均有明确规定。

（1）进行总平面布置时，应考虑并确定以下各类防火间距：

1）石油化工企业同居住区、邻近工厂、交通线路等的防火间距。

2）石油化工企业总平面布置的防火间距。

3）石油化工工艺生产装置内设备、建筑物、构筑物之间的防火间距。

4）屋外变、配电站与建筑物的防火间距。

5）汽车加油站与建筑物、铁路、道路的防火间距。

6）甲类物品库与建筑物的防火间距。

7）易燃、可燃液体的储罐、堆场与建筑物的防火间距。

8）易燃、可燃液体储罐之间的防火间距。

9）易燃、可燃液体储罐与泵房、装卸设备的防火间距。

10）卧式可燃气体储罐间或储罐与建筑物、堆场的防火间距。

11）卧式氧气储罐与建筑物、堆场的防火间距。

12）液化石油气储罐间或储罐区与建筑物、堆场的防火间距。

13）露天、半露天堆场与建筑物的防火间距。

14）空分车间吸风口的防火间距。

15）乙炔站、氧气站、煤气发生站与建筑物、构筑物的防火间距。

16）堆场、储罐、库房与铁路、道路的防火间距。

（2）装置及设施的平面布置时，应考虑并确定安全距离：

1）应将生产装置分区安排，火灾危险较大的厂房应布置在主导风向的下风侧和装置边沿区；易燃液体的储存地点应设在较低地区；工艺生产装置内的设备应露天布置，或布置在敞开（半敞开）的建（构）筑物内；明火设备应远离有可能逸出可燃气体（蒸汽）的设备及储罐，并应布置在装置边缘的下风向或侧风向；甲、乙类生产装置的设备、建（构）筑物应布置在装置的边缘；有爆炸危险和高压设备，应布置在装置的一端，必要时设在防爆构筑物内。

2）各建筑物之间距离不小于15m，甲、乙类厂房与建筑之间距离不小于120m，距重要的公共建筑不小于150m；厂房与甲、乙类物品库之间距离在15~40m之间（根据要求）；散发可燃气体（蒸汽）的甲、乙类厂房与明火或散发火花地点的距离不小于30m，与厂外铁路线距离不小于35~80m，与厂外道路（路边）距离不小于20~60m；甲、乙类物品库房与一般建筑物之间距离为 12~25m，与建筑或散发明火（火花）地点的距离为 100~120m；丙、丁、戊类库房之间及与一般建筑之间距离比甲、乙类少 25%，与重要建筑物之间距离不小于 120m；甲、乙、丙类储罐、堆场与建筑物距离根据储存液体多少及耐火等级不同而不同，不小于 15~40m；甲、乙、丙储罐之间的安全距离因罐形式不同而不同，在 0.4D~0.75D 之间；液体储罐与泵房之间距离不小于 15m；储气罐或罐区与明火（散发火花）地点，建筑，甲、乙、丙类液体罐，易燃材料堆场，甲类物品库房的距离不小于 10~25m（因罐容积而异）。详细要求见表 6-6、表 6-7。

对火灾爆炸事故采取限制措施应该从工程设计时就放在重要地位给予充分考虑，并切实地采取技术措施。因为只有这样，才能使一座现代化工厂在选址、布局和建筑设计上对可能存在的火灾爆炸的潜在危险做出安全评价，采取安全对策，落实技术措施，从而控制火灾爆炸的危害。

表 6-6　甲、乙、丙类液体储罐（区），乙、丙类液体桶装堆场与建筑物的防火间距（m）

项　　目			建筑物的耐火等级			室外变、配电站
			一、二级	三级	四级	
甲、乙类液体	一个罐区或堆场的总储量 V/m^3	$1 \leqslant V < 50$	12.0	15.0	20.0	30.0
		$50 \leqslant V < 200$	15.0	20.0	25.0	35.0
		$200 \leqslant V < 1000$	20.0	25.0	30.0	40.0
		$1000 \leqslant V < 5000$	25.0	30.0	40.0	50.0
丙类液体		$5 \leqslant V < 250$	12.0	15.0	20.0	24.0
		$250 \leqslant V < 1000$	15.0	20.0	25.0	28.0
		$1000 \leqslant V < 5000$	20.0	25.0	30.0	32.0
		$5000 \leqslant V < 25000$	25.0	30.0	40.0	40.0

注：1. 当甲、乙类液体和丙类液体储罐布置在同一储罐区时，其总储量可按 $1m^3$ 甲、乙类液体相当于 $5m^3$ 丙类液体折算；

2. 防火间距应从距建筑物最近的储罐外壁、堆垛外缘算起，但储罐防火堤外侧基脚线至建筑物的距离不应小于 10.0m；

3. 甲、乙、丙类液体的固定储罐区，半露天堆场和乙、丙类液体桶装堆场与甲类厂房（仓库）、建筑的防火间距，应按本表的规定增加 25%，且甲、乙类液体储罐区，半露天堆场，丙类液体桶装堆场与甲类厂房（仓库）、建筑的防火间距不应小于 25.0m，与明火或散发火花地点的防火间距，应按本表四级耐火等级建筑的规定增加 25%；

4. 浮顶储罐区或闪点大于 120℃ 的液体储罐区与建筑物的防火间距，可按本表的规定减少 25%；

5. 当数个储罐区布置在同一库区内时，储罐区之间的防火间距不应小于本表相应储量的储罐区与四级耐火等级建筑之间防火间距的较大值；

6. 直埋地下的甲、乙、丙类液体卧式罐，当单罐容积小于等于 $50m^3$，总容积小于等于 $200m^3$ 时，与建筑物之间的防火间距可按本表规定减少 50%；

7. 室外变、配电站指电力系统电压为 35~500kV 且每台变压器容量在 10MV·A 以上的室外变、配电站以及工业企业的变压器总油量大于 5t 的室外降压变电站。

表 6-7　甲、乙、丙类液体储罐之间的防火间距　　　　　　（m）

类　别			储　罐　形　式				
			固定顶罐			浮顶储罐	卧式储罐
			地上式	半地下式	地下式		
甲、乙类液体	单罐容量 V/m^3	$V \leq 1000$	$0.75D$	$0.5D$	$0.4D$	$0.4D$	不小于 0.8m
		$V > 1000$	$0.6D$				
丙类液体		不论容量大小	$0.4D$	不限	不限	—	

注：1. D 为相邻较大立式储罐的直径（m）；矩形储罐的直径为长边与短边之和的一半；
　　 2. 不同液体、不同形式储罐之间的防火间距不应小于本表规定的较大值；
　　 3. 两排卧式储罐之间的防火间距不应小于 3.0m；
　　 4. 设置充氮保护设备的液体储罐之间的防火间距可按浮顶储罐的间距确定；
　　 5. 当单罐容量小于等于 1000m³ 且采用固定冷却消防方式时，甲、乙类液体的地上式固定顶罐之间的防火间距不应小于 0.6D；
　　 6. 同时设有液下喷射泡沫灭火设备、固定冷却水设备和扑救防火堤内液体火灾的泡沫灭火设备时，储罐之间的防火间距可适当减小，但地上式储罐不宜小于 0.4D；
　　 7. 闪点大于 120℃ 的液体，当储罐容量大于 1000m³ 时，其储罐之间的防火间距不应小于 5.0m；当储罐容量小于等于 1000m³ 时，其储罐之间的防火间距不应小于 2.0m。

6.2.4　建筑构件耐火极限与建筑物耐火等级

6.2.4.1　建筑构件耐火极限

在发生火灾时，建筑物本身承受火焰燃烧的时间反映了其耐火水平，用建筑物耐火极限来表示。建筑物是由建筑构件组成的，所以建筑构件的耐火极限决定了建筑物的耐火水平。建筑构件的耐火极限是将受测建筑构件放在特制的燃烧炉内，按标准火灾升温曲线升温进行测定得到的。耐火极限是指受测建筑构件从受到火的作用时起，到失去支持能力，或完整性被破坏，或失去隔火作用时止这段时间，单位用"小时"表示。耐火极限时间越长，表示建筑构件耐火性能越强。

判断耐火极限截止时间的基本条件主要有三项：失去支持能力、完整性被破坏，以及丧失隔火作用。很显然，耐火极限的长短与建筑构件材料的燃烧性能直接相关，一般将其分为三类，即非燃烧体、难燃烧体和燃烧体。

非燃烧体是指用非燃烧材料做成的构件，如天然石材、人工石材、金属材料等。难燃烧体是指用不易燃烧的材料做成的构件，或者用燃烧材料做成，但用非燃烧材料作为保护层的构件，例如沥青混凝土构件、木板条抹灰构件等。燃烧体是指用容易燃烧的材料做成的构件，如木材等。我国防火设计规范中规定的建筑构件燃烧性与耐火极限的关系见表 5-1。

建筑构件的耐火极限不仅与材料的性能有关，而且与结构厚度或截面最小尺寸有关，表 6-8 列出了部分建筑构件的燃烧性能和耐火极限。

6.2.4.2　建筑物耐火等级

建筑物耐火等级是根据有关规范或标准的规定，建筑物或建筑构件、配件、材料所应达到的耐火性分级，它是衡量建筑物耐火程度的标准。按照我国国家标准《建筑设计防火规范》，建筑物的耐火等级分为四级，一级的耐火性能最好，四级最差。

表 6-8　部分建筑构件的燃烧性能和耐火极限

构件名称		结构厚度或截面 最小尺寸/cm	耐火极限/h	燃烧性能
普通黏土砖、混凝土、钢筋混凝土 实体墙（承重墙）		12	2.50	不燃烧体
		18	3.50	不燃烧体
		24	5.50	不燃烧体
		37	10.50	不燃烧体
钢筋混凝土柱		20×20	1.40	不燃烧体
		20×30	2.50	不燃烧体
		20×40	2.70	不燃烧体
		20×50	3.00	不燃烧体
		24×24	2.00	不燃烧体
		30×30	3.00	不燃烧体
		30×50	3.50	不燃烧体
		37×37	5.00	不燃烧体
用厚涂型钢结构防火涂料 保护的钢梁其保护厚度	1.5cm	—	1.00	不燃烧体
	2cm	—	1.50	不燃烧体
	3cm	—	2.00	不燃烧体
	4cm	—	2.50	不燃烧体
	5cm	—	3.00	不燃烧体
用薄涂型钢结构防火涂料 保护的钢梁其保护厚度	0.55cm	—	1.00	不燃烧体
	0.70cm	—	1.50	不燃烧体

　　建筑物的耐火等级是由建筑构件（梁、柱、楼板、墙等）的燃烧性能和耐火极限决定的。一般说来，一级耐火等级建筑是钢筋混凝土结构或砖墙与钢筋混凝土结构组成的混合结构；二级耐火等级建筑是钢结构屋架、钢筋混凝土柱或砖墙组成的混合结构；三级耐火等级建筑物是木屋顶和砖墙组成的砖木结构；四级耐火等级建筑物是木屋顶、难燃烧体墙壁组成的可燃结构。

　　性质重要、规模宏大的或具有代表性的建筑，通常按一、二级耐火等级进行设计；一般的建筑按二、三级耐火等级设计；很次要的或临时建筑按四级耐火等级设计。

　　工业企业厂房需要达到的耐火等级与其危险性大小相对应，火灾爆炸危险性大的厂房其耐火等级一般比较高，这样有利于降低火灾损失，便于火灾救灾。工厂的厂房不仅只有单层建筑，有很多属于多层建筑甚至是高层建筑，为有效降低火灾事故的损失，《建筑设计防火规范》对厂房的耐火等级、允许的层数及防火分区的最大占地面积进行了适当限制，见表6-9。

表 6-9   厂房的耐火等级、允许的层数及防火分区的最大占地面积

生产类别	耐火等级	最多允许层数	防火分区的最大占地面积/m²			
			单层厂房	多层厂房	高层厂房	厂房的地下室和半地下室
甲类	一级	除生产必须采用多层者外，宜采用单层	4000	3000		
	二级		3000	2000		
乙类	一级	不限	5000	4000	2000	
	二级	6	4000	3000	1500	
丙类	一级	不限	不限	6000	3000	500
	二级	不限	8000	4000	2000	500
	三级	2	3000	2000		
丁类	一、二级	不限	不限	不限	4000	1000
	三级	3	4000	2000		
	四级	1	1000			
戊类	一、二级	不限	不限	不限	6000	1000
	三级	3	5000	3000		
	四级	1	1500			

厂房面积比较大时，人数和可燃物的数量也相应增大，一旦发生火灾则燃烧时间长、辐射热强烈，容易形成蔓延趋势，火势难以控制，对建筑结构的破坏严重。若不按面积，而按楼层控制火灾，一旦某处起火成灾，对消防扑救人员、物资疏散都很不利，造成的危害是难以想象的。因此，进行厂房设计时，要根据使用性质选定建筑物的耐火等级，来设置防火分隔物，在建筑物内设置防火分区。

为了减少火灾造成的损失，对建筑防火分区的面积应按照建筑物耐火等级的不同给予相应限制，耐火等级高的防火分区面积要适当大些，耐火等级低的防火分区面积就要小些；火灾危险性大的厂房防火分区面积就要小些，反之亦然。同样，建筑物层数越多防火分区面积就应越小。

防火分区间应用防火墙分隔。一、二级耐火等级的单层厂房（甲类厂房除外）如面积过大，设置防火墙有困难时，可用防火水幕带或防火卷帘加水幕分隔。甲、乙、丙类厂房装有自动灭火设备时，防火分区最大允许占地面积可适当加大。

在石油化工企业，某些承重钢框架、支架、裙座、管架，应覆盖耐火层进行耐火保护。例如，单个容积等于或大于 $5m^3$ 的甲、乙$_A$类液体设备的承重钢框架、支架、裙座；介质温度等于或高于自燃点的单个容积等于或大于 $5m^3$ 的乙$_B$、丙类液体设备的承重钢框架、支架、裙座；加热炉的钢支架；在爆炸危险区范围内的主管廊的钢管架；在爆炸危险区范围内的高径比等于或大于 8，且总质量等于或大于 25t 的非可燃介质设备的承重钢框架、支架和裙座。《石油化工企业设计防火规范》中还规定下列承重钢框架、支架、裙座、管架的下列部位，也应覆盖耐火层：

（1）设备承重钢框架：单层框架的梁、杆；多层框架的楼板为透空的篦子板时，地面以上 10m 范围的梁、柱；多层框架的楼板为封闭式楼板时，该层楼面以上的梁、柱。

（2）设备承重钢支架或加热炉钢支架：全部梁、柱。

（3）钢裙座外侧未保温部分及直径大于 1.2m 的裙座内侧。

（4）钢管架：地层主管带的梁、柱，且不宜低于 4.5m；上部设有空气冷却器的管架，其全部梁柱及斜撑均应覆盖耐火层。

涂有耐火层的构件，其耐火极限不应低于 1.5h。当耐火层选用防火涂料时，应采用厚型无机并能适用于烃类火灾的防火涂料。防火涂料是指涂装在物体表面，可防止火灾发生，阻止火势蔓延传播或隔离火源，延长基材着火时间或增加绝热性能以推迟结构破坏时间的一类涂料的总称。按主要用途和使用对象的不同，防火涂料可分为饰面型防火涂料、电缆防火涂料、钢结构防火涂料、预应力混凝土楼板防火涂料等。

钢材的机械强度是温度的函数，一般来说，可以认为钢材的机械强度随温度的升高而降低。在 500℃ 左右，其强度下降到 40%~50%，钢材的力学性能，如屈服点、抗压强度、弹性模量以及荷载能力等都迅速下降，很快失去支撑能力，导致建筑物垮塌。

钢结构防火涂料施涂于建筑和构筑物钢结构构件的表面，可以形成耐火隔热保护层，提高钢结构的耐火极限值。根据其涂层的厚度及性能特点可分为薄涂型和厚涂型两类。薄涂型钢结构防火涂料（B 类）的涂层厚度一般为 2~7mm，有一定的装饰效果，高温时膨胀增厚，耐火隔热，耐火极限可达 0.5~1.5h，人们又常称这种涂料为钢结构膨胀型防火涂料。厚涂型钢结构防火涂料（H 类）的涂层厚度一般为 8~50mm，呈粒状面，密度较小，热导率低，耐火极限可达 0.5~3.0h，在火灾中涂层不膨胀，依靠材料的不燃性、低导热性或涂层中材料的吸热性，延缓钢材的温升，保护钢件，人们常称这种涂料为钢结构防火隔热涂料。这类钢结构防火涂料是用合适的黏结剂，再配以无机轻质材料、增强材料组成。与其他类型的钢结构防火涂料相比，它除了具有水溶性防火涂料的一些优点之外，由于它从基料到大多数添加剂都是无机物，因此它还具有成本低廉这一突出特点。

6.2.5　安全疏散

厂房中发生事故时，人员的安全疏散是通过安全疏散设施来进行的。安全疏散设施包括安全出口，即疏散门、过道、楼梯和事故照明、疏散指示灯（牌）及排烟设施等。过道、楼梯的宽度是根据层面能容纳的最多人数，以及在发生事故时撤出现场所需的时间为依据而设计的，所以必须保证畅通，不得随意堆物，更不能堆放易燃易爆物品。表 6-10 列出了厂房每层的疏散楼梯、走道和门的宽度指标。当各层人数不相等时，其楼梯总宽度应分层计算，下层楼梯总宽度按其上层人数最多的一层人数计算，但楼梯最小宽度不宜小于 1.10m。底层外门的总宽度，应按该层或该层以上人数最多的一层人数计算，但疏散门的最小宽度不宜小于 0.90m；疏散走道的宽度不宜小于 1.40m。

表 6-10　厂房疏散楼梯、走道和门的宽度指标

厂房层数	一、二层	三层	≥四层
宽度指标/m·百人$^{-1}$	0.6	0.8	1.0

注：当使用人数少于 50 人时，楼梯、走道和门的最小宽度可适当减少，但门的最小宽度不应小于 0.80m。表中规定的宽度均指净宽度。

除了层面面积小、现场作业人员少之外，安全出口的数目一般不应少于两个，以保证人员能够就近或从比较安全的方向疏散；疏散门开启方向应与疏散方向相同，即向外开；不能采用吊门和侧拉门，严禁采用转门，要求在内部可随时推动门把手开门；门上禁止上锁，疏散门不应设置门槛。

有安全设施后还必须使人员在较近的距离内疏散才能保证安全，安全疏散距离是指厂房内最远工作地点到外部出口或楼梯的距离，在我国应按表 6-11 的规定进行设计。安全疏散距离与生产危险性类别、建筑物耐火等级、建筑物层数及是否为地下室有关。

表 6-11　厂房安全疏散距离　　　　　　　　　　　　　　（m）

生产类别	耐火等级	单层厂房	多层厂房	高层厂房	厂房的地下室及半地下室
甲	一、二级	30	25		
乙	一、二级	75	50	30	
丙	一、二级	80	60	40	30
	三级	60	40	—	—
丁	一、二级	不限	不限	50	45
	三级	60	50	—	—
	四级	50	—	—	—
戊	一、二级	不限	不限	75	60
	三级	100	75	—	—
	四级	60	—	—	—

发生事故时，往往造成照明中断，人员疏散速度受到极大影响，因此在人员密集的场所、地下建筑等疏散过道和楼梯上，均应设置事故照明和安全疏散标志，照明应是专用的电源。

甲、乙、丙类厂房和高层厂房的疏散楼梯应采用封闭楼梯间，高度超过 32m 且每层人数在 10 人以上的，宜采用防烟楼梯间或室外楼梯。

高度超过 32m 的设有电梯的高层厂房，每个防火分区内应设一部消防电梯（可与客、货梯兼用），并应符合下列条件：

（1）消防电梯间应设前室，其面积不应小于 6.00m^2，与防烟楼梯间合用的前室，其面积不应小于 10.00m^2。

（2）消防电梯间前室宜靠外墙，在底层应设立通室外的出口，或经过长度不超过30m 的通道通向室外。

（3）消防电梯井、机房与相邻电梯井、机房之间，应采用耐火极限不低于 2.50h 的墙隔开；当在隔墙上开门时，应设甲级防火门。

（4）消防电梯间前室，应采用乙级防火门或防火卷帘。

（5）消防电梯，应设电话和消防队专用的操纵按钮。

（6）消防电梯的井底，应设排水设施。

6.2.6 灭火器的配置

6.2.6.1 灭火器的配置标准

灭火器的配置，应针对配置场所的火灾危险等级和灭火器的灭火级别（包括适用对象），确定灭火器的配置基准（即最小配置数量）。见表 6-12。

表 6-12　火灾场所灭火器的最低配置基准

危险等级	严重危险级	中危险级	轻危险级
单位灭火器最小配置灭火级别	3A	2A	1A
单位灭火级别最大保护面积/m² · A⁻¹	50	75	100

6.2.6.2 灭火器最大保护距离

设置在 A 类火灾场所的灭火器，其最大保护距离应符合表 6-13 的规定。

设置在 B、C 类火灾场所的灭火器，最大保护距离应符合表 6-14 的规定。

D 类火灾场所的灭火器最大保护距离应根据具体情况而定。E 类火灾场所的灭火器最大保护距离应不低于该场所内 A 类或 B 类火灾的规定。

表 6-13　A 类火灾场所灭火器最大保护距离　　　　　　　　　（m）

危险等级	手提式灭火器	推车式灭火器
严重危险级	15	30
中危险级	20	40
轻危险级	25	50

表 6-14　B、C 类火灾场所灭火器最大保护距离　　　　　　　　（m）

危险等级	手提式灭火器	推车式灭火器
严重危险级	9	18
中危险级	12	24
轻危险级	15	30

6.2.6.3 灭火器配置的要求

（1）灭火器应设置在明显和便于取用的地点。如确有困难而必须将灭火器设置在不能直接看见的部位时，应设有明显的指示标志；

（2）灭火器不应设置在潮湿或强腐蚀性的地点。如必须设置时，应有相应的保护措施；

（3）手提式灭火器宜设置在挂钩、托架上或灭火器箱内；其顶部距地面高度不应大于1.5m，其底部距地面高度不宜小于0.15m；

（4）灭火器应设置稳固，其铭牌必须朝外；

（5）设置在室外的灭火器，应有防止日晒雨淋的保护措施；

（6）灭火器应设置在明显和便于取用的地点，且不得影响安全疏散；

（7）灭火器不得设置在超出其使用温度范围的地点。

6.2.6.4　灭火器的选择

灭火器类型的选择应符合下列规定：

（1）扑救A类火灾，应选用水型、泡沫、磷酸铵盐干粉、卤代烷型灭火器；

（2）扑救B型火灾，应选用干粉、泡沫、卤代烷、二氧化碳型灭火器；扑救极性溶剂B类火灾不得选用化学泡沫灭火器；

（3）扑救C类火灾，应选用干粉、卤代烷、二氧化碳型灭火器；

（4）扑救带电火灾，应选用卤代烷、二氧化碳、干粉型灭火器；

（5）扑救A、B、C类火灾和带电火灾，应选用磷酸铵盐干粉、卤代烷型灭火器；

（6）扑救D类火灾的灭火器材，应由设计部门和当地公安消防监督部门协商解决。

在同一灭火器配置场所，当选用同一类型灭火器时，宜选用操作方法相同的灭火器。在同一灭火器配置场所，当选用两种或两种以上类型灭火器时，应采用灭火剂相容的灭火器。

针对不同化学物质所引起的火灾应使用不同灭火剂的灭火器，具体要求见表6-15。

6.2.6.5　灭火器配置的设计

a　计算该单元的保护面积

根据规范规定，建筑物的保护面积应按使用面积计算。

b　计算单元需配置的灭火级别

该车间属地面建筑，扑救初起火灾所需的最小灭火级别合计值，应按式（6-1）计算：

$$Q = K \frac{S}{U} \tag{6-1}$$

式中　Q——灭火器配置场所所需灭火级别，A或B；

　　　S——灭火器配置场所的保护面积，m^2；

　　　U——A类或B类火灾的灭火器配置场所相应危险等级的灭火器配置基准，m^2/A或m^2/B；

　　　K——修正系数，无消火栓和灭火系统时，$K=1$，设有消火栓时，$K=0.9$，设有灭火系统时，$K=0.7$，设有消火栓和灭火系统时，$K=0.5$；可燃物露天堆场，甲、乙、丙类液体储罐区可燃气体储罐区，$K=0.3$。

表 6-15 扑救某些物质火灾时灭火剂的选用

物质种类、名称			灭火剂						备注
			水	泡沫	干粉	卤代烷	二氧化碳	砂土	
爆炸品			○						不可捂盖
氧化剂	无机氧化剂	过氧化钾、过氧化钠、过氧化钡、过氧化锶	√	√	○			○	
		其他无机氧化剂	○					○	先用砂土后用水
	有机氧化剂		√			○	○	○	盖砂后可用水
压缩气体和液化气体			○		○	○	○		
自燃物品	三乙基铝、三异丁基铝、四氧化硅		√	√	√	√		○	用 7150 灭火剂
	其他自燃物品		○	○				○	
遇水燃烧物品	钠、钾、锂、钙、锶、金属氢化物、金属碳化物、镁铝粉		√			√	√	○	用 7150 灭火剂，也可用石墨等粉末灭火剂
	其他遇水燃烧物品		√					○	用 7150 灭火剂，也可用石墨等粉末灭火剂
液体	易燃液体		√	○	○	○		○	二硫化碳可用水
	可燃液体		○				○		宜用雾状水
固体及粉末	各种金属粉末，如镁铝钛粉；碱金属氨基化合物		√	√				○	用 7150 灭火剂，也可用石墨等粉末灭火剂
	硝化棉、赛璐珞		○			√			
	其他易燃固体		○	○				○	
	一般可燃固体		○					○	
毒害品	磷化铝、磷化锌、锑粉		√	√				○	盖砂后可用水、砂土
	氰化物、砷化物			√				○	先用砂土后用水
	其他毒害品		○					○	先用砂土后用水
腐蚀品	酸性腐蚀物品		√				○	○	盖砂后可用水
	碱性及其他腐蚀物品		○					○	

注："○"表示不能用；"√"表示效果好；空白表示可以用，但效果较差。

6.2.7 消防用水及设施

6.2.7.1 工厂消防用水

消防用水量应为同一时间内火灾次数与一次灭火用水量的乘积。在考虑消防用水时，首先应确定工厂在同一时间内的火灾次数。

一次灭火用水量应根据生产装置区、辅助设施区的火灾危险性、规模、占地面积、生产工艺的成熟性以及所采用的防火设施等情况，综合考虑确定。

6.2.7.2　消防给水设施

（1）消防水池或天然水源，可作为消防供水源。当利用此类水源时，应有可靠的吸水设施，并保证枯水时最低消防用水量，消防水池不得被易燃、可燃液体污染。

（2）消防给水管道，是保证消防用水的给水管道，可与生活、生产用水的水道合并，如不经济或不可能，则设独立管道。低压消防给水系统不宜与循环冷却水系统合并，但可作备用水源。

消防给水管道可采用低压或高压给水。采用低压给水时，管道压力应保证在消防用水达到设计用水量时不低于 15m（从地面算起）；采用高压给水时，其压力宜为 0.7MPa。

消防给水管网应采用环状布置，其输水干管不应少于两条，目的在于当其中一条发生事故时仍能保证供水。环状管道应用阀分成若干段，此阀应常开，以便检修时使用。

（3）消火栓。可供消防车吸水，也可直接接水带放水灭火。室外消火栓应沿道路设置，便于消防车吸水，设置数量由消火栓的保护半径和室外消防用水量确定。低压给水管网室外消火栓保护半径，不宜超过 120m；每个消火栓出水量按 15L/s 计。

露天生产装置的消火栓宜在装置四周设置。当装置宽度大于 120m 时，应在装置内的路边增设。

易燃、可燃液体罐区及液化石油气罐区的消火栓应该设在防火墙外。

设有消防给水的建筑物，各层均应设室内消火栓；甲、乙类厂房室内消火栓的距离不应大于 50m，宜设置在明显易于取用的地点，栓口离地面高度为 1.2m。

6.2.7.3　露天装置区消防给水

石油化工企业露天装置区有大量高温、高压（或负压）的可燃液体或气体，金属设备、塔器等，一旦发生火警，必须及时冷却防止火势扩大。故应设灭火、冷却消防给水设施。

消防供水竖管。即输送泡沫液或消防水的主管，根据需要设置，在平台上应有接口，在竖管旁设消防水带箱，备齐水带、水枪和泡沫管枪。

冷却喷淋设备。当塔器、容器的高度超过 30m 时，为确保火灾时及时冷却，宜设固定冷却设备。

消防水幕。有些设备在不正常情况下会泄出可燃气体，有的设备则具有明火或高温，对此可采用水幕分隔保护，也有用蒸汽幕的。消防水幕应具有良好的均匀连续性。喷头压力一般在 0.3MPa 以上，供水强度不小于 $0.34L/(s \cdot m^2)$。

带架水枪。在危险性较大且本体较高的设备四周，宜设置固定的带架水枪（水炮）。一般情况，炼制塔群和框架上的容器除有喷淋、水幕设施外，应再设带架水枪。

厂内设置全厂性的消防设施外，还应设置小型灭火机和其他简易的灭火器材。其种类及数量，应根据场所的火灾危险性、占地面积及有无其他消防设施等情况，综合全面考虑。

6.2.7.4 消防站

消防站是消防力量的固定驻地。油田、石油化工厂、炼油及其他大型企业，应建立本厂的消防站。其布置应满足消防队接到火警后 5min 内消防车能到达消防管辖区（或厂区）最远点的甲、乙、丙类生产装置、厂房或库房；按行车距离计，消防站的保护半径不应大于 2.5km，对于丁类、戊类火灾危险性场所，也不宜超过 4km。

消防车辆应按扑救工厂一处最大火灾的需要进行配备。

消防站应装设可受理不少于两处同时报警的火灾受警录音电话，且应设置无线通信设备。

7 矿井防灭火设计

7.1 矿井防灭火设计概述

7.1.1 矿井火灾概况

7.1.1.1 概述

火对于人类从来都是既有利又有害的。火促进了人类文明的发展，推进了社会的进化，但若失去控制，就会给人类造成灾害。由于火失去控制后造成蔓延的燃烧现象，称为火灾。火灾往往造成巨大的经济损失和众多的人员伤亡，造成不良的社会影响。

在矿井或煤田范围内发生的威胁安全生产，造成一定资源和经济损失或者人员伤亡的燃烧事故，称为矿井或煤田火灾。矿井火灾一旦发生，轻则影响安全生产，重则烧毁煤炭资源和物资设备，造成人员伤亡，甚至引发瓦斯、煤尘爆炸。发生在矿井井下或地面、威胁到井下安全生产、造成损失的非控制性燃烧均为矿井火灾。如地面井口房、通风机房失火或井下输送带失火、煤炭自燃等都是非控制性燃烧。

7.1.1.2 矿井火灾的危害

（1）矿井火灾造成人员伤亡和财产损失：

1）火源产生的高温直接造成人员伤亡。其人员伤亡主要发生在火源附近及紧邻区域。

2）火源产生的高温有毒有害气体的蔓延造成下风侧人员中毒身亡，也增大了人员撤退和救灾的难度并对安全造成威胁。

3）火源及火灾高温气流的蔓延产生的火风压引起矿井风流紊乱，甚至使有毒有害气体进入进风区，扩大受灾范围，造成人员进一步伤亡和财产更大损失。

（2）矿井火灾可能诱发瓦斯爆炸，酿成更大的灾害。火源产生高温未燃尽的气体挥发物，与瓦斯混合，在流动过程中可能与相连进风道新鲜风流混合，形成可燃混合气体，并因风流紊乱流经火源或次生火源引起瓦斯爆炸。

（3）矿井火灾带来安全隐患。矿井火灾产生的高温会导致巷道支护破坏，巷道垮塌，机电设备设施烧损，烧毁大量煤炭增大等；而封闭火区会导致部分区域煤炭不能开采，封闭火区的管理工作和开启难度较大，并成为安全生产的隐患。

（4）矿井火灾严重影响生产。矿井火灾严重干扰正常生产秩序，在一定时期内，造成生产环境恶化、职工心理压力增大等严重后果，劳动效率下降，产量下降，甚至停产。同时，矿井火灾因可能的工作面封闭也会影响采掘工作的正常进行。

7.1.1.3 矿井火灾事故分类

根据不同的影响因素，矿井火灾的分类方法不同，目前常用的分类方法有以下几种：

（1）按发火原因分类。

1）外因火灾。所谓外因火灾又称为外源火灾，是由外部火源引起的，比如明火、爆破、瓦斯煤尘爆炸、摩擦火花、电流短路等所引起的火灾。

2）内因火灾。内因火灾是指由于煤炭在一定的条件和环境下自身发生物理化学变化，积聚热量导致着火而形成的火灾，可以简单地理解为煤炭自燃所引起的火灾。由于它不存在外部引燃的问题，因此，又称自燃火灾。

（2）按火灾发生的地点分类。

1）地面火灾。凡是发生在矿井工业场地的厂房、仓库、井架、露天矿场、矿仓、储矿堆等处的火灾。

2）井下火灾。凡是发生在井下硐室、巷道、井筒、采场、井底车场以及采空区等地点的火灾。地面火灾的火焰或由它所产生的火灾气体、烟雾随同风流流入井下，威胁矿井生产和工人的安全的，也叫井下火灾。

（3）按可燃物的性质分类。

1）A类火灾。含碳固体可燃物，如木材、纸张、煤炭等一些普通可燃物燃烧发生的火灾都属于A类火灾。

2）B类火灾。在易燃液体表面发生的火灾，如汽油、石油、溶剂与空气的接触面燃烧的火灾属于B类火灾。

3）C类火灾。可燃气体燃烧发生的火灾，不宜直接用水扑灭。在扑灭C类火灾时，应该特别注意扑灭火源与切断可燃物供应途径，如果在没有切断可燃物时就使燃烧终止，是十分危险的。

4）D类火灾。在可燃金属中或其表面发生的火灾。控制或扑灭D类火灾必须采用专门的技术和专用的灭火剂或灭火设备。

（4）按燃烧状态分类。

1）阴燃火灾。燃烧处于阴燃状态，无明显火焰的火灾。当燃烧地点通风不良、严重缺氧时，可发生阴燃。可燃物即将燃尽，挥发物含量很低时，火灾也往往处于阴燃状态。对于A类阴燃火灾，烟流中一氧化碳气体含量高，烟流具有可爆性，对人体危害极大。

2）明火火灾。燃烧时有较长火焰的火灾。明火火灾有富氧燃烧和缺氧燃烧两种状态。在富氧状态下，可燃物燃烧充分，烟流中一氧化碳含量较低；在缺氧燃烧状态下，烟流中的一氧化碳等可燃性气体含量较高，烟流具有可燃性或可爆性。

（5）按发火地点对矿井通风的影响分类。

1）上行风流火灾。上行风流是指沿倾斜或垂直井巷、采煤工作面自下向上流动的风流，即风流从标高的低点向高点流动。发生在这种风流的火灾，称为上行风流火灾。

2）下行风流火灾。下行风流是指沿着倾斜或垂直井巷、采煤工作面自上而下流动的风流，即风流由标高的高点向低点流动。

3）进风流火灾。发生在进风井、进风大巷或采空区进风风路的火灾。

（6）其他分类方法。

7.1.2 矿井防灭火设计

矿井防灭火设计是矿井安全设施设计的重要组成部分，是保证矿井安全生产的重要环节。其设计的主要内容是针对井下自燃火灾的防治，同时兼顾外因火灾的监控和治理而形成的一个完整的系统。但由于矿井的煤层赋存、煤的自然发火特性、采掘布置、通风以及其他相关条件各不相同，没有一种既定的防灭火方法可以防止或消除所有火灾。因此，进行防灭火设计时必须周密考虑，精心设计，力求在灾变时达到防灭火目的。

7.1.2.1　设计目的

（1）认真贯彻"安全第一，预防为主、综合治理"的安全生产方针，提高矿井的本质安全程度和安全管理水平，控制矿井建设后续项目和生产中的危险、有害因素，降低生产安全风险，预防事故发生，保护从业人员的健康、生命安全及财产安全。

（2）合理有效控制自燃煤层发生自燃事故，降低事故的发生概率，提高职工的生命财产安全和煤矿安全的可持续发展。

7.1.2.2　设计依据

（1）原国家安全监管总局、煤矿安全监察局下发的关于矿井防灭火的管理规定及要求；

（2）《煤矿安全规程》；

（3）国家安全生产监督管理局发布的《矿井防灭火规范》及《煤矿注浆防灭火技术规范》；

（4）《煤矿一通三防安全知识》，煤炭工业部；

（5）《中华人民共和国煤炭法》；

（6）《中华人民共和国矿山安全法》；

（7）《中华人民共和国安全生产法》；

（8）《中华人民共和国消防法》；

（9）《中华人民共和国劳动保护法》；

（10）其他各种行业性规范。

7.1.2.3　矿井防灭火设计步骤

（1）矿井概况和安全条件。一是矿井交通位置条件；二是煤层赋存条件、自然发火期等；三是矿井开拓系统与采煤方法概况，如矿井工作制度、矿井生产能力及服务年限、矿井开拓方式、采区布置、采煤方法及采煤工作面作业形式、采煤工作面参数等。

（2）矿井通风及火灾监测系统设计。根据矿井瓦斯的涌出量、煤层自燃倾向性以及矿区地温的特点，选择最合理的矿井通风方式；利用传感器和监控设备，对矿井各项参数进行实时监控，主要的传感器包括：瓦斯传感器、风速传感器、负压传感器、CO 传感器、烟雾传感器以及温度传感器。

（3）矿井内因火灾的防治。首先，根据矿井的煤层特点，对煤层的自燃性进行预测，做出煤自燃分析预测表，对煤的自燃机理和自热特性进行分析，制定出相应的防治措施；其次，根据实际情况，选用最佳的开拓开采措施、通风系统措施、防灭火方法以及监测系统。

（4）矿井外因火灾的防治。矿井外因火灾的防治包括，火灾的预防以及发生火灾后的消防。根据矿井火灾的特点，选择灭火方法，不同的地点采用不同的火灾扑灭及控制方法。

（5）消防洒水系统的设计。包括地面消防水池的设计、井下输水管道的选择、消火栓给水系统以及井下自动喷水灭火系统的设计等。

根据不同的工作地点的特点，选择不同的消防洒水系统，同时，对洒水量及标准进行定量的计算。

（6）制定火灾事故应急预案。

（7）建立完善的灾害救护体系。建立完善的灾害救护体系，一是要根据《煤矿安全规程》适当考虑矿井的经济能力，配备必备的防灭火安全检测仪器；二是要建立完善的自救和互救措施。

7.2　矿井火灾监测系统

矿井火灾监测系统是矿井防灭火设计的重要组成部分，主要是通过火灾探测技术和监测监控设备，对矿井火灾危险因素进行监测，做到防患于未然。

7.2.1　矿井火灾安全监控技术

采用矿用煤矿监测监控系统，对井下各地点的瓦斯、风速、风量、CO、温度、负压、多参数、设备开停、风门开闭等传感器进行集中监测。

煤矿监测监控系统融计算机网络系统、监测监控系统、工业电视系统于一体，可用作为整个矿井网络信息管理系统的一部分，主要监控矿井上下各类安全、生产参数，汇接管理多个安全与生产环节子系统。具有报表、曲线、图形等屏幕显示，模拟盘显示，打印和绘图，数据存储调用，参数超限报警、控制等多种功能，各分站既能与监控中心汇接，又可独立工作。

系统主要由监测主机及其外设、传输接口、传输电缆、分站和各种传感器组成。

主要的传感器设置包括：

（1）瓦斯传感器。井下须在风井、主要回风巷、工作面回风巷、掘进工作面及回风流、水泵房、变电所、煤仓、机电碉室等巷道内设置瓦斯传感器，用于连续监测井下气体中甲烷含量。当甲烷含量超限时，应具有声光报警功能，同时由有关设备切断相应范围的电源。

（2）风速传感器。在采区回风、总回风巷的侧风站设置风速传感器。测量其风速，以保证井下各井巷中的风流速度符合规程要求，同时还可依据所测点巷道的断面计算出其风量。

（3）负压传感器。负压传感器安装在通风机的进风口（引风道内），用于连续监测矿井风机的负压。

（4）CO 传感器。应安设 CO、温度传感器。主要用于监测监控煤的自燃发火。

（5）烟雾传感器。在有皮带输送机的巷道设置烟雾传感器用以监测皮带着火。

（6）开停传感器。应安装在井下各电机设备设置处，用以监测各电机设备的开、停状态，保证机电设备的正常运行。

（7）开闭传感器。井下各风门设置开闭传感器，用以监测井下通风系统各风门的开闭状态，保证通风系统的稳定性。

（8）温度传感器。采煤工作面设置温度传感器；机电设备硐室设置温度传感器。

（9）液位传感器。在水仓中的设备液位传感器用于对水仓中水位的监测。

7.2.2　矿井火灾预报及探测技术

7.2.2.1　束管检测分析预报技术

束管检测分析预报技术，即通过束管监测系统分析采空区和防火钻孔内甲烷、一氧化碳、二氧化碳、氧气、氮气、乙烷、乙烯、乙炔等8种气体成分，判断是否存在自然发火隐患，为领导决策提供科学依据。煤矿自然发火束管监测系统一般由束管、采样控制、气体分析、数据采样、数据分析、打印输出和联网调度7部分组成。

该系统可同时进行常量分析和微量分析，监测气体种类多，线性范围大，精确度高。

7.2.2.2　SF$_6$漏风检测技术

示踪气体漏风检测技术是矿井检测漏风通道常采用的一种检测技术。

SF$_6$是一种无色无味无臭的不燃惰性气体，不溶于水，不为井下物料所吸附，稳定性好。SF$_6$示踪气体在矿井空气中无沉降、不凝结，与空气混合快，检出精度高，使用带电子捕获器的气象色谱仪的检测精度高，是当前矿井检测漏风通道的一种理想示踪气体。

7.2.2.3　矿井火灾探测技术

A　井下探测法

井下探测法包括：（1）温度测定法；（2）无线电波法；（3）地质雷达法；（4）双示踪法；（5）数值分析法；（6）指标气体分析法。

温度测定法可分为接触和非接触两种，接触型测温法是在煤壁内钻孔，预埋测温钻头，定期对温度进行检测以发现煤体内高温异常。非接触型测温则是应用远红外成像技术在井下测量煤体升温状况。

无线电波法的工作原理是：利用温度传感器将所测温度物理量转变为无线电波传出采空区，由巷道内的接收机接收，再将电信号转变为温度的物理量。当采空区升温时，通过该技术起到探测火源位置与预报的作用。

B　地面探测法

地面探测的方法包括：（1）遥感技术；（2）地面火灾气体探测法；（3）磁法勘探；（4）电阻率法；（5）浅表米测温法；（6）同位素测氡法。

遥感技术是根据电磁波理论，应用各种传感器对远距离目标辐射和反射的电磁波信息进行收集、处理，最后成像，从而对地面各种景物进行探测和识别的一种综合技术。

地面火灾气体探测法的原理：煤炭自燃火源区域与地面存在一定的压差和分子扩散，自燃源向地面存在着气体流动，而在地表层中产生一些有代表性的气体是从煤炭自燃源点垂直方向放射。据此，可在预定煤炭自燃处布置寻找网，在网点处打孔，从中取气样快速分析，根据结果绘制气体异常图，并根据最大含量的代表性气体无确定火源点的大致位置和火灾的燃烧程度。

煤层上覆岩层中一般都含有大量的菱铁矿及黄铁矿结核，当煤炭自燃时，上覆岩层受到烘烤，其中的铁质发生物理化学变化，形成磁性矿物，并且烧变岩由高温冷却后保留有较强的热剩磁。火区这一特殊的磁性特征，使磁法勘探火区火源边界成为可能。

7.3　矿井内因火灾的防治

7.3.1　自燃火灾的预测

7.3.1.1　煤的自燃机理及煤的自热影响因素

A　煤的自燃机理

关于煤的自燃问题，长期以来，一般都认为煤中黄铁矿的存在是自燃的原因，由于黄铁矿氧化成为三氧化二铁及三氧化硫时能放出热量，在有水分参加的情况下，可以形成硫酸，它是很强的氧化剂，可加速煤的氧化，促进煤的自燃。

需要指出，煤的自燃并非完全因含有黄铁矿而引起。其主要原因是由于吸收了空气中的氧气，使煤的组成物质氧化产生热量，再被水湿润，就放出更多的湿润热，也会加速煤的自燃。此外，煤的自燃还与煤本身的性质有关。如煤的品级，煤的显微组分、水分、矿物质、节理和裂隙，煤层埋藏深度和煤层厚度，开采方法和通风方式等。煤的自燃从本质上来说是煤的氧化过程。

B　煤的自热影响因素

a　煤质

煤质本身对煤自热敏感性有显著的影响。

（1）煤的品级。煤的品级表明了煤的变质程度，常用挥发分含量和含煤量表示。品级低的纯煤自热敏感性高，而且，随着煤的品能升高其自热敏感性下降。

（2）煤的水分含量。煤中水分的含量对煤的自燃性有很大影响。水分含量达饱和的煤，特别是在水分含量高的褐煤和次烟煤被开采和干燥前，煤体不再吸附水分，因而不能放出润湿热。煤氧化放出的热量通常使内在水分温度升高；同时，自热时的化学反应需要有少量的水分参加。低品级煤水分含量远远大于化学反应的需要量。因而，对低品级煤来说，水分实际上是煤自热的阻化剂。

（3）矿物质。煤中的矿物成分也叫灰分。它可与氧反应放热增加煤温，而且使煤分解以增加煤与空气接触的表面积，如黄铁矿，它可以吸收氧化反应放出的部分热量降低煤的氧化反应进程；煤的高灰分使单位质量的氧化热降低。

b　开采和储运的环境因素

环境因素对煤自热的影响为：可使煤的水分含量发生变化；改变煤氧接触条件；使生产成的热量扩散。

（1）地质因素。断层和裂隙有利于空气和水分与煤接触，因而散热没有明显增加，却增加了煤发生氧化的机会和水的吸附。也就是说断层和裂隙增加了煤自燃的危险性。埋藏深的煤层地面漏风较少。采空区遗煤（特别对于厚煤层）因不能完全回采而增加了煤自燃的危险性。

（2）开采因素。开采因素对煤自燃的影响主要有两个方面，即通风和煤破碎。没有通风或通风充分的地方，煤自燃的可能性较低；而通风不充分地方煤自燃的可能性较大。裂隙漏风是不充分漏风，它创造了煤进一步氧化的条件，而散热条件并未被改善。所以，任何漏风对煤炭自燃来说都是很危险的。

（3）储运因素。在储存和运输过程中，影响煤自燃的因素主要为通风不充分和干燥的低品级煤因雨淋和喷洒水产生润湿热。

7.3.1.2 煤自燃发火预测

（1）煤的自燃分析预测见表7-1。

表7-1 煤的自燃分析预测

自燃因素	基 本 特 征	本矿条件	分析及说明
煤的炭化程度	煤的自燃倾向性随煤炭的变质程度增高而降低。挥发分含量越高，煤层自燃发火倾向越强。一般说来，褐煤易于自燃，烟煤中长焰煤危险性最大，贫煤及挥发分含量在12%以下的无烟煤难以自燃		
煤岩成分	煤岩成分包括有丝煤、暗煤、亮煤和镜煤。煤层中有集中的镜煤和亮煤，特别是含有丝煤时，煤的自燃倾向性就大；而暗煤多的煤，一般不容易自燃		
煤的含硫量	含硫成分越多，吸氧能力越大，越易自燃；含黄铁矿、黄铜矿结构较多，也具有自燃危险性		
煤的破碎程度	煤的破碎程度大，增加了煤的氧化表面积，煤的氧化速度加快，容易自燃。脆性与风化率大的煤易于自燃		
煤的水分	水分能加速煤的氧化过程，同时使煤体疏松，造成细微裂缝，加大吸氧能力，并降低着火温度，但过多水分则可抑制煤的氧化作用		
温度	随着温度的升高，氧化作用加剧。温度由30℃升高至60℃时，吸氧能力增加3~10倍，如果温度升高达到临界值（70~80℃），则开始迅速氧化，并继续增高温度，导致燃烧		
地质构造	煤层厚度与倾角较大，开采时煤炭损失、破碎程度大，以及围岩等受到破坏，形成裂缝，而煤层较厚还易于局部储热，矿自燃危险性也越大		
开拓开采条件及通风方式	矿井开拓方式和开采方法及通风方式选择不合理，往往造成丢煤多，煤柱破碎，漏风严重，增加自燃的可能性		

（2）煤的自燃条件：

1）内因火灾的形成必须具备以下四个条件：

①具有自燃倾向性的煤，呈破碎状态，并集中堆积；

②通风供氧；

③蓄热环境；

④维持煤的氧化过程不断发展的时间。

要形成自燃，以上四个条件缺一不可，若采取措施破坏其中一个或两个，乃至全部条件，便可有效防止自燃。

2）煤层自燃发展过程的三个必要条件：

①煤层具有自燃倾向性；

②有连续的供氧条件；

③热量易于积聚。

（3）煤的自燃预兆。煤的自燃通常经历潜伏阶段（低温氧化阶段）、自燃阶段、着火阶段、燃烧阶段和熄灭阶段，见表 7-2。

表 7-2 煤的自燃阶段及征兆

阶段	征兆
潜伏阶段（低温氧化阶段）	其特征比较隐蔽，煤重略有增加，煤被活化（化学活泼性增加），着火温度降低。潜伏阶段的长短取决于煤的变质程度和外部条件
自燃阶段	其特征是巷道内或老塘及密闭内空气中氧含量降低，一氧化碳、二氧化碳含量逐渐增加，空气湿度增大并成雾状，在支架及巷道壁上有水珠，在自燃阶段末期温度达 100℃ 出现煤焦油味
着火阶段	其特征是放出大量一氧化碳、沼气及其他碳氢化合物与水分等。由于这个阶段还没有完全燃烧，所以二氧化碳还不明显，火区温度及岩石温度显著升高，在巷道还可以出现特殊的火灾气味、烟雾
燃烧阶段	其特征是生成大量二氧化碳，在高温下，分解生成更多的一氧化碳，巷道中出现强烈的火灾气体、烟及明火。火源附近温度高达 1000℃ 左右
熄灭阶段	其特征是二氧化碳的浓度继续增高，氧气和一氧化碳则急剧降低，烟及火焰消失，灾区空气及岩石温度逐渐降低

7.3.1.3 煤层自燃的综合防治措施

A 煤层自燃的预测预报

（1）鉴于煤在低温氧化阶段产生 CO，因此，CO 是早期揭露火灾的敏感指标。可在矿井的采煤工作面回风巷、掘进煤巷等有自然发火的地点设置 CO 传感器，若发现 CO 浓度超限，便可采用便携式 CO 检测仪追踪监测确定高温点。

（2）采用红外探测法判断高温点的位置。红外探测法其基本原理是根据红外辐射场的理论，建立火源与火源温度场的对应关系，从而推断出火源点的位置。

（3）用钻孔测温辅助监测。对顶煤破碎或有自燃危险的地点，埋设测温探头，定期监测温度变化情况。

（4）加强漏风检测。定期采用示踪气体法，检查顺槽漏风量；对漏风集中的区域加强观测。

B 预防措施

（1）均压通风控制漏风供氧。均压通风是控制煤层开采中采空区等漏风的有效措施。首先，要在保证冲淡 CH_4、风速、气温和人均风量的前提下，全面施行区域性均压通风，其调压措施包括单项调压和多项措施联合调压，具体实施中，首先形成工作面均压，而后逐步扩大到邻近工作面采空区的区域性均压。

（2）喷浆堵漏、钻孔灌浆。对煤层开采中的可疑地点或已出现隐患地点进行全封闭喷浆和打浅密集钻孔注浆，是防止自然发火的两个有效措施。

（3）注凝胶防灭火。采用注凝胶技术处理高温点或自然发火是煤层开采中防灭火的重点措施，其方法是将凝胶注入高温点或火点的周围煤体中，其作用是既可以封堵漏风通道，又可以吸热降温。

7.3.2 内因火灾的防治措施

7.3.2.1 开拓开采措施

生产实践表明，合理的开拓系统与开采方法对于防止自燃火灾的发生起着决定性的作用。对于自然发火严重的矿井，从防止自燃火灾的角度出发，对开拓、开采的要求是最小的煤层暴露角、最大的煤炭采出率、最快的开采速度和易于隔绝的采空区，以扼制自然发火的 4 个条件。满足上述要求的具体技术措施如下。

（1）采用岩石巷道。在自燃危险度较大的厚煤层或煤层群开采中，运输大巷和回风大巷，采区上、下山，集中运输平巷和集中回风巷等服务时间较长的巷道，如果布置在煤层里，一是要留下大量的护巷煤柱，二是煤层容易受到严重的切割，其后果是增大了煤层与空气接触的暴露面积，煤柱容易受压碎裂，自然发火概率必定增大。因此，为了防止自燃火灾，应尽可能采用集中岩巷和岩石上山。

（2）区段巷道采用垂直重叠布置。近水平或缓斜厚煤层分层开采，区段巷道的布置有内错和外错两种基本方式。这两种布置方法对防止采空区浮煤自然发火都有一些不利的影响，而各分层平巷沿铅垂线重叠布置可以减小煤柱的尺寸和不留煤柱，巷道避开了支撑压力的影响，容易维护。同时也消除了内错式布置造成的蓄热氧化易燃隔角带和外错式布置形式的工作面顶板虚实交接压力大、顶煤破碎易自燃的缺点。

（3）区段巷道分采分掘布置。分采分掘就是区段采煤工作面的进、回风巷道同时掘进，这样上下相邻区段的进、回风巷道之间就不必再掘进联络眼，可以有效减少此类自燃事故。

（4）采用合理的采煤方式。合理的采煤方式能够提高煤矿先天的抗自然发火能力。多年实践表明，降低煤层自然发火的可能性应从以下几个方面着手：少丢煤或不丢煤；控制矿井压力，减少煤柱破裂；壁面上行开采，遵循先采上煤层、再采下煤层的正常开采顺序；合理布置采区；回采时尽量避免过分破碎煤体；加快工作面回采速度，使采空区自热源难以形成；及时密闭已采区和废弃的旧巷；注意选择回采方向，不使采区回风巷过分受压或长时间维护在煤柱里。

（5）推广无煤柱开采技术。无煤柱开采，就是在开采中取消了各种维护巷道和隔离采空区的煤柱。无煤柱开采有助于防治自燃火灾的关键在于，取消了煤柱，消除了自然发火的根源。

（6）坚持正常的回采顺序。

7.3.2.2 矿井防灭火系统

A 注浆防灭火系统

《煤矿安全规程》规定："开采自然发火的煤层，必须对采空区进行预防性灌浆。"预防性灌浆是防止自然发火较有效、应用广泛的一项措施。

　　所谓预防性灌浆就是将水、浆按适当的配比，配制出一定浓度的浆液，借助输浆管路送往可能发生自燃的采空区以防止自燃火灾的发生。预防性灌浆的作用一是隔氧，二是散热。浆液流入采空区后，固体物沉淀，充填于浮煤缝隙之间，形成断绝漏风的隔离带；有的还可以包裹浮煤，隔绝它与空气的自热氧化过程的发展，同时对已经自热的煤炭有冷却散热的作用。

　　注浆防灭火系统主要由多功能连续式定量制浆机、水泵、滤浆机、渣浆泵、悬浮剂添加设备、化工泵和自动监控系统构成。

　　a　注浆材料的选择

　　（1）注浆材料的种类：黄土、页岩、矿井矸石、粉煤灰、尾矿等。

　　（2）注浆材料成浆性能指标（0.1mm 以下级别的样品）应达到如下规定：

　　1）沉降速度 1~10mm/min；

　　2）临界稳定时间为 20~60min；

　　3）塑性指数 7~14（粉煤灰可小于7）；

　　4）黏度系数（1~2）×10^{-3}Pa·s；

　　5）氧化镁胶体混合物含量 20%~35%；

　　6）含砂量 10%~30%（粉煤灰可小于10%）。

　　b　主要注浆参数计算

　　（1）灌浆系数。灌浆系数是指泥浆的固体材料体积与需要灌浆的采空区空间容积之比。具体数值要根据现场情况而定，对于预防性灌浆，一般取 0.01~0.15，对于封闭区的灭火灌浆可取 0.1~0.3。

　　（2）土水比。制作泥浆时，泥浆中固体材料的体积与泥浆中水的体积之比。泥浆浓度越大，泥浆的黏度、稳定性与致密性也越高，包围隔绝的效果越好，但浓度过高，会造成输送困难。通常应根据泥浆的运送距离、煤层倾角、灌浆方法与季节确定土水比。

　　矿井防灭火注浆浆液的土水比应为 1:5~1:2。在回采工作面洒浆防火时，土水比应为 1:3~1:2。

　　（3）注浆量。矿井注浆量计算：

$$Q = kM \cdot \frac{G}{\rho_c} \cdot (\delta + 1) \tag{7-1}$$

式中　Q——矿井日注浆量，m^3；

　　　　k——灌浆系数；

　　　　G——矿井日产煤量，t；

　　　　δ——土水比的倒数；

　　　　M——浆液制成率；

　　　　ρ_c——煤的密度，t/m^3。

　　c　制浆方法

　　（1）黄泥浆的制浆方法。

　　1）水力制浆。采用人工取土或机械取土，将土疏松，经水力（水枪）冲刷混合成浆。当采用水枪直接取土时，其供水压力、水流量和台数应能满足取土制浆的要求。水力制浆过程中应严格控制土水比。

2）机械搅拌制浆。首先按要求在矿区工业广场修建浆池，将黄土加水在浆池中搅拌成均匀浆液后即可输入井下所需地点。浆池应设 2 个以上，一个作注浆用，另一个进行搅拌制浆，交替使用。浆池的容积应能保证注浆量的要求。

（2）页岩浆和矸石浆方法。页岩浆和矸石浆的制浆方法相似，将页岩和矸石破碎后，用湿式球磨机加水球磨成浆，进入输浆管路。

（3）粉煤灰浆方法。从周边矸石电厂储料场挖取粉煤灰，运到矿井地面制浆站，将粉煤灰用专门的搅拌筒加水搅拌成浆或用水枪冲搅成浆后直接进入输浆管路。

（4）尾矿浆方法。将洗选厂排出的尾矿直接输送到矿区浆池，经沉淀脱水后搅拌成浆进入输浆管路。

B 阻化剂防灭火系统

阻化剂又称为阻氧剂。最初是将一些无机盐类化合物的溶液喷洒在煤块上，具有隔阻氧化、防治煤层自燃的作用。阻化剂防火是一项新技术，由于其具有工艺简单、适用范围广、经济有效等特点，受到煤炭工业发达国家工作者和有关学者的关注。

a 阻化剂的种类

阻化剂种类很多，根据我国矿区采用阻化剂的数据，阻化剂主要有氯化铝、氯化钙、氯化镁、氯化铵、水玻璃等。将这些无机盐类化合物溶液喷洒在煤块上，具有阻止氧化、防止自燃的作用，故称为阻化剂。

b 参数设计

根据生产矿井使用效果，阻化剂溶液浓度在 15%～20%之间为宜。具体参数应在煤层开采时通过试验确定。

c 向采空区喷洒阻化剂

工作面合理的药液喷洒取决于采空区的丢煤量和丢煤的吸液量。最易发生煤炭自燃部位，如工作面的老塘、巷道煤柱破碎堆积带等处，需要充分喷洒的地方，在计算药液喷洒量时要考虑一定的加量系数。

工作面一次喷洒量可按式（7-2）计算：

$$V = K_1 K_2 LBhA\gamma - 1 \tag{7-2}$$

式中　K_1——易自燃部位喷药加量系数，一般取 1.2；

　　　K_2——采空区煤容重，t/m^3；

　　　L——工作面长度，m；

　　　B——一次喷洒宽度，m；

　　　h——采空区底板上遗煤厚度，m；

　　　A——原煤（浮煤）的吸液量，t/m^3；

　　　γ——阻化剂的容重积密度，t/m^3。

应根据工作面实际生产情况，测定采空区遗煤情况，试验测得吨煤吸液量，进一步确定工作面一次喷洒量。

d 阻化剂防灭火工艺

阻化剂防灭火工艺分为 3 类：

（1）喷洒阻化剂。喷洒阻化剂就是在采煤工作面向采空区喷洒阻化剂溶液。

（2）压注阻化剂。压注阻化剂就是向可能发生自燃或已开始氧化的煤体内打钻孔压注阻化剂。

（3）雾化阻化剂。在采空区的入口处，用发雾气将阻化剂雾化，由漏风流将阻化剂溶液微粒带入工作面后部采空区，阻止采空区遗留的浮煤氧化。

7.4 矿井外因火灾的防治

据有关资料显示，我国煤矿的外因火灾数量约占矿井火灾总数的10%，随着矿井机械化和电气化程度的提高，外因火灾的比例还会增加，因此，防治矿井外因火灾意义重大。

7.4.1 外因火灾的预防

7.4.1.1 外因火灾预防的着手点

（1）防止失控的高温热源。在煤矿井下，失控的高温火源有电气设备过负荷、短路而产生的电弧、电火花，不正确的爆破作业形成的爆炸火焰，机械设备运转不良造成的摩擦火花或机械摩擦产生的高温热源，吸烟，使用电炉、灯泡取暖，电焊、气焊、喷灯焊接等明火，瓦斯、煤尘爆炸产生的高温。

（2）在井下尽量采用不燃或难燃支护材料，并防止可燃物的大量积存。目前井下以金属支护、砌碹、锚杆支护、混凝土支护代替木支护对外因火灾预防极为有利。

（3）防止外因火灾蔓延。在井下采取预防外因火灾蔓延的措施，以在外因火灾发生后有效地阻止其蔓延，减小火灾的影响范围。

7.4.1.2 预防外因火灾的一般性技术措施

A 采用不燃性材料

井口房、井架和井口建筑物都应采用不燃性材料进行建筑。进风井筒、回风井筒、平硐、主要生产水平的井底车场、主要巷道的连接处、井下主要硐室和采区变电所等，都应开凿在岩层中或采用不燃性材料进行支护和填实。

B 设置防火门

在进风口和进风的平硐口都应安设防火门，以防止井口火灾和附近的地面火灾波及井下。进风井与各生产水平的井底车场连接处都应设置防火门，要定期检查防火门的质量和灵活可靠性。

C 设置消防材料库

为了迅速有效地扑灭矿井火灾，每个矿井均必须在井口附近设置消防材料库。井下每个生产水平的主要运输大巷中也应设置消防材料库，配备消防器材，并备有消防列车。灭火时消耗的材料和工具应及时补足。消防材料库中的材料和工具，平时不准拿作他用。井下的火药库、机电硐室、水泵房和采区变电所都要配备足够的灭火器材。

D 设置消防水池

每个矿井都要有建筑消防水池。井下可用上一水平的水仓作消防水池。井下各主要巷道中应铺设消防水管，每隔一定距离要设消防水龙头。

井下硐室不准存放汽油、煤油和变压汽油。井下使用的润滑油、面纱和布头等必须集中存放，定期送到地面处理。

7.4.1.3　防止火灾蔓延的措施

限制已发生火灾的扩大和蔓延，是整个防火措施的重要组成部分。火灾发生后利用已有的防火安全设施，把火灾控制在最小的范围内，然后采取灭火措施将其熄灭，对于减轻火灾的危害和损失极为重要。其措施如下：

（1）在适当的位置建造防火门，防止火灾事故扩大。

（2）在每个矿井地面和井下都必须设立消防材料库。

（3）每一矿井必须在地面设置消防水池，在井下设置消防管理系统。

（4）主要通风机必须具有反风系统或设备，反风设施应保持状态良好。

7.4.2　直接灭火法

直接灭火就是用水、砂子、化学灭火器等，在火源附近直接扑灭火灾或挖出火源，这是一种积极的灭火方法。

7.4.2.1　挖除火源

将已经发热或者燃烧的煤炭以及其他可燃物挖出来消除，运出井外。这是扑灭矿井火灾最彻底的方法。但是使用这种方法的条件是火源位于人员可以到达的地点；火区无瓦斯积聚，无煤尘爆炸危险；火灾处于初期阶段，波及范围不大。

7.4.2.2　用水灭火

水是最经济有效、来源最广泛的灭火材料。应注意的是，以下火灾不宜用水扑灭：电气火灾；轻于水和不溶于水的液体和油类火灾；遇水能燃烧的物质火灾；精密仪器设备、贵重文物、档案等火灾；硫酸、硝酸和盐类火灾，因为酸遇强大的水流后会飞溅。

7.4.2.3　用砂子或岩粉灭火

用砂子或岩粉直接撒盖在燃烧物体上，将空气隔绝把火扑灭。通常用来扑灭初期的电气火灾和油类火灾，砂子或岩粉的成本低、操作简单，易于长期存放，所以在机电硐室、炸药库等处，均应备有防火砂箱或岩粉池。

7.4.2.4　灌浆灭火

灌浆的材料可以是黄土、粉碎的风化页岩或矸岩、电厂飞灰、河砂、石灰等。

7.4.2.5　用灭火剂灭火

用于灭火的常用灭火剂有干粉灭火剂、卤代烃灭火剂、惰性气体、凝胶以及泡沫灭火剂等。

7.4.3　隔绝灭火法

当不能直接将火源扑灭时，为了迅速控制火势，使其熄灭，可在通往火源的所有巷道内砌筑密闭墙，使火源与空气隔绝。火区封闭后其内惰性气体的浓度逐渐增加，氧气浓度逐渐下降，燃烧因缺氧而窒息。此种灭火方法称为隔绝灭火。

7.4.3.1　密闭墙

火区的封闭是靠密闭墙来实现的。按照密闭墙存在的时间长短和作用，可分为临时密闭墙、永久密闭墙和防爆密闭墙三种。

（1）临时密闭墙。其作用是暂时切断风流控制火势发展，为砌筑永久密闭墙或直接灭火创造条件。对密闭墙的主要要求是结构简单，建造速度快，具有一定的密实性，位置上尽量靠近火源。传统的临时密闭墙是在木板墙上钉不燃的风筒布，或在木板墙上涂上黄泥，也有采用木立柱夹混凝土块板的。

（2）永久密闭墙。永久密闭墙的作用是较长时间地阻断风流，使火区因缺氧而熄灭。其要求是具有较高的气密性、坚固性和不燃性，同时又要求便于砌筑和开启。

在密闭墙的上中下适当位置应预埋设相应的铁管，用于检查火区的温度、采集气样、测量漏风压差、洒浆和排放积水，平时这些管口应用木塞或闸门堵塞，以防止漏风。

（3）防爆密闭门。在有瓦斯爆炸危险时，需要构筑防爆密闭墙，以防止封闭火区时发生瓦斯爆炸。防爆密闭墙一般是用沙袋堆砌而成的，目前比较先进的方法是采用石膏快速充填构成耐压防爆密闭门。

7.4.3.2　封闭火区的顺序

火区封闭后必然会引起其内部压力、风量、氧浓度和瓦斯等可燃气体浓度的变化，一旦高浓度的可燃气体流过火源，就可能发生瓦斯爆炸。因此，正确选择封闭顺序，加快施工速度，对于防止瓦斯爆炸、保证救护人员的安全至关重要。就封闭进回风侧密闭墙的顺序而言，目前基本上有两种：一是先进后回（又称先入后排），二是进回同时。

7.4.3.3　封闭火区的方法

（1）通风封闭火区。在保持火区通风的条件下，同时构筑进、回风两侧的密闭墙。这时，火区中的氧浓度高于失爆界限（氧气浓度>12%），封闭存在着瓦斯爆炸的危险性。

（2）锁风封闭火区。从火区的进、回风侧同时密闭，封锁火区时不保持通风。这种方法适用于氧浓度低于瓦斯爆炸界限的火区。

（3）注惰封闭火区。在封闭火区的同时注入大量的惰性气体，使火区中的氧浓度达到失爆界限所经过的时间比爆炸气体积聚到爆炸下限所经过的时间要短。

7.4.4　综合灭火法

综合灭火法就是隔绝灭火法与其他灭火法的综合应用。实践证明，单独使用密闭墙封闭火区，熄灭火灾所需时间较长，容易造成煤炭资源的冻结，影响正常生产。如果密闭墙质量不高，漏风严重，就达不到灭火的目的。因此，通常在火区封闭后，采用向火区注入泥浆、惰性气体、凝胶或调节风压等方法，加速火区内火的熄灭，这就是综合灭火法。

7.5　消防及救援

7.5.1　井下消防给水系统

井下消防给水系统是煤矿井下安全的重要保证，是必须建立的。《煤炭工业矿井设计规范》规定，井下必须建立完善的井下消防给水系统。该规定是强制性的。井下消防给水系统由以下部分组成：水源及消防水池、井下输水管道、井下消防给水管网。

7.5.1.1　地面消防水池

矿井工业广场内必须建立专用的井下消防水池，水池有效容积按井下一次火灾的全部用水量计算，但最小不能小于 200m³，地面消防水池如果与其他用途水池合建，必须保证水池中的井下消防容积不被他用。消防水池补水时间为 48h。当采用井下消防与井下洒水为合一管网时，井下消防水池与井下调节水池可以合建。

7.5.1.2　井下输水管道

井下设有完善的消防洒水管网，防尘洒水管路系统主要敷设在：

（1）运输重载系统；

（2）卸载点；

（3）装载点；

（4）采煤工作面的进回风巷；

（5）采掘工作面。

井下应按《煤矿安全规程》的要求，设置消防设施和喷雾降尘装置。

7.5.1.3　消火栓给水系统

由地面消防水池采用焊接钢管以静压方式向井下供水，形成完善的消防洒水管网。为了能够迅速扑灭井下火灾，在井下重要部位需要设置消火栓箱。重要部位是：工作面顺槽口、带式输送机机头、机电硐室、变电站硐室、炸药库等。

7.5.1.4　井下自动喷水灭火系统

井下自动喷水灭火装置系统组成主要有报警阀组、水流指示器、压力开关、末段试水装置、喷头以及各管段。喷头作用面积应覆盖被保护巷道全部面积，采用中温级喷头即可。

7.5.1.5　水压

各用水点压力要求为：

（1）给水栓处及接入一般用水设备处的水压不应低于 0.3MPa；

（2）接入凿岩机及湿式风钻的水压不低于 0.2MPa，且不高于压缩空气的压力；

（3）接入加压泵站水箱或水池的进水口的水压不低于 0.02MPa；

（4）井下消火栓栓口水压不低于 0.35MPa。

7.5.2　煤炭自燃事故应急预案

7.5.2.1　事故应急救援组织及职责

为保障出现煤层自燃着火事故能得到及时、有效的处理，应成立矿井自燃防灭火工作领导小组。

组长：矿长；

副组长：安全矿长、生产矿长；

成员：总工程师、机电矿长、通风助理、安全科长、调度主任、供应科长、办公室主任、医疗室组长、各队队长。

领导小组下设办公室，办公室设在矿调度室，由调度室主任任办公室主任，且由通风助理负责矿井自燃防灭火的日常管理工作。

当发生自燃事故时，发生事故单位必须立即将事故状况、地点迅速汇报给矿调度，矿调度接到井下事故后，立即汇报集团公司调度，并按下列顺序通知有关领导及单位。

矿井救护队、矿长、总工程师、生产矿长、分管矿长、通风助理、医院。

矿井自燃防灭火工作领导小组必须尽快组织处理，防止事故扩大。

7.5.2.2　煤层自燃着火事故应急救援预案

当井下发生火灾时，按下列要求组织抢救和处理：

(1) 迅速查明火灾区域，并组织撤出灾区和受威胁区域人员。

(2) 矿调度立即通知矿井救护队进入灾区抢救遇难人员，同时探明火区地点、范围和尽可能找到发火原因，并采取措施，防止火区扩大及各种有害气体向有人员的巷道蔓延。

(3) 迅速切断火区电源。

(4) 根据已探明的火区情况，确定井下通风措施。

1) 不致造成瓦斯聚积，煤尘飞扬。

2) 不危及人员安全。

3) 不使超限瓦斯进入火源，也不使火源蔓延到瓦斯聚积区。

4) 有助于阻止火区扩大，抑制火势。

(5) 慎重选择灭火方法，在火灾初期，火势范围不太大时，应积极组织人力物力控制火势，直接灭火。

(6) 在直接灭火无效时，应采取隔绝灭火方法封闭火区。

(7) 对密闭墙的位置和建造顺序，应按具体情况做出决定，封闭火区时必须有防止瓦斯爆炸的措施，用河砂或黄泥浆向火区可能蔓延的区域充填严密，隔绝火区。

(8) 在整个抢救和处理过程中，必须有专人严密监测瓦斯和一氧化碳等有害气体的变化，制止煤尘飞扬，防止发生瓦斯、煤尘爆炸和风流逆转。佩戴好自救器，人与人之间要互相照应、互相帮助、团结友爱，做好灭火工作。

7.5.3　建立完善的自救和互救措施

(1) 与有资质的大型矿井救护队签订合作协议的同时，煤矿要根据应急救援预案的要求成立火灾事故领导小组，建立完善的自救和互救措施，积极开展自救和互救工作。

(2) 井下发生灾害事故后，事故地点的职工要迅速组织自救和互救，利用现场的一切条件，及时采取措施，尽量减少人员的伤亡。

根据井下发生灾害的地点不同或灾害类型不同，应采取不同的避灾路线。因此事故发生时，在场人员应尽量了解或判断事故性质、地点与灾害程度，并由在场的负责人或有经验的老工人带领，根据当时当地实际情况，选择安全路线或按预先规定的安全路线，迅速撤离危险区域。

1) 井下发生冒顶事故时，要及时加强冒顶区的支护，全力营救被岩石埋住的人员。

2) 井下发生透水事故时，应撤退到涌水地点上部水平，避免进入涌水附近的独头巷道。但是当独头上山下部唯一出口被淹没无法撤退时，也可在独头工作面暂避。若是老塘老空积水涌出，则须在待避前快速构筑避难硐室，以防被涌出的有毒有害气体伤害。

3) 井下发生火灾时，要立即通知附近的工作人员迅速撤出灾区，向火焰燃烧的相反方向撤退，最好利用平行巷道，迎着新鲜风流绕过火灾，沿新鲜风流流向的逆方向撤退，在从火区撤出时，必须戴上自救器。

4）井下发生瓦斯爆炸事故时，会产生大量的有害气体和温度很高的气流或火焰。这时，要迅速背着空气震动的方向，脸朝下，卧倒在沟里或者用湿毛巾堵住嘴和鼻子，还要用衣服等物掩盖住身体，使身体的暴露部分尽量减少。事故发生后，首先要积极进行自救，戴好自救器，根据灾害预防和处置预案里规定的避灾安全路线，尽快离开灾区。两人以上要编组同行，互相帮助，由有经验的老工人带领。行进中要注意通风情况，要迎着进风的方向走。

5）事故地点有毒有害气体浓度增高，可能危及人员生命安全时，必须及时正确地佩带好自救器，并严格制止不佩带使用自救器的人员进入灾区或通过窒息区撤退。

6）发现受伤昏迷的伤员，尽可能组织人员积极抢救，发扬阶级友爱精神，迅速转移到安全地点。

7）对灾区救出的伤员，一时不能外运，要妥善安置到安全地点，就地进行处理，利用所学急救知识及时进行止血、包扎、人工呼吸等应急措施。

8）在灾区避难待救时，遇险人员要互助互爱，食物和饮用水统一使用，节约、节制使用，树立坚定信心和信念，精心照料伤员，互相鼓励，共渡难关，直至安全脱险。

9）一旦发生事故或发现灾害预兆，必须尽快按避灾路线撤退至地面，或进入避难硐室，等待营救。如果是非火灾和水灾事故，应首先就地进行简单救护，然后立即送往地面医治。

参 考 文 献

[1] 杜文峰. 消防燃烧学 [M]. 北京：中国人民公安大学出版社，1997.

[2] 傅维镳. 燃烧学 [M]. 北京：高等教育出版社，1989.

[3] 周霖. 爆炸化学基础 [M]. 北京：北京理工大学出版社，2005.

[4] 张守中. 爆炸学原理 [M]. 北京：国防工业出版社，1988.

[5] 冀和平，崔慧峰. 防火防爆技术 [M]. 北京：化学工业出版社，2004.

[6] 徐厚生，赵双其. 防火防爆 [M]. 北京：化学工业出版社，2004.

[7] 王德明. 矿井火灾学 [M]. 徐州：中国矿业大学出版社，2008.

[8] 金龙哲. 安全学原理 [M]. 2版. 北京：冶金工业出版社，2018.

[9] 张英华. 燃烧与爆炸学 [M]. 2版. 北京：冶金工业出版社，2018.

[10] 李耀庄. 建筑防火设计 [M]. 北京：机械工业出版社，2015.

[11] 郭树林. 建筑消防工程设计手册 [M]. 北京：中国建筑工业出版社，2012.

[12] 邢志祥. 消防科学与工程设计 [M]. 北京：清华大学出版社，2015.

[13] 张凤娥. 消防应用技术 [M]. 北京：中国石化出版社，2011.

[14] 贡克勤. 建筑消防与安防技术 [M]. 北京：机械工业出版社，2017.

[15] 陈德明. 智能楼宇安全防范系统 [M]. 北京：中国铁道出版社，2014.

[16] 孙萍. 建筑消防与安防 [M]. 北京：人民交通出版社，2007.

附　　录

附录 A　医药化工厂消防工程设计

概述

A 厂始建于 1998 年 9 月，位于 J 省 C 市，整个厂区呈长方形，占地面积 16675m²，是一家集医药、化工产品研制、生产于一体的中型企业，主要生产对甲氧基苯甲酰氯和半胱胺盐酸盐。A 厂在生产产品对甲氧基苯甲酰氯过程中，使用的原料氯化亚砜、盐酸、液碱、硫酸二甲酯和乙醇是危险化学品，存在着火灾、腐蚀和中毒等危险有害因素。除此之外，该厂在生产过程中，存储并使用了剧毒品硫酸二甲酯，存在着中毒、腐蚀、灼伤等危险有害因素。综合考虑，该项目主要危险有害因素为火灾、腐蚀和中毒，即主要的风险类型为火灾、腐蚀和中毒。为了保证生产经营作业的安全进行，避免发生事故，造成人员伤亡和财产损失，必须要全面系统地采取安全技术和管理措施，进行合理必要的消防工程学设计，做到防患于未然。

消防工程设计方案包括的内容有建筑平面防火设计、安全疏散设计、建筑内部装修防火设计、建筑防排烟设计、建筑消防灭火系统设计，以及火灾自动报警与监控系统设计。

A.1　建筑平面防火设计

A.1.1　厂区总平面布局概述

整个厂区基本呈长方形，占地面积 16675m²。厂内建筑分四排，分布在一条宽约 12m 的中央道路两侧。道路西侧从南到北分别为门卫、办公室、2 号车间、1 号车间和环保设施；道路东侧从南到北依次为食堂及职工车间、2 号仓库、1 号仓库和锅炉房，如图 A-1 所示。

A.1.2　建筑分类及危害等级

我国国家标准《建筑设计防火规范》将建筑按照用途分为工业和建筑两类。建筑又分为居住和公共建筑物。建筑物、构筑物危险等级的划分为三级：严重危险级、中危险级和轻危险级。本厂区主要建筑物清单及等级见表 A-1。

对于工业建筑来说，建筑物、构筑物的危险等级划分的主要依据是内部的主要危险、有害物质的理化性质及危险特性。A 厂生产对甲氧基苯甲酰氯和半胱胺盐酸盐过程中，涉及的危险有害物料是对羟基苯甲酸、液碱、硫酸二甲酯、氯化亚砜和工业乙醇，能产生火灾、爆炸、腐蚀，对人体产生毒害等危险、有害因素。

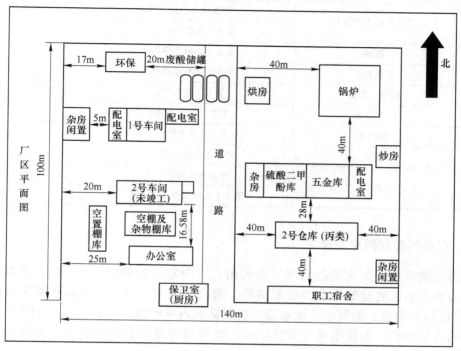

图 A-1　厂区平面图

表 A-1　主要建筑物清单及等级

序号	建（构）筑物名称	建筑面积/m²	建筑结构	耐火等级	层数
1	1 号生产车间	200	砖混	二级	1
2	1 号仓库	240	砖混	二级	1
3	2 号仓库（丙类）	200	砖混	二级	1
4	锅炉房	100	砖混	二级	1
5	办公室	150	砖混	二级	1
6	职工宿舍	160	砖混	二级	1
7	门卫（食堂）	100	砖混	二级	1
8	配电室	10	砖混	二级	1
9	棚库	250	砖混	二级	1

根据《建筑设计防火规范》《危险化学品名录》《剧毒化学品名录》《易制毒化学品管理条例》，主要危险、有害物质的性质见表 A-2。

通过主要危险、有害物质危险特性分析可以看出，生产过程中存在着易燃、易爆物质及对人体有毒害物质。根据《建筑设计防火规范》中的建筑物、构筑物的危险等级的划分标准，该厂的危险等级属于严重危险级。

表 A-2　主要化工产品危险性

序号	危险化学品名称	危险性类别	备注
1	对甲氧基苯甲酰氯	丙类火灾危险介质	
		第 8.1 类酸性腐蚀品	
2	液碱	第 8.2 类碱性腐蚀品	
3	氯化亚砜	第 8.1 类酸性腐蚀品	
4	硫酸二甲酯	第 6.1 类毒害品	
5	二氧化硫	第 2.3 类有毒气体	
6	氯化氢	第 2.2 类不燃气体	
7	盐酸	第 8.1 类酸性腐蚀品	
8	乙醇	甲类火灾危险介质	
		第 3.2 类中闪点易燃液体	

A.1.3　耐火等级和防火间距

我国《建筑设计防火规范》将厂房的耐火等级划分为四级。A厂的生产车间、仓库、办公和生活区的建筑物均为砖混结构，耐火等级为二级。建筑面积和层数均满足《建筑设计防火规范》的要求，能够适应抵御区域内可能出现的火灾爆炸的危险，避免不必要的人员伤亡，即使出现火灾危险时，也可以有足够的时间组织人员进行逃生和应急救援。

防火间距是指相邻两栋建筑物之间，保持适应火灾扑救、人员安全疏散和降低火灾时热辐射的必要间距。也就是指一幢建筑物起火，其相邻建筑物在热辐射的作用下，在一定时间内没有任何保护措施情况下，也不会起火的最小安全距离。确定防火间距时，要考虑热辐射和灭火的实际需要并有利于节约用地。

A厂的生产车间属于丙类生产车间，防火要求一般。根据厂区平面图和实际测量，结合《建筑设计防火规范》可以得出防火间距为：厂办公室与生产车间的距离为52m，与1号和2号车库的距离分别为22m和35m；1号生产车间与1号仓库的距离为60m；2号仓库距离职工宿舍16m，距离1号仓库28m。

A.1.4　消防车道

消防车道是指火灾时供消防车通行的道路。建筑平面设计时，首先要弄清楚建设用地及周围环境有关情况；其次要根据规范要求合理确定建筑红线；最后根据建筑性质、层数，合理确定建筑体量、位置及建筑物之间的关系。在进行具体布置时，要留够建筑防火间距。布置道路时，要注意消防车道的要求和转弯半径、道路宽度、回车场地等。

A厂周围200m以内没有居民区或者其他重要公共设施。厂区东边200m外为纺织助剂厂，东南角方向15m外为砖瓦厂办公室，工厂大门南30m为村公路，过往车辆和行人稀少，400m外为砖瓦厂，西边为农田，1.5km外为儒林公路，交通便利，北边800m外为另一砖瓦厂。

受条件限制，不宜采用环形消防通道。该厂的平面布置分为东西两侧，中间形成一条

12m 的中央道路，可以利用这条中央道路作为火灾发生时的消防车道。此外，在仓库周围也有大量空地，当仓库中的易燃液体乙醇发生意外燃烧时，消防车可以抵达进行灭火救援。除此之外，A 厂距离西面的儒林公路 1500m，场内道路经村级公路与儒林公路相连。儒林公路为金坛至儒林的主干道，水泥路面，车流量较大。工厂周边的道路能满足企业应急救援的需要。

基于上述原因，采用原有的 12m 的道路作为消防车道。

A.2 安全疏散设计

安全疏散的目的在于发生火灾等紧急情况时引导人们向安全区域撤离。例如发生火灾时，引导人们向不受火灾威胁的地方撤离。为保证人们能安全地撤离危险区域，建筑物应设置必要的疏散设施，如太平门、疏散楼梯、天桥、逃生孔以及疏散保护区域等；应事先制定疏散计划，研究疏散方案和疏散路线，如撤离时途经的门、走道、楼梯等；确定建筑物内某点至安全出口的时间和距离，如商场的营业厅由厅内任何一点至最近疏散出口的直线距离不宜超过 20m；计算疏散流量和全部人员撤出危险区域的疏散时间，保证走道和楼梯等的通行能力，如楼梯的总宽度应按每通过人数 100 人不小于 1m 计算，且规定有最小净宽，如医院的疏散楼梯宽度不小于 1.3m，住宅为 1.1m 等。此外，还必须设置指示人们疏散、离开危险区的视听信号。

A 厂的主要建筑物包括 1 号、2 号车间，1 号、2 号仓库，办公室和职工宿舍。根据厂区总平面布置的实际情况，可以分别设置安全疏散分区，——进行安全疏散设施的布置和安全疏散路线的设计，保证发生火灾时员工能够井然有序的进行紧急疏散，避免不必要的人员伤亡，减少火灾对生产经营的经济损失。

A 厂现有员工 15 人，人数较少，且厂房为丙类厂房，根据《建筑设计防火规范》，对于对甲氧基苯甲酰氯厂房可以只设置一个安全出口；同时，由于乙醇的库房的面积大于 100m²，需要设计两个安全出口。针对生产过程中存在的火灾爆炸的危险，厂房及仓库的设施要设置成防火防爆型，采用防火门。沿着疏散路线及醒目位置设置安全疏散指示；在醒目位置安置消防应急灯，并要保障紧急情况时能够及时发挥作用。

A.2.1 允许疏散的时间及安全疏散距离

允许疏散时间是指建筑物发生火灾后，处于危险区域的人员安全撤离火场并抵达安全区域所需的时间。对高层建筑，允许疏散时间通常只有 5~7min；对一、二级耐火等级的公共建筑，允许疏散时间通常只有 6min；对三、四级耐火等级的建筑，允许疏散时间只有 2~4min。A 厂为二级单层工业建筑，根据规范，允许的疏散时间为 6min。

安全疏散距离直接影响疏散所需时间，距离过长对安全疏散十分不利。根据《建筑设计防火规范》中的规定，耐火等级为二级的丙类厂房和仓库内任一点到安全出口的距离要小于 80m，结合该厂的 1 号、2 号厂房和 1 号、2 号仓库的实际情况，完全符合。

据测量数据，人员流动的速度约为 43 人/min，该厂的总员工数为 15 人，即使全部分布在上文中划分的某一个安全分区中，也可以在 1min 之内安全疏散，在允许的疏散时间范围内。

A. 2. 2　安全出口的设置

安全出口的设置包括设置安全出口的宽度、安全出口的数量和疏散的构造要求等。

安全出口的宽度如果不足，会延长疏散时间，影响安全疏散。因此，适宜的宽度是必要的，只有设计合理，才能发挥安全出口的疏散功能和经济效益；而安全出口的宽度可通过百人宽度指标计算确定。百人宽度指标的含义是每百人在允许疏散时间内，以单股人流形式疏散所需的疏散宽度。

计算说明：

$$百人宽度指标 = \frac{单股人流宽度 \times 100}{允许疏散时间 \times 每分钟每股人流通过人数}$$

注：式中单股人流宽度取 0. 55～0. 6m，人流较大的场所可取 0. 55m；人流疏散速度经实测在平地面时为 43 人/min，在阶梯地面时为 37 人/min。

由此可计算出该厂百人宽度指标为：$B_1 = (0.55 \times 100)/(4 \times 43) = 0.32$。

安全出口总宽度计算公式为：

$$安全出口总宽度 = \frac{疏散人数 \times 百人宽度指标}{100}$$

注：按我国现行防火设计规范进行疏散设计，可以引入折减系数的概念，即将计算出的总人数乘以 0. 5～0. 7 的折减系数，该厂的总员工数为 15 人则 $15 \times (0.5 \sim 0.7) = 8 \sim 11$ 人。

人数较少，计算所得的安全出口总宽度小于《建筑设计防火规范》规定的最小值，于是宽度取最小值，即疏散走道的最小净宽度不宜小于 1. 40m，门的最小净宽度不宜小于 0. 90m，故分别取 1. 4m 和 0. 90m。而该厂原有的疏散走道的最小净宽度为 2m，门的最小净宽度为 1. 5m，均符合要求，不需要进行重新设计。

A. 2. 3　安全疏散标志设计

安全疏散标志的设计是为了使人们在火灾等危险情况发生时，人们可以及时方便地通过指示标志找到正确的疏散逃生的路线，避免紧急情况下的惊慌失措，减少火灾发生后的人员伤亡和财产损失。

设计安全疏散标志时应该注意：

（1）消防安全疏散标志的设置应根据建筑物的用途、建筑规模、使用人员特点和室内环境等因素选用。

（2）设置消防安全疏散标志时，标志内容应清晰、简洁、明确，并与所要表达的内容相一致，不应相互矛盾或重复。

（3）消防安全疏散标志应设在醒目位置，不应设置在经常被遮挡的位置（本标准另有规定者除外），疏散出口、安全出口等疏散指示标志不应设置在可开启的门、窗扇上或其他可移动的物体上。

（4）当正常照明电源中断时，应能在 5s 内自动切换成应急照明电源，且标志表面的最低平均照度和照度均匀度仍应符合日常情况下的要求。

（5）疏散导流标志应沿疏散通道和通向安全出口或疏散出口的设计路线设置。

（6）在联合设置电光源型和蓄光型等其他类型的消防安全疏散标志系统时，蓄光型等其他类型的消防安全疏散标志宜用作辅助标志。

针对上面涉及安全疏散装置的总的要求，对该厂的安全疏散装置进行重新设计，使得其作为指示装置的指示作用更加明显，起到预期的效果。

（1）安全出口和疏散出口指示标志宜设在靠近其出口一侧的门上方或门洞两侧的墙面上，标志的下边缘距门的上边缘不宜大于30cm。在远离安全出口的地方，应将"安全出口"和"疏散通道方向"标志联合设置，箭头必须指向最近的安全出口。因此要将所有的安全出口打开，在厂房和仓库的门和安全出口上方（疏散标志的下边缘距门的上边缘不宜大于30cm）应增设一个安全疏散标志，更换所有坏掉的安全疏散标志，将背对着疏散方向的安全疏散标志重新安装。

（2）应增设应急照明灯，当正常照明电源中断时，应能在5s内自动切换成应急照明电源，且标志表面的最低平均照度和照度均匀度仍应符合日常情况下的要求。

A.3　灭火器配置设计

该化工厂主要建（构）筑物特征及结构等情况见表 A-3。

表 A-3　化工厂主要建（构）筑物特征及结构

序号	建（构）筑物名称	建筑面积/m²	建筑结构	耐火等级	层数
1	1 号生产车间	200	砖混	二级	1
2	1 号仓库	240	砖混	二级	1
3	2 号仓库	200	砖混	二级	1
4	锅炉房	100	砖混	二级	1
5	办公室	150	砖混	二级	1
6	职工宿舍	160	砖混	三级	1
7	门卫（食堂）	100	砖混	二级	1
8	配电室	10	砖混	二级	1
9	棚库	250	砖混	二级	1

A.3.1　灭火器配置的设计

（1）计算该单元的保护面积（取 1 号仓库计算）。

根据规范规定，建筑物的保护面积应按使用面积计算。因此，该单元的保护面积为 $S = 240\text{m}^2$。

（2）计算单元的需配置灭火级别。

该车间属地面建筑，扑救初起火灾所需的最小灭火级别合计值应按式（A-1）计算：

$$Q = K\frac{S}{U} \tag{A-1}$$

已知：$S = 240\text{m}^2$

查规范，得 $K=0.9$，$U=20m^2/A$。

将 S、K、U 的值代入公式，得：

$$Q = 0.9 \times 240/20 = 10.8A$$

（3）确定该单元的灭火器设置点数与各点的位置。

查规范，得知该单元手提式灭火器的最大保护距离为 15m。然后运用保护圆周简化设计法确定灭火器设置点：

取之间 3 个点分别为 A、B、C 共 3 个灭火器设置点，画三个保护圆，如图 A-2 所示。图中的 3 个保护圆覆盖了该单元的所有区域，无"死角"，符合规范要求，且该 3 个点位置的地面和墙壁上均无工艺设备，故此方案可取。由此确定了该单元 3 个灭火器设置点及其位置。

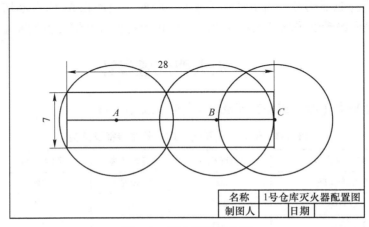

名称	1号仓库灭火器配置图
制图人	日期

图 A-2 灭火器设置位置

（4）计算每个灭火器设置点的需配灭火级别：

$$Q_e = \frac{Q}{N} = 10.8/3 = 3.6A$$

（5）确定每个设置点灭火器的类型、规格与数量。

A.3.2 类型选择

根据仓库的特点和防火设计要求，决定选择手提式干粉灭火器，其理由是：干粉灭火器内充装的灭火剂，是以二氧化碳或氮气为驱动气体进行喷射、灭火的，适于扑救石油及其产品、油漆等易燃液体、可燃气体、电气设备的初起火灾（B、C 类火灾），工厂、仓库、学校、商店、图书馆等单位可选用此类灭火器。若充装多用途（ABC）干粉，还可以扑救 A 类火灾。仓库空间有限，故不选用推车式灭火器。

规格与数量的确定：

$$Q = 0.9 \times 240/20 = 10.8A$$

$$Q_e = \frac{Q}{N} = 10.8/3 = 3.6A$$

得知如果每点配置 2~5kg 手提式干粉灭火器，即 MF5×2，则灭火级别为 $Q_s = 3A \times 2 = 6A > 3.6A = Q_e$，符合规范要求。

A.3.3　灭火器配置验算

（1）该单元实际配置的所有灭火器的灭火级别验算如下：

$Q_t = 2$（具）$\times 3$（点）$\times 3A = 18A > Q$，符合规范要求。

（2）每个灭火器设置点实际配置的所有灭火器的灭火级别验算：

$Q_s = 2$（具）$\times 3A = 6A > Q_e$，符合规范要求。

（3）每具灭火器最小配置规格 $= 3A > 1A$，符合规范。

（4）该单元内配置灭火器总数 $= 6$ 具 > 2 具，符合规范。

（5）每个设置点配置灭火器数 $= 2$ 具 < 5 具，符合规范。

其他建筑物的计算同 1 号仓库一样，表 A-4 为其他建筑的灭火器配置。

表 A-4　消防器材配置及分布

分布位置类型	生产车间	1 号仓库	2 号仓库	合计
黄沙箱	1	1	1	3
干粉灭火器	4	6	8	18
灭火设施数量	4	1	5	10

A.4　火灾自动报警及消防联动控制系统设计

A.4.1　报警区域和探测区域的划分（取 1 号生产车间）

根据火灾自动报警系统设计规范，一个房间的每个开间或每个有吊顶（吊于梁下）的房间，每个楼梯间、消防电梯前室、走道、管道井、电缆竖井均划分为一个探测区域，报警区域按建筑防火分区，即每层（面积约小于 $500m^2$）为一防火分区。

A.4.2　系统设计

火灾自动报警系统采用控制中心报警系统。因该车间属二级耐火等级，不仅需要区域集中报警控制器，而且需要必要的消防联动控制设备，根据规范，并满足上述要求的仅为控制中心报警系统。

因为上班人数比较多，为了减少消防控制中心与火灾监视区域之间的管理层次，减少人员和空间的浪费，降低造价，所以选用了营口报警设备总厂的 JX-1 火灾报警区域显示器与 JB-QB-508 火灾报警控制器，配合组成大集中形式的火灾报警系统。

A.4.3　火灾自动报警系统

（1）设计布置。在消防控制中心设置火灾报警控制器 JBQB-508，各车间分别设置一台火灾报警区域显示器 JX-1，每一层为一个报警区域，每层 JX-1 尽可能装在一条垂线上。

（2）办公用房选用光电感烟火灾探测器 JTYGD（SDN），设置卤代烷灭火装置的场合加装适量的电子定温火灾探测器 JTY-Z-2，大面积房间按探测器保护面积装设探测器。

（3）另外，根据规范规定还设置了手动报警按钮，在每层靠近楼梯和电梯的走廊侧面墙上分别设 3 个手动报警按钮，这三处皆为方便报警适宜位置，且满足一层内任何部位距手动报警按钮的步行距离不应超过 30m 的要求。

A.4.4　报警方式

（1）探测器自动报警。当某处发生火情，则该处探测器动作，通过信号线使所在区域的区域显示器 JX-1 和火灾报警器 JB-QB-508 发出声光报警信号，并显示其报警部位。

（2）手动报警。人员发现火情后，用手动报警按钮向显示器和火灾报警器发出火警信号。

（3）水流指示器报警。水喷淋头到一定温度时会自动喷洒，水流指示器动作，并反馈给火灾报警器动作信号。

（4）发生火情时，人员可打破消火栓按钮的玻璃，使按钮弹出，从而给消防控制室的火灾报警器发出信号。消防控制室值班人员接到报警信号后通过 CRT 显示屏，并经确认后，通过装在火灾报警器的火警电话 XH-30 向消防部门报告火情。

A.4.5　消防联动控制系统

采用集中联动系统，主要由以下几个方面构成。

（1）消火栓按钮、水流指示器、水压力开关发生火情时，信号通过联动控制器 JL127-2 传到裙房地下一层水泵房内变频调速供水设备控制柜，使生活水压变成消防水压，实现消防控制。消防控制室通过手动控制线直接启停消防水泵。

（2）防火卷帘门控制系统在各层（地下 2 层、地上 12 层和 22 层除外）的电梯前室设置防火卷帘门，由相应部门的烟感、温感的火警信号送到消防控制室的防火卷帘控制装置，该装置发出指令可自动控制各防火卷帘门的两阶段关闭动作；同时在消防控制中心也可直接远程手动控制防火卷帘门的升降动作并监视其工作状态。

（3）通风、防排烟控制系统。火灾发生后产生大量烟气，给人员安全疏散造成很大的困难，甚至威胁到人们的生命安全，因此防排烟设施是非常重要的。根据暖通专业的要求，应按规定的闭锁关系开启排烟阀、送风口并起动排烟机、送风机。消防控制室通过手动控制线直接启停排烟机。

（4）空调系统，火情发生后，为了防止火情的蔓延，通过 JB-LGZ-YBZ2032 火灾报警联动控制器强停各空调机。

附录 B　煤矿矿井防灭火专项设计

概述

B 煤矿矿井采用斜井开拓，通风方式为中央并列式通风，主、副斜井进风，回风斜井回风。矿区内含可采或局部可采煤层 4 层，分别为全区可采煤层 M0 、M8、M9、M14，煤矿矿井相对瓦斯涌出量为 $9.60m^3/t$，矿井绝对瓦斯涌出量为 $2.13m^3/min$。

矿井瓦斯等级：瓦斯矿井。

（1）设计目的

1）为贯彻"安全第一，预防为主，综合治理"的安全生产方针，提高 B 煤矿本质安全型矿井建设及安全管理水平，有效控制矿井生产过程中出现的危险及有害因素，降低矿井生产安全风险，预防事故发生，保护矿井作业人员的健康、生命安全及财产安全。

2）合理有效地控制煤层自燃，避免事故发生，提高矿井安全生产的持续性发展。

（2）设计依据

1）《煤矿安全规程》规定，开采有自燃倾向性的煤层，在矿井和新水平的设计中，必须采取措施（包括开拓开采、巷道布置、开采方法、回采工艺、通风方式和通风系统等）以及（包括灌浆或注砂、喷注阻化剂、注入惰性气体、均压技术等）预防煤层自然发火措施。

2）《设计规范》规定，二级自燃矿井应建立以注浆或注砂为主，以阻化剂或均压技术为辅的防灭火系统和预测预报系统，并配备惰性气体装备。

3）根据 B 煤矿所在省煤田地质局实验室 2010 年 10 月提交的 B 煤矿 M0、M8、M9、M14 煤层爆炸性及煤炭自燃倾向性鉴定报告鉴定结果，煤层自燃等级为 Ⅱ 级，有自燃倾向性。

4）B 煤矿科技有限责任公司 2012 年 2 月提交的《B 煤矿开采方案设计（扩能)》。

5）国家关于防灭火的管理规定和要求。

（3）设计的主要任务

1）对 B 煤矿的地质条件及矿井设计概况进行综述。

2）对生产过程可能出现的自燃事故进行分析，并编制选择相应的防治措施和装备，做到"安全第一，预防为主，综合治理"。

3）根据矿井生产特点，对矿井自燃、一氧化碳和温度进行实时监测，以便矿领导和相关人员及时了解情况，采取有效措施。

（4）依据的法律、条例、规程、规范、细则

1）2014 年原国家安全监察总局、煤矿安全监督管理总局下发的《关于进一步加强煤矿井下防灭火管理的通知》；

2）《煤矿安全规程》；

3）原国家安全生产监督管理局发布的《矿井防灭火规范》及《煤矿注浆防灭火技术规范》；

4）原煤炭工业部发布的《煤矿一通三防安全知识》；

5）《中华人民共和国煤炭法》；

6）《中华人民共和国矿山安全法》；

7）《中华人民共和国安全生产法》；

8）《中华人民共和国劳动保护法》；

9）《中华人民共和国消防法》；

10）其他各种行业性规定。

B.1　矿井概况及生产条件

B.1.1　矿井概况

B.1.1.1　交通位置

B 煤矿位于东经 105°59′32″～东经 106°00′06″，北纬 26°21′31″～北纬 26°22′36″，属 G 省管辖。

B.1.1.2　矿区井界

B 煤矿原矿区范围由 7 个拐点圈定，矿区面积约 1.5487km²。有效期 10 年，2020 年 5 月到期，年生产能力 9 万吨，开采标高为+1450m～+1140m。

B.1.1.3　矿井自然概况

（1）地形地貌

矿区为低中山峰丛谷地地貌，南高北低，海拔标高 1320～1611.3m，最高点位于矿区内南西部哨口，海拔 1611.3m，最低点位于矿区外北部冲沟中，海拔 1320m，相对高差 292.3m，矿区内出露地层主要为煤系地层，一般标高 1340～1520m，矿区地侵蚀基准面及最低排泄面位于矿区北部的三岔河，海拔 1320m。

（2）气候条件

矿区属亚热带温暖湿润气候，冬无严寒，夏无酷暑，气候湿润，雨量充沛，相对湿度 78%～88%，年降雨量 1000～1300mm，年蒸发量 1050～1200mm，雨季多在每年 5～9 月，枯季多在 12 月～次年 4 月。

（3）水系及其主要河流

矿井范围内无河流，在矿区西北角有一团结水库，水库坝顶标高+1463.20m，最高水位 1461m，最低水位 1458m，面积 0.0171km²，水库容量约 17.5 万立方米。

（4）地震

根据《中国地震动参数区划图》（GB 18306—2001），矿区地震烈度为Ⅵ度。

B.1.1.4　矿区地质特征

矿区出露地层为二叠系上统龙潭组（P3l）、长兴组（P3c），下三叠系大治组第一段（T1d1）及第四系等。龙潭组是矿区的含煤地层。

（1）第四系（Q）。以残积、坡积物为主，不整合于其他地层之上，为黄色、褐黄色风化土及基岩碎块，厚度小于 10m，主要分布于低洼处。

（2）三叠系下统大冶组第一段（T1d1）。上部为灰、深灰色薄层灰岩，含泥质条带，夹鲕状砾屑灰岩及页岩，厚 140～160m，平均厚 150m 左右。下部灰、灰黄色薄层状粉砂质泥岩或泥质粉砂岩，厚 9.58～28.45m，平均厚 19.02m 左右。总厚 149.58～188.45m，平均厚 169.02m 左右，与下伏地层呈整合接触。

（3）二叠系上统长兴组（P3c）。岩性为灰色、深灰色、棕灰色厚层燧石灰岩，近层面含有沥青质。厚 11.89～18.66m，平均厚 13.28m 左右。地表多呈陡岩，与下伏龙潭组呈整合接触。

（4）二叠系上统龙潭组（P3l）。灰色、深灰色、黑色，泥岩、粉砂岩、细砂岩、灰岩、煤层为主，局部夹铝土质泥岩、炭质泥岩，含煤 17 层，全区或局部可采煤层 4 层即 M0、M8、M9、M14，其余不可采煤层。

该组地层总厚 371.97m，与下伏地层呈假整合接触。

B.1.1.5　地质构造

矿区位于蔡官向斜北西翼，总体呈单斜构造，地层倾向为 160°～180°，一般为 176°；倾角 3°～10°，一般为 8°；未发现较大断层，构造复杂程度为简单类型。

B.1.1.6　煤层及煤质

（1）可采煤层及其特征。可采煤层特征见表 B-1 和表 B-2。

表 B-1　可采煤层层间距

层位名称	层间距/m	煤厚/m	主要对比特征
P3c	50.28～57.42 平均 54.54		燧石灰岩
M0		0.80～1.20 平均 1.05	偶含夹矸一层 0.18m，结构简单，煤厚稳定，全区可采
	144.20～156.71 平均 148.09		
M8		0.83～1.80 平均 1.35	结构简单，煤厚稳定全区可采
	11.22～33.45 平均 18.90		
M9		0.74～1.75 平均 1.31	局部结构复杂，煤厚较稳定，大部分可采
	53.15～66.27 平均 59.54		
M14		0.50～1.30 平均 0.85	局部结构复杂，煤厚极不稳定，局部可采
P2m	125.82		灰岩

表 B-2　可采煤层特征

煤层名称	煤层厚度/m	平均厚度/m	煤层夹矸数	稳定性	煤层倾角/(°)	煤种	顶板岩性	底板岩性
M0	0.80～1.20	1.05	0～1	稳定	3～10，8	无烟煤	泥岩、泥质粉砂岩	泥岩、粉砂岩
M8	0.83～1.80	1.35		稳定	3～10，8	无烟煤	泥岩	泥质粉砂岩
M9	0.74～1.75	1.31		稳定	3～10，8	无烟煤	灰岩	泥质粉砂岩
M14	0.50～1.30	0.85		不稳定	3～10，8	无烟煤	灰岩	泥岩

（2）不可采煤层：

M4、M5、M7、M13、M16、M17 为不可采煤层。

（3）煤的宏观特性：

M0 煤层为块状、粉状，似金属光泽，以亮煤为主，暗煤次之。结构以中条带状为主，细条带及线理状次之，为半亮型煤。

M8 煤层上部为块状、下部为粉状，似玻璃光泽，参差状断口，以暗煤为主，亮煤次之。条带状结构，为半暗型煤。

M9 煤层为块状，似金属光泽，参差状断口，以亮煤为主，暗煤次之，具条带状结构，为半亮型煤。

M14 煤层为块状，玻璃光泽，参差状断口，以亮煤为主，夹镜煤条带，为半亮型或光亮型煤。

裂隙中可见方解石薄膜、黏土矿物及黄铁矿等充填物，多含浸染状黄铁矿。

B.1.1.7　煤层的自燃性及地温

（1）煤层的自燃性。

B 煤矿 M8 煤层为二类自燃煤层。矿井按 Ⅱ 级自燃设计和管理。

（2）地温。本井田无地温异常现象，属正常地温矿井。

B.1.1.8　存在问题及建议

（1）矿井浅部老窑由于开发年代久远，原调查访问的可靠程度有一定的局限性，因此建议对矿井井田范围内的小煤窑开采情况进行详细调查，在今后的采掘活动中应引起高度重视，同时加强管理工作，防止误透小煤窑事故发生。

（2）进一步研究断层形态，结合井下和钻孔资料，详细研究小构造的发育规律及对煤矿生产的影响程度。

（3）以往的勘探工作对防止矿井自燃工作不够深入，建议在今后的巷道掘进和生产过程注意收集地质资料，以做进一步补充完善，从而指导矿井生产。

B.1.2　矿井设计概况

B.1.2.1　矿井设计生产能力

B 煤矿设计生产能力为 9 万吨/年。

B.1.2.2　矿井开拓开采

（1）矿井井界。矿井井界由 G 省国土资源厅划定，矿区地理坐标：东经 105°59′32″～东经 106°00′06″；北纬 26°21′31″～北纬 26°22′36″，由 7 个拐点圈定，矿区面积约 1.5487km²，开采标高为 +1450～+1140m。

（2）矿井储量：

矿井工业资源量为 783.6 万吨；

矿井设计资源量为 559.07 万吨；

矿井设计可采资源量为 526.14 万吨。

由于矿井从 2010～2013 年共三年不断开采，按年平均采出量为 9 万吨计算，共采出 27 万吨，因此，矿井现有可采资源量为 499.14 万吨。

（3）设计服务年限。该矿井设计年生产能力 9 万吨，服务年限为 24.2 年，满足《煤炭工业小型煤矿设计规范》的要求。

（4）井田开拓方式、井筒装备与布置。

矿井采用斜井开拓，主、副斜井及回风斜井位于井田西南部缓坡地带。主斜井井口坐标 X：2916986，Y：35598947，Z：+1437m，方位角 α：206°，倾角 β：22°，胶带运输机运输，全长 647m；副斜井井口坐标 X：2916936，Y：35598956，Z：+1435m，方位角 α：206°，倾角 β：22°，全长 640m；回风斜井井口坐标：X：2917028，Y：35598903，Z：+1439m，方位角 α：209°，倾角 β：21°，全长 642m。

在副斜井井底车场附近布置井底联络巷贯通运输石门，并在车场附近布置水泵房、主副水仓。

（5）采区划分和开采顺序。

1）采区划分。根据矿区范围及矿井开拓方式，以两个水平，水平标高分别为 +1140m、+1197m，分煤组布置方式开采。

2）开采顺序：

①煤组开采顺序：中煤组→下煤组→上煤组；

②采区开采顺序：一采区→二采区→三采区→四采区→五采区；

③煤组内煤层间的开采顺序：煤组内阶段下行式、采区内区段下行式、区段内煤层下行式。

（6）矿井通风。矿井共布置三个井筒，分别为主斜井、副斜井、回风斜井，其中主斜井、副斜井为进风井，回风斜井回风，为并列式通风。矿井通风方法为机械抽出式。

（7）采煤方法与顶板管理。目前矿井采用的走向长壁后退式采煤法，全部垮落法管理顶板。

B.2 矿井通风、监测系统

B.2.1 矿井瓦斯、煤尘、自燃和地温

（1）瓦斯。B 煤矿矿井相对瓦斯涌出量为 9.60m^3/t，矿井绝对瓦斯涌出量为 2.13m^3/min。

矿井瓦斯等级：瓦斯矿井。

（2）煤尘。根据 G 省煤田地质局实验室 2010 年 10 月提交的《B 煤矿煤尘爆炸性鉴定报告》，煤尘无爆炸性。

（3）自燃。根据 G 省煤田地质局实验室 2010 年 10 月提交的《B 煤矿 M0、M8、M9、M14 煤炭自燃倾向性鉴定报告》结果，煤层自燃等级为 II 级，有自燃倾向性。

（4）地温。根据邻近矿井生产过程中的情况及邻近矿井类比分析，该矿井无地温异常区，属于地温正常区域。

B.2.2 矿井通风

B.2.2.1 通风方式和通风系统

（1）通风方式。矿井共布置三个井筒，分别为主斜井、副斜井、回风斜井，其中主

斜井、副斜井为进风井，回风斜井回风，为并列式通风。

（2）通风系统。掘进工作面采用局部通风机压入式供风。

矿井主要通风机型号选用 FBCDZ-6-No18B 两台，一台使用，一台备用，配套电机功率为 2×110kW。

B.2.2.2　采掘工作面及硐室通风

矿井年设计生产能力为 9 万吨/年，以一个炮采工作面和两个掘进工作面达到生产能力。

井下设有采区变电所、消防材料库、水泵房及采区避难硐室，其中采区变电所需单独配风，其他硐室采用全负压通风，硐室两侧设置调节风窗进行风量调节。

B.2.3　矿井监测系统

矿井选用镇江中煤电子有限公司自主研制开发 KJ101N 型煤矿安全综合监控系统，对井下各地点瓦斯、风速、风量、一氧化碳、温度、负压、设备开停、风门开闭等传感器进行集中监测。

该监测监控系统设备融计算机网络系统、监测监控系统于一体，可用于整个矿井网络信息管理系统的一部分，主要监控矿井上、下各类安全、生产参数，该系统具有报表、曲线、图形等屏幕显示、打印和绘图，数据储存调用、参数超限报警、控制等多种功能，各分站既能与监控中心连接，又可独立工作。系统主要由监测主机及外设传输接口、传输电缆、分站和各种传感器组成。

安全监测、监控设备之间的输入输出信号必须为本质安全型信号，设备之间必须使用专用阻燃电缆连接，严禁调度电话线和运输电缆等共用。

B.2.3.1　传感器设置

（1）瓦斯传感器的设置。井下在风井、主要回风巷、工作面回风、掘进工作面及回风流、水泵房、变电所、煤仓、机电硐室等巷道内设置瓦斯传感器，用于连续监测井下气体中的瓦斯含量，当瓦斯超限时，具有声光报警功能，同时由有关设备切断相应范围内的电源。

采煤工作面和掘进工作面传感器的布置如图 B-1 和图 B-2 所示。

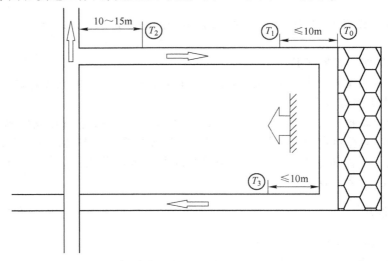

图 B-1　采煤工作面传感器布置

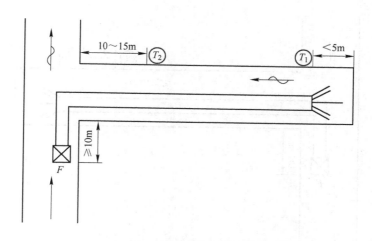

图 B-2　掘进工作面传感器布置

（2）风速传感器。在主井测风站、副井测风站、风井测风站、采面回风巷测风站、一采区轨道上山测风站、一采区运输上山测风站、一采区回风上山测风站各布置 1 台风速传感器，测量其风速，以保证井下各井巷中的风流速度符合规程要求，同时还可依据可测巷道断面计算其出风量。

（3）负压传感器。负压传感器安装在通风机的引风道内用于连续监测矿井主要通风机的负压。

（4）一氧化碳传感器。

1）采面一氧化碳传感器的设置。采面回风巷设置一氧化碳传感器 1 台，距第一个回风分支 10~15m，其报警一氧化碳浓度为 0.0024%（图 B-3）。

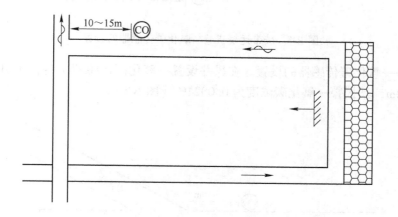

图 B-3　采面回风巷一氧化碳传感器设置

2）掘进工作面一氧化碳传感器的设置。掘进工作面回风流设置一氧化碳传感器 1 台，距掘进工作面迎头 10~15m，其报警一氧化碳浓度为 0.0024%（图 B-4）。

3）胶带运输机巷一氧化碳传感器的设置。此次设计矿井生产时井下设有 4 台胶带运

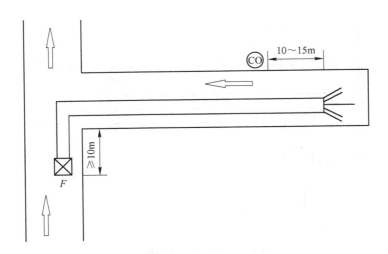

图 B-4　掘进工作面一氧化碳传感器的设置

输机，设计在每台胶带运输机设置一氧化碳传感器 1 台，距胶带运输机滚筒下风侧 10~15m，其报警一氧化碳浓度为 0.0024%（图 B-5）。

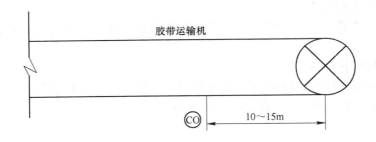

图 B-5　胶带运输机巷一氧化碳传感器的设置

4）风井一氧化碳传感器的设置。在风井设置一氧化碳传感器 1 台，距引风道交叉处上风侧 5~10m，其报警一氧化碳浓度为 0.0024%（图 B-6）。

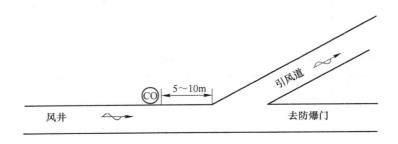

图 B-6　风井一氧化碳传感器的设置

5）避难硐室一氧化碳传感器的设置。在各个避难硐室过渡舱内、生存室内及避难硐室外上风侧 3～5m 分别布置 1 台一氧化碳传感器。其报警一氧化碳浓度为 0.0024%。

（5）烟雾传感器。在有皮带运输机的巷道内设置烟雾传感器以监测皮带着火。

（6）开停传感器。安装在井下各电机设备设置处，用以监测各电机设备的开停状态，保证电机设备正常运行。

（7）风门开闭传感器。井下各风门设置开闭传感器，用以监测井下通风系统各风门的开闭状态，保证通风系统的稳定。

（8）温度传感器。采煤工作面设置温度传感器，机电设备硐室设置温度传感器。

（9）水位传感器。在水仓设置水位传感器用于对水仓水位的监测。

B.2.4 井下人员定位系统

B 矿配置了一台 KJ236 型人员定位系统主机，井下安装了 14 台 KJ236-F 型分站，每人配戴一个 KJ236-K 型电子识别卡。KJ236-J 型主机与 KJ101N 型监测监控主机相连，KJ236-K 型电子识别卡的信号通过通信电缆传输至 KJ236-F 分站，分站传输至 KJ236-J 主机，主机传输至 KJ101N 型监测监控主机，在 KJ101N 型监测监控主机的屏幕上显示人员的位置。通过 KJ236 型读卡分站和 KJ236-K 型电子识别卡实现矿井人员跟踪定位，清楚掌握井下每个人的位置，为事故抢险提供科学依据。

B.3 煤层自燃防灭火预测

B.3.1 概述

（1）资料来源。G 省煤田地质局实验室 2010 年 10 月提交的《煤炭自燃倾向性鉴定报告结果》、国家关于矿井防灭火的管理规定和要求。

（2）煤层的自燃倾向性类别。根据 G 省煤田地质局实验室 2010 年 10 月提交的 B 煤矿 M0、M8、M9、M14 煤炭自燃倾向性鉴定报告结果，煤层自燃等级为 Ⅱ 级，有自燃倾向性。

（3）资料的可靠性分析。G 省煤田地质局实验室是具有相关鉴定资质的单位，其鉴定结果真实可靠。

B.3.2 开采煤层自燃预测

B.3.2.1 煤层自燃分析预测

（1）煤层自燃发火危险性

根据 G 省煤田地质局实验室提供的 M0、M8、M9、M14 煤层自燃倾向性鉴定结果，M0、M8、M9、M14 煤层自燃倾向性为 Ⅱ 级自燃，自燃倾向等级鉴定报告结果见表 B-3。

表 B-3　自燃倾向等级鉴定报告结果

统一编号	来样编号	工业分析/%				真相对密度	全硫	煤吸氧量	自燃倾向分类
		水分	灰分	挥发分	焦渣特征			
		M_{ad}	A_d	V_{daf}	特征	TRD_d	$S_{t,d}$/%	cm³g/（干煤）	
2010-M521	M0 煤 2 号点	3.25	33.62	12.88	2	1.76	4.21	0.61	Ⅱ级
2010-M522	M8 煤 1 号点	3.10	11.80	8.81	2	1.53	2.80	0.99	Ⅱ级
2010-M525	M9 煤 2 号点	2.79	16.28	9.23	2	1.57	2.50	0.83	Ⅱ级
2010-M527	M14 煤 2 号点	2.06	30.87	9.98	2	1.71	3.48	0.91	Ⅱ级

注：Ⅰ级：容易自燃；Ⅱ级：自燃；Ⅲ级：不易自燃。

（2）煤的自燃预测分析

煤的自燃预测分析见表 B-4。

表 B-4　煤的自燃预测分析

自燃因素	基本特征	该矿条件	分析及说明
煤的炭化程度	煤的自燃倾向性随煤炭的变质程度增高而降低。挥发分含量越高，煤层自燃发火倾向越强。一般说来，褐煤易于自燃，烟煤中长焰煤危险性最大，贫煤及挥发分含量在 12% 以下的无烟煤难以自燃	该矿各煤层均属于中高灰分、中高硫、中高热值无烟煤，煤质牌号 WY3	各煤层自燃的可能性大
煤岩成分	煤岩成分包括有丝煤、暗煤、亮煤和镜煤。煤层中有集中的镜煤和亮煤，特别是含有丝煤时，煤的自燃倾向性就大；而暗煤多的煤，一般不容易自燃	该矿井各煤层主要以半亮型煤为主	具有一定的煤层自燃倾向性
煤的含硫量	含硫成分越多，吸氧能力越大，越易自燃；含黄铁矿、黄铜矿结构较多，也具有自燃危险性	该矿各煤层的硫分有的大于 1%。0 号：3.35%~5.51%；8 号：3.14%~9.75%；9 号：3.42%~8.76%；14 号：3.18%~6.56%	煤层自燃可能性大
煤的破碎程度	煤的破碎程度大，增加了煤的氧化表面积，煤的氧化速度加快，容易自燃。脆性与风化率大的煤易于自燃	未提供煤的破碎程度指标	煤层硬度大，脆性与风化率大，自燃可能性大
煤的水分	水分能加速煤的氧化过程，同时使煤体疏松，造成细微裂缝，加大吸氧能力，并降低着火温度，但过多水分可抑制煤的氧化作用	各煤层的水分：0 号：0.86%~1.1%；8 号：0.52%~2.19%；9 号：0.47%~1.49%；14 号：1.10%~1.45%	水分对煤炭自燃影响较大
温度	随着温度的升高，氧化作用加剧。温度由 30℃ 升高至 60℃ 时，吸氧能力要增加 3~10 倍，如果温度升高达到临界值（70~80℃），则开始迅速氧化，并积极增高温度，导致燃烧	该井田属正常地温	影响不大，控制作业、设备等发热引起升温

续表 B-4

自燃因素	基本特征	该矿条件	分析及说明
地质构造	煤层厚度与倾角较大，开采时煤炭损失、破碎程度大，以及围岩等受到破坏，形成裂缝；而煤层较厚，还易于局部储热，矿自燃危险性也越大	该矿煤层为缓倾斜薄及中厚煤层，矿区内存在小断层	自燃可能性不大，开采时减少煤损
开拓开采条件及通风方式	矿井开拓方式和开采方法及通风方式选择不合理，往往造成丢煤多、煤柱破碎、漏风严重，增加自燃的可能性	该矿斜井开拓、走向长壁采煤法，U 形通风	尽量少丢煤及破坏煤柱，防止采空区漏风

（3）煤的自燃条件

1）内因火灾的形成必须具备以下四个条件：

①具有自燃倾向性的煤，呈破碎状态，并集中堆积；

②通风供氧；

③蓄热环境；

④维持煤的氧化过程不断发展的时间。

要形成自燃，以上四个条件缺一不可，若采取措施破坏其中一个或两个，乃至全部条件，便可有效地防止自燃。

2）煤层自燃发展过程的三个必要条件：

①煤层具有自燃倾向性；

②有连续的供氧条件；

③热量易于积聚。

（4）煤的自燃预兆

煤的自燃通常经历：潜伏阶段（低温氧化阶段）、自燃阶段、着火阶段、燃烧阶段和熄灭阶段，见表 B-5。

表 B-5　煤的自燃阶段及征兆

阶段	征兆
潜伏阶段（低温氧化阶段）	其特征比较隐蔽，煤重略有增加，煤被活化（化学活泼性增加），着火温度降低。潜伏阶段的长短取决于煤的变质程度和外部条件
自燃阶段	其特征是巷道内或老塘及密闭内空气中氧含量降低，一氧化碳、二氧化碳含量逐渐增加，空气湿度增大并成雾状，在支架及巷道壁上有水珠，在自燃阶段末期温度达 100℃ 出现煤焦油味
着火阶段	其特征是放出大量一氧化碳、甲烷及其他碳氢化合物与水分等。由于这个阶段还没有完全燃烧，所以二氧化碳还不明显，火区温度及岩石温度显著升高，在巷道还可以出现特殊的火灾气味、烟雾
燃烧阶段	其特征是生成大量二氧化碳，在高温下，分解生成更多的一氧化碳，巷道中出现强烈的火灾气体，烟及明火。火源附近温度高达 1000℃ 左右
熄灭阶段	其特征是二氧化碳的浓度继续提高，氧气和一氧化碳则急骤降低，烟及火焰消失，灾区空气及岩石温度逐渐降低

（5）煤矿应重视自热时期的征兆

1）煤炭自热期的初期阶段

煤炭自燃过程的准备期结束之后便进入了自热期的初期阶段。在此阶段的征兆有：

①煤温有所上升但在临界温度 60~80℃ 以下；

②空气中的氧浓度降低；

③空气中的相对湿度增大；

④出现 CO_2、CO 气体。

2）煤炭自热期的后期阶段

煤炭自热超过临界温度（60~80℃），但尚未达到着火温度出现明火的期间，为自热后期阶段。在此阶段内，煤温可升高到 100℃ 以上，火源点附近煤炭水分蒸发，开始了干馏现象，生成多种碳氢化合物，出现的征兆：

①火源点附近的空气湿度增大，出现雾气，煤壁挂水珠、挂汗；

②出现煤炭氧化和干馏的产物，如 CO、CO_2、CH_4、C_2H_4、C_2H_5 等；

③煤温、水温、空气的温度都有所升高；

④出水酸度增大。

芳香族的碳氢化合物气味（煤油味）是井下自然发火最可靠的征兆。这种气味在距火源一定距离之外更为显著，因为芳香族气体在冷却之后才会发出浓郁的香味。

B.3.2.2　煤炭自燃的综合防治措施

（1）煤层自燃的预测预报

1）鉴于煤在低温氧化阶段产生 CO，因此，CO 是早期揭露火灾的敏感指标。在矿井的采煤工作面回风巷、掘进煤巷等有自然发火倾向的地点设置 CO 传感器，若发现 CO 浓度超限，便可采用便携式 CO 检测仪追踪监测确定高温点。

2）采用红外探测法判断高温点的位置，红外探测法的基本原理是根据红外辐射场的理论，建立火源与火源温度场的对应关系，从而推断出火源点的位置。

3）用钻孔测温辅助监测。对顶煤破碎或有自燃危险的地点，埋设测温探头，定期监测温度变化情况。

4）加强漏风检测。定期采用示踪气体法，检查顺槽漏风量。对漏风集中的区域加强观测。

（2）预防措施

1）均压通风控制漏风供氧。均压通风是控制煤层开采中采空区等漏风的有效措施。首先，要在保证冲淡 CH_4、风速、气温和人均风量的前提下，全面施行区域性均压通风，其调压措施包括单项调压和多项措施联合调压，具体实施中，首先形成工作面均压，而后逐步扩大到邻近工作面采空区的区域性均压。

2）喷浆堵漏、钻孔灌浆。对煤层开采中的可疑地点或已出现隐患地点进行全封闭喷浆和打浅密集钻孔注浆，是防止自然发火的两个有效措施。

3）注凝胶防灭火。采用注凝胶技术处理高温点或自然发火是煤层开采中防灭火的重点措施，其方法是将凝胶注入高温点或火点的周围煤体中，其作用是既可以封堵漏风通道，又可以吸热降温。

B. 4　矿井防灭火措施

B. 4. 1　开拓开采措施

B. 4. 1. 1　选择合理的巷道布置与开采程序

（1）水平运输大巷布置在煤层中时，采用锚喷支护或工字钢架棚支护，支架后的空隙和冒落处必须用不燃性材料充填密实，或用无腐蚀性、无毒性的材料进行处理。

（2）采区绞车房等硐室必须采用不燃性材料支护，设计采用砌碹或锚喷支护。

（3）开采顺序。根据矿区范围和矿井的开拓方式，全矿区分为 2 个水平 5 个采区开采，采区的开采顺序：先开采一采区，其次开采二采区、三采区、四采区，最后开采五采区；煤层间的开采顺序：先开采 8 号煤层，其次开采 9 号煤层及 14 号煤层，最后开采 0 号煤层。

B. 4. 1. 2　选择合理的采煤方法

（1）该矿采用长壁后退式采煤法，回采率高，巷道布置简单，回采速度较快，有较好的防火性。煤层倾角平均在 8°，布置为走向长壁工作面，有利于提高工作面生产能力；全部采用垮落法管理顶板，回采中若采空区遗煤较多，不利于防止采空区煤炭自燃。开采时，要注意观察，加强自燃征兆的早期识别工作，发现可疑情况及时采取措施，每个工作面回采结束后及时进行采空区及巷道密闭。

（2）回采后顶板容易冒落，回采工作面采用全部冒落法管理顶板，单体液压支柱配合金属铰接顶梁支护控制顶板。本矿 0 号、8 号、9 号、14 号煤层自燃倾向为Ⅱ级，即自燃煤层。一般来说开采煤层为自燃煤层易发生采空区的自燃。在回采过程中，应加强管理，尽量一次采全高，不留或少留顶底煤，减少采空区遗煤。

（3）控制矿井压力，减少煤柱破裂。

B. 4. 1. 3　提高回采率，加快回采进度

（1）工作面采用放炮爆破落煤，工作面可用刮板输送机运煤，生产中需加强管理，确保适宜的回采进度，可在空间上、时间上减少煤炭的氧化。

（2）及时清理运输巷道中因运输撒落的煤炭，工作面尽量不要留顶煤或底煤，清干净回采下来的煤炭，不让其留滞在采空区，提高回采率。

总之，合理的采煤方法能够提高矿井先天的抗自然发火能力，多年来的实践表明，降低煤层自然发火的可能性要从以下几个方面着手：

（1）少丢煤或不丢煤；

（2）控制矿井压力，减少煤柱破裂；

（3）合理布置采区；

（4）回采时应尽量避免过分破碎煤体；

（5）加快工作面的回采速度，使采空区自热源难于形成；

（6）及时密闭已采区和废弃的旧巷；

（7）注意选择回采方向，不使采区回风巷过分受压或长时间维护在煤柱里。

B. 4. 2　通风系统措施

B. 4. 2. 1　选择合理的通风系统、通风方法

（1）实行独立通风。这样可降低矿井总风阻，增大矿井通风能力，减少漏风，易于调节风量；且在发生火灾时便于控制风流，隔绝火区。

（2）该矿采用并列式通风方式，布置有单独的进风井及专用回风井，采区有独立的进、回风系统，各采掘面有独立的进、回风系统。

（3）矿井采用抽出式通风方法，工作面采用长壁后退式回采"U"形通风方式，采空区漏风小，有利于防止煤层自燃。

（4）准备采区时，必须在采区构成通风系统后，方可开掘其他巷道。采煤工作面必须在采区构成完整的通风、排水系统后，方可回采。

B. 4. 2. 2　正确选择通风构筑物的设置地点

（1）调节风门、风门、风墙等通风设施，应设置在围岩坚固、地压稳定的地点，还应避免引起采空区或附近煤柱裂隙漏风量的增大。

（2）回风巷中的调节风门应尽量设置在离回风侧较近的一端，进风巷中的调节风门应尽量安设在离进风侧较近的一端。

B. 4. 3　煤层自燃监测方面的措施

煤层自燃火灾监测与早期预报是矿井火灾预防与处理的基础，是矿井防灭火的关键。只要能够准确、及时地对煤层自燃火灾进行早期预报，就能有的放矢地采取预防煤层自燃火灾的措施，从而避免自燃事故的发生。对于煤层火灾的预测预报而言，采样监测技术是至关重要的。目前，煤层火灾的监测主要有矿井火灾束管采样监测系统、煤矿安全监控系统和人工检测三种手段：

（1）地面固定式矿井火灾束管监测系统，是借助束管将矿井井下各测点的气体经抽气泵负压抽取、汇总到指定地点，再借助气相色谱检测装置对束管采集的井下气样进行分析，实现对 CO、CO_2、CH_4、C_2H_2、C_2H_4、C_2H_6、O_2、N_2 等气体含量的在线监测，其监测结果在以实时监测报告、分析日报等方式提供数据的同时，亦可自动存入数据库中，以便今后对某种气体含量的变化趋势进行分析，从而实现对矿井自燃火灾的早期预报。该矿使用 ASZ-Ⅱ型矿井火灾预报束管监测系统，通过对井下有自燃危险区域的地点建立自燃发火观测站（点）进行系统定期观测。其观测站（点）设置应遵循以下原则：

1）观测站（点）应设在矿压较小的地点，至少长 10m 一段支护规整、断面不变，巷道内无风阻物。井下观测站（点）分为固定观测点、移动观测点和临时观测点（图 B-7）。

2）采区、工作面固定观测站（点）。在采区、工作面的回风巷建立一个观测站（点），并符合井下测风站的要求。其观测站的位置应使回风观测点能控制全部回风流。

3）移动观测点。在工作面的进回风巷内距工作面 10～20m 处设置，并随工作面推动而移动的观测点。

4）临时观测点。发现异常现象，为缩小火区范围以便准确查找火源点而增设的观测点。

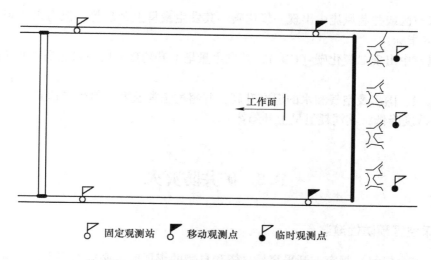

　　　　固定观测站　　　移动观测点　　　临时观测点

图 B-7　自然发火观测站设置位置示意图

　　（2）安全监控系统，可以连续监测 CO、CO_2、O_2 等环境参数，根据这些环境参数的变化进行煤层火灾的预报。

　　（3）人工检测，一直作为煤层火灾的主要监测手段，人工气体监测主要采用 O_2、CO、CH_4 等便携式气体分析仪，由人工直接在各测点进行气体检测，并定期采用气袋取气样，送地面进气相色谱分析，给出气体的成分和浓度，以此判断煤层发火程度。该法适用性强、投入设备少、简单易行，是本矿目前主要采取的监测手段。

B.4.4　其他监测措施

B.4.4.1　人的感官可以察觉的自燃征兆

　　（1）巷道中出现雾气或巷壁"挂汗"；

　　（2）风流中出现火灾气味，如煤油味、松香味、臭味等；

　　（3）从煤炭自燃点流出的水和空气较正常的温度高；

　　（4）当空气中有毒有害气体浓度增加时，人们有不舒服的感觉，如头痛、头晕、精神疲乏等。

B.4.4.2　仪表检测

　　（1）有下列情况之一者，定为自然发火：

　　1）煤炭自燃出现明火、火灾烟雾、煤油味等；

　　2）煤炭自燃使环境空气、煤层围岩及其他介质温度升高并超过 70℃；

　　3）采空区或风流中出现 CO，其浓度已超过矿井实际统计的临界指标，并有上升趋势。

　　在有自燃倾向煤层的掘进工作面和回采工作面必须设置 CO 传感器和温度传感器对采空区或回风流中 CO 和温度进行实时监测；同时配备 AQY-50 型一氧化碳检测器，派专人在工作面及其回风流中进行检测，每班检测 1 次并做好记录，发现异常情况马上报告安全管理人员和矿技术负责人。

　　（2）有下列情况之一者，定为自然发火隐患：

1）采空区或井巷风流中出现一氧化碳，其发生量呈上升趋势，但尚未达到矿井实际统计的临界指标；

2）风流中出现二氧化碳（CO_2），其发生量呈上升趋势，但尚未达到矿井实际统计的临界指标；

3）煤炭、围岩及空气和水的温度升高，并超过正常温度，但尚未达到 70℃；风流中氧（O_2）浓度降低，其消耗量呈上升趋势。

B.5　矿井防灭火

B.5.1　采空区预防性灌浆

《煤矿安全规程》规定，开采容易自燃和自燃的煤层时，必须对采空区、突出和冒落空洞等孔隙采取预防性灌浆等防灭火措施。

预防性灌浆就是将水、浆材按适当比例混合，配制成一定浓度的浆液，借助输浆管路输送到可能发生自燃的区域，用以防止煤炭自燃，是使用最为广泛、效果最好的一种技术。

B.5.1.1　灌浆系统

目前灌浆使用的浆液的制备主要有水力制备和机械制备两种方法。水力制备是利用高压水枪冲刷松散的黏土层使水土混合形成泥浆，是一种操作较为简单的制浆方式，但浆液浓度难以保证，防火效果差；机械制浆是按照一定的比例将制浆材料和水送入搅拌池，经搅拌机搅拌，输入注浆管路送至井下，但目前的灌浆系统普遍存在易堵管、输浆力度小、浆材要求高、投资大等不足。

该矿在风井场地设防灭火灌浆系统一套，配备 80NYl50-20J 离心式泥砂泵两台，为全矿灌浆服务；灌浆方法采用随采随灌，即随采煤工作面推进的同时向采空区灌注浆液。在灌浆工作中，灌浆与回采保持有适当距离，以免灌浆影响回采工作。

灌浆站建设：风井场地建 2 个搅拌池和 1 个注浆池（注浆池设在较低的水平），池深和直径均为 3m，池体用砖砌筑水泥抹面，其上固定搅拌器。搅拌池底部留有出料口，在浆液流入注浆池前设双层过滤筛子（孔径为 10mm），搅拌池及注浆池侧面设 800mm×800mm×2000mm 下液泵坑 2 个，各安设离心式液下泥砂泵 2 台。灌浆站布置如图 B-8 所示。

B.5.1.2　灌浆方法

预防性灌浆方法有多种，根据采煤与灌浆先后顺序关系可分为采前预灌、随采随灌和采后灌浆。

采前预灌就是在未开采之前即对煤层进行灌浆，适用于老空区过多、自然发火严重的矿井；随采随灌就是随着采煤工作面推进的同时向采空区灌浆，主要有钻孔灌浆、埋管灌浆和洒浆，能及时将顶板冒落后的采空区进行灌浆处理；采后灌浆就等回采结束后，将整个采空区封闭起来后进行灌浆。为了保证及时、简便处理自燃隐患，该矿设计采用埋管灌浆法。

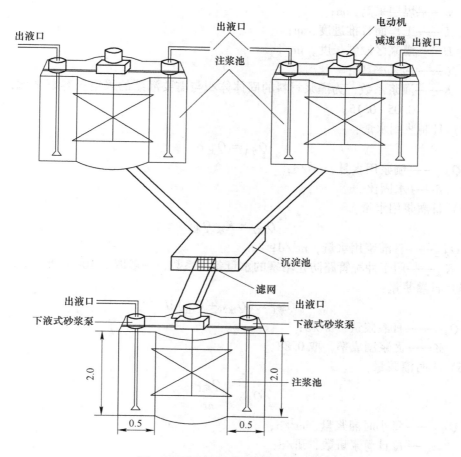

图 B-8　灌浆注胶系统连接示意图

采用埋管灌浆法，在放顶前沿回风巷在采空区预先铺好灌浆管（一般预埋 10～20m 钢管），预埋管一端通采空区，另一端接胶管，胶管长一般为 20～30m，灌浆随工作面的推进，用回柱绞车逐渐牵引灌浆管，牵引一定距离灌一次浆，要求工作面采空区能灌到足够的泥浆。

B.5.1.3　灌浆参数的选择

（1）浆液的水固比选择。泥浆的水固比是反映泥浆浓度的指标，是指泥浆中水与固体浆材的体积之比。水固比的大小影响着注浆的效果和泥浆的输送。泥浆的水固比越小，则泥浆浓度越大，其黏度、稳定性和致密性也越大，包裹遗煤隔离氧气的效果也越好，但同时流散范围也越小，输浆管路容易堵塞；水固比大，则输送相同体积的土所用的水量大，包裹和隔绝效果不好，矿井涌水量增加，在工作面后方采空区灌浆时容易流出而恶化工作面环境。浆液的水固比应根据泥浆的输送距离、煤层倾角、灌浆方式及灌浆材料和季节等因素通过试验确定，一般情况下为 4∶1，冬季为 5∶1。

（2）日灌浆所需浆材量：

$$Q_{材} = KmLHC$$

式中　$Q_{材}$——日灌浆所需浆材量，m^3/d；

m——煤层采高，m；

L——工作面日推进度，m；

H——灌浆区倾斜长度，m；

C——回采率，%；

K——灌浆系数，为灌浆材料的固体体积与需要灌浆的采空区容积之比，一般取 0.05~0.15。

（3）日制浆用水量：

$$Q_{水1} = Q_{土} \delta$$

式中　$Q_{水1}$——制浆用水量，m³/d；

δ——水固比。

（4）日灌浆用水量：

$$Q_{水2} = K_{水} Q_{水1}$$

式中　$Q_{水2}$——日灌浆用水量，m³/d；

$K_{水}$——用于冲洗管路防止堵塞的水量备用系数，一般取 1.10~1.25。

（5）日灌浆量：

$$Q_{浆1} = (Q_{水2} + Q_{土})M$$

式中　$Q_{浆1}$——日灌浆量，m³/d；

M——泥浆制成率，取 0.88。

（6）小时灌浆量：

$$Q_{浆2} = \frac{Q_{浆1}}{nt}$$

式中　$Q_{浆2}$——每小时灌浆量，m³/h；

n——每日灌浆班数，班/d；

t——每班纯灌浆时间，h/班。

（7）每小时最大灌浆量：

考虑到今后生产规模扩大和煤层发火不确定等因素，灌浆主管路按目前所需能力的 1.5 倍设计，则每小时最大灌浆量为：

$$Q_{浆max} = 1.5 Q_{浆2}$$

式中　$Q_{浆max}$——每小时最大灌浆量，m³/h。

需要说明的是，灌浆系统的灌浆系数、水土比等各项参数在实际生产中必须根据煤层发火情况、输送距离、煤层倾角、灌浆方式及灌浆材料和季节等因素通过实验确定，以确保灌浆效果和生产的安全。

（8）工作制度：与矿井工作制度相匹配。

B.5.1.4　灌浆材料的选择

（1）颗粒要小于 2mm，而且细小颗粒（黏土：≤0.005mm 者应占 60%~70%）要占大部分。

（2）主要物理性能指标：

密度为 2.4~2.8t/m³；

塑性指数为 9~11（亚黏土）；

胶体混合物（按 MgO 含量计）为 25%~30%；

含砂量为 25%～30%（颗粒为 0.5～0.25mm 以下）；

容易脱水和具有一定的稳定性。

（3）不含有可燃物。目前常用的灌浆材料有黄土、粉煤灰等。与黄土相比，粉煤灰的粒度较粗，但体积密度小。就注浆灭火而言，粉煤灰质轻，颗粒表面具有一定光滑度，容易搅拌成浆，便于管道输送。注入火区后流动性、稳定性较好；粉煤灰具有一定的火山活性，其密封性能较好；粉煤灰亲水性差，粒度又大于黄土，注浆后浆体达到静态时脱水快，并随着水的泄流带走一部分热量。因此粉煤灰用于注浆灭火，可以起到隔绝、包裹、降温作用。另外，使用粉煤灰，既处理了废料，又有利于环保。

B.5.1.5　灌浆管路的选择

（1）灌浆管路布置。回采面采空区是该矿灌浆重点区域，因此，灌浆主管路应针对回采面进行铺设；其他地点的灌浆，则根据需要从主管路上分叉连接。

从风井由地面灌浆站铺设一趟管路至回采面，管路铺设路线为：

地面灌浆站→回风斜井→回风平巷→回风上山→1806 采面回风巷→工作面

（2）灌浆管道。主要灌浆管直径根据管内泥浆的流速来选择。在设计中，泥浆给定后，先确定泥浆在管道中流动的临界流速，再求出泥浆的实际工作流速，使之大于临界流速即可。

实际工作流速：

$$v = 4Q_{浆max}/3600\pi d^2$$

式中　v——管道内泥浆的实际工作流速，m/s；

$\quad Q_{浆max}$——灌浆量，m³/h；

$\qquad d$——管道内径，取 108mm。

该实际工作流速处于临界流速最大值（泥浆钢管的临界流速通常为 1～4m/s），可满足工程需要。

该矿灌浆管道采用无缝钢管，其钢管直径取 108mm；支管直径取 75mm；工作面管道直径取 100mm 胶管。

B.5.1.6　制浆的主要设备

灌浆系统布置如图 B-9 所示。设备清单见表 B-6。

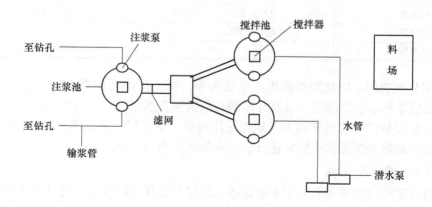

图 B-9　灌浆系统布置示意图

表 B-6　灌浆设备一览表

序号	设备名称	设备型号	单位	数量
1	潜水泵	ZBA-6B	台	2
2	泥浆搅拌机	自制	台	1
3	减速器		台	2
4	下液式泥浆泵	80NYl50-20J	台	2
5	无缝钢管	D108×4.0	m	
6	无缝钢管	D75×3.8	m	
7	100mm 胶管	DN100	m	
8	供水管（软管）	ϕ30	m	

灌浆系统路径：地面灌浆站→回风斜井→回风平巷→回风上山→1806 采面回风巷→工作面。

B.5.2　喷洒阻化剂灭火

B.5.2.1　阻化剂防灭火

阻化剂的作用就是利用阻化剂分子与煤体表面活性分子的相互吸引，破坏煤体表面自由力场，促使氧原子（O）恢复到分子状态（O_2），使煤表面活化物质氧化反应速度放慢或者抑制，起到阻化作用。

（1）阻化剂种类很多，根据我国其他矿区采用阻化剂经验，阻化剂主要有氯化铝、氯化钙、氯化镁、水玻璃等。因氯化钙阻化率高，因此设计采用卤块（片）作为阻化剂，阻化剂浓度为 20%，阻化率为 80%。

（2）工艺及设备（表 B-7）。为节约投资和适应工作面位置不断变化的要求，采用机动性阻化剂喷洒压注系统，利用矿车或自制箱体作为储液箱，配备注水泵组成阻化剂压注系统，向煤壁喷洒阻化剂或向采空区喷洒阻化剂。

表 B-7　喷洒压注设备型号及参数

名　称	型　号	技　术　参　数
高压泵	S0-2/150	压力 150kg/cm²，流量 0.5m³/h
喷雾器	QWF-Ⅱ	压力 0.5~0.6MPa
储液箱	1 吨矿车改装	
高压管		ϕ32mm

（3）阻化剂喷洒。阻化剂喷洒地点主要为采、掘工作面裸露煤体、采空区遗煤、巷道高冒区及服务年限短的煤巷，以及井筒和石门揭穿自燃煤层时，对煤壁进行喷洒。

（4）参数设计。通过该矿在井下现场使用效果，阻化剂溶液浓度在 15%~20% 之间为宜，能够较好地阻止裸露煤体的氧化反应，有效防止煤层自燃。

B.5.2.2　喷洒阻化剂

工作面合理的药液喷洒取决于采空区的丢煤量和丢煤的吸液量。最易发生煤炭自燃部位，如工作面的老塘、巷道煤柱破碎堆积带等处，需要充分喷洒的地方，在计算药液喷洒量时要考虑一定的加量系数。

$$V_1 = \frac{K_1 K_2 ALHSr}{R}$$

$$= \frac{1.2 \times 0.05 \times 0.058 \times 115 \times 2.0 \times 0.1 \times 1.05}{80\%}$$

$$= 0.105t$$

式中　K_1——易自燃部位药液量加量系数，一般取 1.2；

　　　K_2——采空区遗煤容重，该矿暂取 0.05t/m；

　　　A——吨煤吸液量，0.058t/t；

　　　r——阻化剂溶液容重，1.05t/m³；

　　　L——工作面长度，115m；

　　　H——采空区底板遗煤走向长度，2.0m；

　　　S——采空区底板遗煤厚度，0.1m；

　　　R——雾化率，80%。

（1）工作面一次喷洒所需阻化剂用量

$$V_2 = V_1 \times \rho = 2.19 \times 20\% = 0.44t$$

选用卤块（片）作为阻化剂，阻化剂溶液浓度为 20%，阻化率为 80%。

根据工作面实际生产情况，测定采空区遗煤情况，试验测得吨煤吸液量，进一步确定工作面一次喷洒量。

（2）喷洒方法

1）从上隅角靠老塘侧，向采空区喷洒；

2）沿切顶线向采空区喷洒；

3）在机巷与老塘交接处向采空区喷雾（阻化剂）。

（3）工作面日喷洒次数

该矿工作面作业形式为"四六制"，喷洒工作安排在回柱放顶前进行，每班 2 只喷枪对采空区喷雾，喷雾工作时间为 2h/班。喷洒时从工作面上下口喷枪相向喷洒，在工作面中部相遇喷洒完毕。

B. 5. 2. 3　防腐措施

采用阻化剂防灭火时，应遵守下列规定：

（1）选用的阻化剂材料不得污染井下空气和危害人体健康。

（2）必须在设计中对阻化剂的种类和数量、阻化效果等主要参数做出明确规定。

（3）应采取防止阻化剂腐蚀机械设备、支架等金属构件的措施。

1）高压胶管、喷雾器必须保持完好，严禁泄漏；

2）喷雾器必须伸入采空区喷雾，不得在采面风速较大的地点开启喷雾器；

3）喷洒工作安排在回柱放顶前进行，不得在放顶后再喷洒；

4）每班喷洒完毕后，要及时用清水冲洗采面单体支柱，防止因风速较大点的雾状阻化剂漂移附着在单体支柱上。

B. 5. 3　密闭防灭火

B. 5. 3. 1　封闭隔绝灭火措施

对出现煤层自燃火灾的巷道采取对灾区封闭隔绝灭火措施。

（1）对有自然发火隐患的高冒区、透老空地点采取封堵严实并注入聚胺酯进行充填密闭，隔绝自然发火点氧气的供给，使煤层自然发火点窒息熄灭。

（2）采区生产过程中，必须建立火区管理卡片，绘制火区位置图，建立火区密闭墙、防火隔爆墙管理制度，定期对火区内气体取样化验，只有火区内氧浓度小于5%，不含CO，或CO浓度稳定在0.001%以下，火区内温度小于30℃，出水温度小于25℃或与火灾发生前的水温相同，且以上指标稳定1个月以上时，方可对火区进行启封。

（3）掘进过程中还必须加强对小窑的探查工作，严禁误穿小窑。若误穿小窑发现CO气体，必须立即进行封闭，为了灭火工作可靠，同时采取在密闭周边进行注浆，施工的密闭必须预留观察孔，时刻取样分析。

B.5.3.2　密闭防灭火技术措施

密闭防灭火技术主要适用于采煤工作面回采结束后的采空区、报废的煤巷、煤巷高冒或空洞的自燃火灾防治和直接灭火缺乏条件，或有危险或不奏效的外源火灾灭火。

（1）密闭防灭火技术的使用

1）必须对发火地点、发火原因及漏风状况进行详尽的分析，使密闭防灭火技术做到有的放矢、因地制宜。

2）必须正确选择密闭的位置、结构的施工方法，尽可能缩小封闭范围，减少密闭数量，控制漏风，保证密闭的施工安全和工程质量，提高密闭防灭火的窒息效果。

3）必须加强对封闭区的管理，加强对密闭的维护和检修，严格限制其邻近区域生产活动情况对封闭区的采动影响，以保证封闭区良好的封闭状态。

4）必须选定可靠的观测地点，建立完善的观测制度，随时随地掌握封闭区内的自然发火趋势或火情变化。

（2）密闭位置选择

1）密闭位置的选择应在确保施工安全的条件下使封闭范围尽可能小，尽可能靠近火源。

2）密闭位置应选择在动压影响小、围岩稳定、巷道规整的巷段内，密闭外侧离巷口应留有4~5m的距离。

（3）密闭结构选择

1）密闭的总体结构包括墙体和辅助设施，密闭的墙体必须具有足够的承压强度、足够的气密性能和足够的使用寿命，能满足指定的特殊使用性能；密闭的辅助设施应根据需要配齐。

2）永久密闭必须采用不燃性建筑材料。

3）临时密闭要求结构简单严密、材料质量轻、施工方便，完成任务后需要拆除的要便于拆除，有瓦斯爆炸危险时要求防爆。临时密闭一般选用木板密闭、风布密闭、喷塑密闭、砖密闭、石膏密闭或沙（土）袋密闭。

4）永久密闭要求墙体结构稳定严密、材料经久耐用，墙基与巷壁必须紧密结合，连成一体。永久密闭一般采用掏槽结构，也可采用锚杆注浆结构。煤巷密闭必须掏槽，帮槽深度为见实帮后0.5m，顶槽深度为见实顶后0.3m，底槽深度为见实底后0.2m，掏槽宽度大于墙厚0.3m；岩巷不要求掏槽，但必须将松动岩体刨除，见硬岩体。

墙身应选用高强度材料砌筑或浇筑，且有足够的厚度，墙厚不得低于500mm，墙面覆盖层厚度应大于 20mm。

5）在倾角超过 30° 的巷道砌筑密闭时，密闭墙体宜垂直于巷道轴线，并采用基座结构，用以承受侧压和墙体自重。墙基四周必须嵌入巷帮一定深度，岩壁宜大于 0.5m，煤壁宜大于 1m。墙体上方可充填河砂、黏土或粉煤灰等惰性材料或予以注浆。

6）对密闭有防爆要求时宜选用沙（土）袋密闭作缓冲墙，再建筑永久密闭。

（4）观测系统的确定

1）火区密闭和防火永久密闭都应在离地板高度为墙高的 2/3 处设直径不小于 25mm 的检测口，用于观测压差、气温和取气样；封闭区内上高下低处的密闭应安装直径 50mm 以上放水管，并带有水封结构或安装阀门，离底板高度为 0.3m，用于观测水温、释放积水；另外在密闭的顶部还要安装直径不小于 100mm 的灌浆管，以备灌浆注气使用。

2）选择封闭区回风侧有代表性的密闭，定期观测封闭区内的气体状态，重点掌握封闭区内气体成分的变化，可靠检验密闭防灭火方案的实施效果。在检测封闭区内的气体浓度时，平时可用气体检测管检测，阶段性测定应取样用色谱仪分析。

（5）封闭火区时，应依照正、负压通风方式和瓦斯涌出量的大小来合理确定密闭顺序。有瓦斯爆炸危险时，一般进、回风侧应同时砌筑密闭，做到边检测、边通风、边密闭，最后同时迅速封闭密闭通风口，迅速撤出工作人员。

（6）封闭区的管理

1）必须绘制封闭系统图（实施后的实际封闭方案图），建立密闭管理卡片或火区管理卡片。所有密闭都必须编号、登记、上图。密闭管理卡片或火区管理卡片内容包括密闭编号、密闭地点、巷道倾角、墙体结构、性能要求、建筑日期及完好程度、维修记录、观测记录等。

2）所有密闭前都必须安设栅栏、警标和管理牌板。管理牌板内容包括密闭编号、密闭地点、密闭检查观测记录。

3）必须加强密闭的检查和维修，保证密闭完好。

4）在密闭灭火过程中，必须停止火区周围对密闭灭火有影响的一切生产活动。

（7）防灭火效果的强化

1）应加强对整个封闭区的封闭堵漏。封闭区的所有通口均应密闭，所有密闭均应加强维修和堵漏；井下大面积漏风地点宜建立隔绝带实行堵漏；巷帮裂隙及碹外空帮等漏风地点宜采取注浆、充填等有效的局部堵漏措施；地面漏风裂隙应采用黄土覆盖、充填等堵漏措施。

2）采取均压措施以降低封闭区的漏风压差。设法使封闭区成为通风网络中的角联分支，进行均压调节；设法使封闭区所有密闭同时处于通风系统中的进风侧或回风侧；设法开辟与封闭区并联的通路。

3）采取灌注惰性气体的措施可以提高封闭区的惰化程度，对于瓦斯矿井灭火还可起到阻爆的作用。

4）采取注水、注浆、注凝胶等措施可以降低密闭区内部温度，加快灭火速度。

（8）防灭火效果的观测

1）定期测定封闭区密闭内外压差，进行漏风分析。

2）指定有代表性的回风侧密闭，用气体检测管测定封闭区内外的 O_2、CO、CO_2 和

CH_4等气体浓度，用分辨率不低于 0.2℃的温度计测定封闭区内外的空气温度及密闭四帮煤、岩温度，每天测定一次。定期用采样球胆采集封闭区气样，送化验室进行气体成分分析。

3）每次测定都必须仔细填写观测记录，至少记录观测地点、观测日期和观测人名，并填绘观测曲线。

（9）防灭火效果的检验

1）根据测定，出现下列现象之一即定为出现自然发火隐患：

①密闭内出现 CO_2 且呈上升趋势；

②密闭内水温、气温呈上升趋势；

③密闭附近煤温、岩温呈上升趋势。

2）根据测定，出现下列现象之一即定为出现发生自然火灾，防火失败：

①密闭内出现烟雾；

②密闭附近煤温、岩温上升超过 70℃。

3）密闭灭火必须同时达到以下条件并稳定一个月以上方可确认火区熄灭：

①各回风侧密闭取气样分析，CO 浓度低于 0.001%、O_2 浓度低于 5%；

②各回风侧密闭内气温低于 30℃或达到发火前温度；

③各密闭内水温低于 25℃或达到发火前温度。

4）火区达到熄灭条件需要启封时，可以制定启封方案申报矿业公司启封。启封时发现火尚未熄灭应立即进行直接灭火，直接灭火有危险或不奏效时，应立即重新封闭火区。

B.6　井下外因火灾防治

外因火灾的防治主要应从两个方面着手：一是防止失控的高温热源；二是在井下尽量采用不燃或难燃的材料和制品。

B.6.1　电气事故引发火灾防治措施及装备

B.6.1.1　井下机电硐室防火措施

矿井井下机电硐室有水泵房和变电所，对硐室应采取以下防灭火措施：

永久性井下中央变电所和井底车场内的其他机电设备硐室，应用砌碹或用其他可靠的方式支护；采区变电所应用不燃性材料支护，配备防灭火器材。

（1）硐室必须装设向外开的防火铁门，铁门全部敞开时不妨碍运输，严禁存放无关的设备和物件，并采用防爆型的照明设备。

（2）从硐室出口防火铁门起 5m 内的巷道，应砌碹或用其他不燃性材料支护。

（3）硐室内必须设置足够数量的扑灭电气火灾的灭火器材。故应在硐室内设 CO_2 灭火器 2 个，8kg 干粉灭火器 1 个，灭火沙袋 2 个。

（4）硐室长度超过 6m 时，必须在硐室的两端各设一个出口。

（5）在机电设备硐室内严禁设集油坑。硐室不应有滴水，硐室的过道应保持畅通，严禁存放无关的设备和物件。带油的电气设备溢油或漏油时，必须立即处理。

B.6.1.2 井下电气设备的防火措施

（1）井下所有电气设备应采用矿用隔爆型或本质安全型电气设备，并具有"产品合格证""防爆合格证""煤矿矿用产品安全标志"。

（2）向井下供电的变压器或发电机严禁直接接地。

（3）井下供电电压高压 10kV，低压动力为 660V，照明为 127V。

（4）低压馈电开关选用 KBZ-200 和 KBZ-350 型并配合 JY82-2/3A 型检漏继电器对电网进行绝缘监视，以保证安全用电。

（5）井下局部通风机采用"双风机、双电源"并能自动转换，同时井下局部通风机与掘进设备实现风电、瓦斯电闭锁。

（6）所有防爆开关，均设有短路、过负荷、单相断线保护和漏电闭锁保护。

（7）井下所有电气的金属外壳都进行接地。

B.6.1.3 井下电缆

（1）电缆选择

1）井下电缆按安全载流量选择，并经电压损失和短路保护校验，采用矿用橡套软电缆。

2）井下各配电站的低压电缆均采用矿用橡套铜芯电缆。照明电源均引自地面变电所，采用阻燃的矿用橡套电缆（U）；电钻采用矿用电钻电缆（UZ）。

（2）电缆悬挂

1）水平巷道或倾角在 30°以下的井巷中，电缆用吊钩悬挂。

2）倾角在 30°以上的井巷中，电缆用卡箍固定。

3）悬挂电缆有适当的弛度，悬挂高度高于矿车。

4）悬挂点间距不大于 3m，电缆要在压风管、供水管等管子的上方，并保持 0.3m 以上的距离。

（3）电缆连接

1）电缆与电气设备的连接，用与电气设备性能相符的接线盒。

2）电缆线芯使用齿形压线板（卡爪）或线鼻子与电气设备进行连接。

3）不同型电缆之间严禁直接连接，应采用符合要求的连线盒、连接器或母线盒进行连接。

4）同型电缆之间直接连接时，橡套电缆的修补连接（包括绝缘、护套已损坏的橡套电缆的修补）采用阻燃材料进行硫化热补或与热补有同等效能的冷补，并经浸水耐压试验，合格后方可下井使用。

B.6.1.4 井下电气设备的各种保护

井下电气设备有接地、短路、过流、过负荷、断相、漏电等保护。

（1）电压在 36V 以上和由于绝缘损坏可能带有危险电压的电气设备的金属外壳、构架，铠装电缆的钢带（或钢丝）铅皮或屏蔽护套等均应设有保护接地；接地网上任一保护接地点的接地电阻值不得超过 2Ω，并且每一移动式和手持式电气设备至局部接地极之间的保护接地用的电缆芯线和接地连接导线的电阻值，不得超过 1Ω。

（2）所有电气设备的保护接地装置（包括电缆的铠装、铅皮、接地芯线）和局部接地装置，与主接地极连接成 1 个总接地网，主接地极在主副水仓中各埋设，用耐腐蚀的钢板制成，其面积不得小于 0.75m²，厚度不得小于 5mm。

（3）在下列地点装设局部接地极：采区变电所装有电气设备的硐室和单独装设的高压电气设备；低压配电点或装有 3 台以上电气设备的地点。

（4）局部接地极设置于巷道水沟内或其他就近的潮湿处。设置在水沟中的局部接地极应用面积不小于 0.6m²、厚度不小于 3mm 的钢板或具有同等有效面积的钢管制成，并平放于水沟深处；设置在其他地点的局部接地极，可用直径不小于 35mm、长度不小于 1.5m 的钢管制成，管上应至少钻 20 个直径不小于 5mm 的透孔，并垂直全部埋入底板。

（5）连接主接地极的接地母线，应采用截面不小于 50mm² 的铜线。电气设备的外壳与接地母线或局部接地极的连接，电缆连接装置两头的铠装、铅皮的连接，应采用截面不小于 25mm² 的铜线。

（6）40kW 以上的电动机采用真空电磁起动器控制；井下的馈电线上装设短路、过负荷和漏电保护装置；低压电动机的控制设备要具备短路、过负荷、单相断线、漏电保护装置和远程控制装置；要正确选择熔断器的熔体；应每天对低压检漏装置进行一次跳闸试验。

（7）127V 煤电钻和信号应设有检漏、短路、过负荷、远距离启动和停止煤电钻的综合保护装置。660V 的电气网络中，必须有过电流和漏电保护。煤电钻综合保护装置在每班发生故障或网络绝缘降低时，应立即停电处置。检漏装置应灵敏可靠，严禁甩掉不用。

（8）防止雷电波及井下的措施：

1）经由地面架空线路引入井下的供电线路和电机车架线，必须在入井处装设防雷电装置。

2）由地面直接入井的轨道及露天架空引入（出）的管路，必须在井口附近将金属体进行不少于两处的良好的集中接地。接地电阻不大于 5Ω。

3）通信线路必须在入井处装设熔断器和避雷装置。

4）瓦斯泵房必须设防雷电装置，泵房设施应在避雷针的保护范围内。

5）每年雨季前必须对避雷装置进行检查试验。

B.6.1.5　井下电气设备的检查、维护、修理和调整

（1）电气设备的检查、维护、修理和调整工作，必须由专责的或临时指派的电气维修工进行，高压电气设备的维修和调整工作，应有工作票和施工措施。

（2）井下防爆电气设备的运行、维护和修理，必须符合防爆性能的各项技术要求，防爆性能受到破坏的电气设备，应立即处理或更换，不得继续使用，矿机电部门必须建立防爆检查、电气管理、小型电器管理、电缆管理等专业组，电气设备防爆检查员，必须由有业务能力并经过专业训练持有合格证的人员担任，还应按规定数量配齐。

（3）矿技术负责人应定期组织实施各电气设备和电缆的检查、调整工作。井下供电应做到无"鸡爪子"，无"羊尾巴"，无明接头，有过流和漏电保护装置，有接地装置，电缆悬挂整齐，设备硐室清洁整齐，防护装置全，绝缘用具全，图纸资料全，坚持使用检漏继电器，坚持使用煤电钻、照明和信号综合保护，坚持使用瓦斯电和风电闭锁。

B.6.2　其他火灾的防治措施及装备

B.6.2.1　防止地面明火引发井下火灾的措施

（1）地面必须设置消防水池，该矿井下消防水池设在+1501m 标高，容量 500m³，必须经常保持不少于 200m³ 的水量；设置消防材料库，位于工业场地东侧，与副斜井轨道直接相连，以便于消防材料运输。

（2）井口房、通风机房附近 20m 内不得有烟火或用火炉取暖。

（3）井下和井口房不得从事电焊、气焊和喷灯等焊接工作。

（4）严禁携带烟火下井。

（5）矿灯房采用不燃性材料建筑；采用火炉取暖时，火炉间有单独的间隔和出口；通风要良好，严禁烟火，备有干粉灭火器和砂箱等灭火器材；充电装置要有可靠的充电稳压装置。

（6）井架、井口房严格按防火要求设计，矿井各井口附近地面建筑均采用不燃性材料建筑；在主副井口安设防火铁门，以防止地面火灾波及井下，防火铁门设置必须密封可靠，平时不影响通风和运输。

（7）为防止地面明火引发井下火灾，木料场、矸石山距离进风井不得小于 80m。

（8）不得将矸石山设置在进风井的主导风向上侧，也不得设在表土 10m 以内有煤层的地面和设在有漏风的采空区上方塌陷范围内。

B.6.2.2　防止地面雷电波及井下措施

（1）经由地面架空线路引入井下的供电线路和电机车架线，必须在入井处装设防雷电装置。

（2）由地面直接入井的轨道及露天架空引入（出）的管路，必须在井口附近将金属体进行不少于两处的良好的集中接地。

（3）通信线路必须在入井处装设熔断器和避雷装置。

（4）每年雨季前必须对避雷装置进行检查试验。

（5）为防止地面雷电导入井下，必须对通往井下的轨道、管路，在井口附近设可靠接地保护装置。

B.6.2.3　发现矿井火灾的行动原则

（1）任何人发现火灾时，应视火灾性质、通风和瓦斯情况，立即采取一切可能的方法直接灭火，控制火势，并迅速报告矿调度室。

（2）电气设备着火时，应首先切断电源。在切断电源前，只准使用不导电的灭火器材进行灭火。

（3）回采工作面和掘进工作面一旦发生火灾，应立即组织人员进行灭火，在采取一切措施后不能扑灭火灾时，应立即在运输巷和回风巷以及掘进工作面出口构筑防火墙，防火墙四周伸入巷道壁不小于 0.5m，防火墙厚度为 0.5m，墙体之间用黄泥充填。矿主要技术负责人负责封闭火区的工作。

（4）回采工作面灭火原则

1）从进风侧进行灭火，要有效地利用灭火器和防尘水管。

2）禁止在火源上方灭火，防止水蒸气伤人；也不能在火源下方灭火，防止火区塌落物伤人；要从侧面（即工作面或采空区方向）利用保护装置接近火源灭火。

3）采煤工作面瓦斯燃烧时，要增大工作面风量，并利用干粉灭火器、砂子、岩粉等喷射灭火。

4）在进风侧灭火难以取得效果时，可采取局部反风，从回风侧灭火，但进风侧要设置水幕，并将人员撤出。

5）采煤工作面回风巷着火时，必须采取有效方法，防止采空区瓦斯涌出和积聚。

6）用上述方法无效时，应采取隔绝的方法灭火。

（5）掘进工作面灭火原则

1）要保持巷道的通风原状，即风机停止运转的不要随便开启，风机开启运转的不要盲目停止。

2）如发火巷道有爆炸危险，则不得入内灭火，而要在远离火区的安全地点建筑密闭墙。

3）火灾发生在煤巷迎头、瓦斯浓度不超过2%时，可在通风的情况下采用干粉灭火器、水等直接灭火，灭火后，必须仔细清查引燃火点，防止复燃；如瓦斯浓度超过2%且仍在继续上升，要立即将人员撤到安全地点，远距离进行封闭。

4）火灾发生在煤巷的中段时，灭火过程中必须检测流向火源的瓦斯浓度，防止瓦斯经过火源点，如果情况不清应远距离封闭；如火灾发生在上山中段时，不得直接灭火，要在安全地点进行封闭。

5）煤巷发生火灾时，不管火源点在什么地点，如果局部通风机已经停止运转，在无须救人时，严禁进入灭火或侦察，而要立即撤出附近人员，远距离进行封闭。

6）火源在下山煤巷迎头时，若火源情况不清，一般不要进入直接灭火，应进行封闭。

B.6.2.4　用水灭火应注意的问题

（1）水是导电物质，不能用来扑灭带电的电气设备的火灾。

（2）水比油重，不能用水扑灭油类火灾。

（3）扑灭猛烈火灾时，不得将水直接射入火源中心，防止水蒸气风烫伤救火人员和发生水煤气爆炸。

（4）灭火水量必须充足，若水量不足，在高温下可分解为氢气和一氧化碳气体，有混合气体爆炸的危险。

B.6.2.5　井下放炮应注意的问题

井下放炮必须严格按《煤矿安全规程》的下列规定执行，防止放炮引发火灾：

（1）采、掘工作面必须使用取得产品许可证的煤矿许用炸药和煤矿许用雷管。使用煤矿许用毫秒电雷管时，最后一段的延期时间不得超过130ms。

（2）采、掘工作面应采用毫秒爆破。在掘进工作面必须全断面起爆，在采煤工作面严禁使用2台放炮器同时进行放炮。

（3）坚持使用水炮泥。

（4）炮眼封泥严禁用煤粉、块状材料或其他可燃性材料，无炮泥或不实的炮眼，严禁放炮；封泥长度必须符合《煤矿安全规程》第329条的规定。

（5）炮眼内发现异状、温度骤高骤低、有显著瓦斯涌出、煤岩松散、透老空等情况时，不准装药放炮。

（6）放炮母线、连接线和电雷管脚线必须相互扭紧并悬挂，不得同轨道、金属管、钢丝绳、刮板运输机等导电体相接触。严禁使用固定放炮母线。

（7）在放炮地点 20m 内，有矿车、未清除的煤、矸或其他物体阻塞巷道 1/3 以上时，不准装药放炮。

（8）处理瞎炮（包括残炮）必须在班组长直接指导下进行，并应在当班处理完毕。如果当班未能处理完毕，放炮员必须同下一班放炮员在现场交接清楚。

（9）放炮时，应采用正向起爆。

（10）放炮必须严格执行"一炮三检查"（装药前、放炮前、放炮后）和"三人连锁放炮"（放炮员、班组长、瓦检员）制度，严禁采用糊炮、明火放炮和一次装药多次放炮。

（11）两条巷道贯穿时，在相距对穿点 20m 时，要停止一条巷道的掘进，加强两条巷道的局部通风、加强两掘进工作面的瓦斯、二氧化碳、一氧化碳和温度检查。

（12）加强放炮母线的管理和检查，严禁明接头和裸露的放炮母线，严禁使用架空线放炮。

B.6.2.6 严格实行明火管制，建立健全明火管理制度

（1）严禁携带明火下井。

（2）工业广场内的进、回风井口 20m 内严禁烟火。

（3）井下严禁使用电炉。

（4）井下严禁使用灯泡取暖。

（5）井口和井下电气设备必须有防雷击和防短路的保护装置。

（6）井下电焊、气焊作业必须按《煤矿安全规程》规定进行。

（7）严禁使用产生火焰的爆炸器材和爆破工艺。

（8）严格火区管理。

B.6.2.7 采空区的封闭防灭火措施

采煤工作面回采结束后，必须在 45 天内采用密闭墙进行永久封闭，密闭墙必须使用砖或粗料石和水泥砂浆砌筑，密闭墙两端必须伸入煤体 200mm，墙厚不小于 250mm，密闭墙必须对表面用水泥砂浆抹平，并标明施工日期、负责人、施工材料。对有水涌出的采空区，密闭墙必须设置反水槽。

B.6.2.8 封闭、启封火区的要求

（1）封闭火区的要求

1）建立火区管理卡片，记录火灾发生地点、发生时间及其类别，火灾的地质、采矿简况，火区范围及已经采取的灭火措施等，并绘制火区位置关系图。

2）密闭墙附近设置栅栏并挂警示牌，设立管理牌板，记明墙内外瓦斯浓度、二氧化碳浓度、一氧化碳浓度、气温及出水温度、空气压差、检查日期及检查人姓名。

3）封闭火区的密闭墙必须每天检查一次，发现急剧变化时，每班至少检查一次，一旦发现密闭不严或有其他缺陷时，应及时采取措施处理。

4）如果密闭墙漏风较多，应及时严密处理，如填黏土或砂浆，或压注胶结剂等。

（2）启封火区的要求

封闭的火区只有同时具备下列条件并经取样化验证实火已经熄灭后，方可启封或注销。

1）火区内的空气温度下降到30℃以下，或与火灾发生前该区的日常空气温度相同。

2）火区内空气中的氧气浓度降到5.0%以下。

3）火区内空气中不含乙烯、乙炔，一氧化碳浓度在封闭期间内逐渐下降，并稳定在0.001%。

4）火区的出水温度低于25℃，或与火灾发生前的日常出水温度相同。

5）上述4项指标持续稳定的时间在1个月以上。

启封已熄灭的火区前，必须制定安全措施。

启封火区时，应逐段恢复通风，同时测定回风流中有无一氧化碳。发现复燃征兆时，必须立即停止向火区送风，并重新封闭火区。

启封火区和恢复火区初期通风等工作，必须由矿井救护队负责进行，火区回风风流所经过巷道的人员必须全部撤出。

在启封火区工作完毕后的3天内，每班必须由矿井救护队检查通风工作，并测定水温、空气温度和空气成分。只有在确认火区完全熄灭、通风等情况良好后，方可进行生产工作。

B.6.2.9　井下设施的要求

（1）井下和硐室内不得存放汽油、煤油和变压器油，井下使用的润滑油、棉纱、布头和纸等，必须存在盖严的铁桶内；用过的棉纱、布头和纸等，必须存在盖严的铁桶内，由专人定期送地面处理。

（2）井下清洗风动工具，必须在专用硐室内进行，并必须用不燃性和无毒性洗涤剂。

（3）所有井下工作人员都必须熟悉灭火器材的使用方法，并熟悉本工作区域内灭火器材的存放地。

B.6.2.10　消防材料库设置要求

该矿井下消防器材库设置在井底车场附近，采用砌碹或用其他不燃性材料支护，材料库内设置材料堆放平台，平台高出底板0.5m，平台采用砖砌筑，台面用M10水泥砂浆抹面；库房内必须有轨道与车场连通，并直达井口。

库内储存的材料、工具应定期检查和更换，材料、工具不得挪作他用。灭火器应设置在明显和便于取用的地点，且不得影响安全疏散，灭火器设置应稳固，其铭牌必须朝外，手提式灭火器宜设置在挂钩、托架上或灭火器材箱内，其顶端离地面高度应小于1.5m，底部离地面高度不宜小于0.15m。

B.6.2.11　地面消防材料库设置要求

库内储存的材料、工具的品种和数量应符合有关规定，并定期检查和更换，材料、工具不得挪作他用。灭火器应设置在明显和便于取用的地点，且不得影响安全疏散，灭火器设置应稳固，其铭牌必须朝外，手提式灭火器宜设置在挂钩、托架上或灭火器材箱内，其顶端离地面高度应小于1.5m，底部离地面高度不宜小于0.15m。

B.6.2.12　其他地点消防材料的配备

该矿其他需配备消防材料的地点主要为井下的皮带运输机运输线路及井下变电所及水泵房。皮带运输机的消防材料主要在机头及机尾附近进行存放；井下变电所和水泵房内的消防材料则按规定进行悬挂及堆放。

B.7　消防洒水系统

B.7.1　井下消防给水系统

井下消防给水系统是煤矿井下安全的重要保证，是必须要建立的。《煤炭工业矿井设计规范》规定，井下必须建立完善的井下消防给水系统。该规定是强制性的。井下消防给水系统由以下部分组成：水源及消防水池、井下输水管道、井下消防给水管网。

B.7.1.1　地面消防水池

矿井工业广场内必须建立专用的井下消防水池，水池有效容积按井下一次火灾的全部用水量计算，但最小不能小于 $200m^3$，地面消防水池如果与其他用途水池合建，必须保证水池中的井下消防容积不被它用。消防水池补水时间为48h。当采用井下消防与井下洒水合一管网时，井下消防水池与井下调节水池可以合建。

该矿井下生产和消防用水为同一供水系统，供水方式采用静压供水。在工业场地附近 $+1501m$ 建 $500m^3$ 的生产、消防、洒水水池。

B.7.1.2　井下输水管道

井下应设有完善的消防洒水管网，防尘洒水管路系统主要敷设在：

（1）运输重载系统；

（2）卸载点；

（3）装载点；

（4）采煤工作面的进回风巷；

（5）采掘工作面。

井下应按《煤矿安全规程》的要求设置消防设施和喷雾降尘装置。

该矿的井下消防洒水水管规格：主斜井、副斜井、采区轨道、运输巷、铺设 $Dg100\times4mm$ 无缝钢管作为消防洒水主管；工作面运输及回风巷、掘进巷道铺设 $Dg50\times3.5mm$ 无缝钢管作为消防洒水支管。

在主副斜井、回采工作面运输、回风顺槽以及掘进巷道等的洒水管，均采用每隔40m设一个三通阀门以便接管冲洗巷道。

在一采区运输上山、一采区运输斜巷、主斜井等皮带机的巷道内每隔50m设一个三通阀门，其他巷道每隔100m设一个三通阀门。

B.7.1.3　消火栓给水系统

由地面消防水池采用无缝钢管以静压方式向井下供水，形成完善的消防洒水管网。主管为 $Dg100\times4mm$ 无缝钢管，安装在主斜井或副斜井，干管为 $Dg50\times3.5mm$ 无缝钢管，采、掘工作面的洒水管设有三通和阀门，工作面洒水管为胶皮管；井下按《煤矿安全规程》的要求设置消防设施和喷雾降尘装置。采区顺槽、水泵房、井下机电硐室、消防材料库附近设置消火栓，在主要运输巷、回风巷、掘进巷道的洒水管每隔 50m 设置一个三通阀门，其余巷道每隔 100m 设一个三通阀门。在井下每个转载点设洒水器，采掘工作面设有喷雾降尘设施。

B.7.1.4　水压

各用水点压力要求：

（1）给水栓处及接入一般用水设备处的水压不应低于 0.3MPa；

（2）接入凿岩机及湿式风钻的水压不低于 0.2MPa，且不高于压缩空气的压力；

（3）接入加压泵站水箱或水池的进水口的水压不低于 0.02MPa；

（4）井下消火栓栓口水压不低于 0.35MPa。

B.7.2　井下洒水系统

防尘洒水是井下生产的主要环节，它不但可预防尘肺病发生，还可以防止因明火而引发瓦斯爆炸事故或煤尘爆炸。国家严令规定：没有防尘供水管路的采掘工作面，不得生产。可见防尘洒水在煤矿生产中的重要性。

B.7.2.1　喷雾降尘

在井下煤仓放煤口、溜煤眼、运输机、转载点和卸煤点都要安装若干喷头。喷头的前压力为 0.3~0.5MPa，单个喷头的出水量为 0.03~0.08L/s，工作时间为 10~12h。

回采工作面供水点有放炮后洒水、出煤时洒水。

掘进工作面供水点有湿式凿岩机、爆破前喷雾、装岩机洒水、爆破时冲洗井壁岩帮。

B.7.2.2　井下风流净化水幕

井下巷道空气中存在着大量漂浮着的煤尘与岩尘，该矿设计采取的净化手段主要是水喷雾。

风流净化水幕主要布置在采煤工作面的回风巷，掘进工作面装车点下风向 20m 处。风流净化水幕由若干喷头组成，在巷道横断面上形成一层水幕，一只喷头出水量为 0.03~0.08L/s，压力为 0.3~0.5MPa，可以不间断使用。

B.7.2.3　冲洗巷道

在井下所有主要运输巷道、主要回风巷道、上山与下山和正在掘进的巷道都必须进行巷道冲洗，这些巷道都要敷设消防给水管道，可借用消防给水管道的支管阀门进行巷道冲洗。冲洗巷道时可使用 DN50/DN25 变径快速管接头，一端接消防给水管，一端接 $\phi25$ 软性水管。软性水管一端配有 $\phi25$ 小水枪，软性水管长度为 50m。冲洗水量为 0.4~0.6L/s，压力为 0.3~0.5MPa，可以不间断使用。

B.7.2.4　锚喷工作面用水

在掘进工作面，有些巷道要紧跟锚喷作业，主要是在巷道壁安装锚杆与混凝土喷射。安装锚杆是通过锚杆打眼安装机进行的，是湿式作业，混凝土喷射前要冲洗岩帮，喷射时应向混凝土搅拌机供水。

　　冲洗岩帮用水量为 0.3~0.5L/s，压力为 0.2~0.4MPa，工作时间为 1~2h；向混凝土搅拌机供水量为 0.4~0.6L/s，压力为 0.1MPa，可以不间断使用。

B.7.3　井下用水量计算及标准

B.7.3.1　井下水量计算

（1）地面消防水池有效容积计算

$$\begin{aligned}
W &= 3.6 \times (Q_a \times 10 + Q_b \times 8 + Q_c \times 4) \\
&= 3.6 \times (6 \times 10 + 0.08 \times 8 + 0.08 \times 4) \\
&= 219.5 \text{m}^3 < 300 \text{m}^3
\end{aligned}$$

式中　W——地面消防水池有效容积，m^3；

　　　Q_a——井下消火栓系统设计水量，取单个平均值 6.0L/s；

　　　Q_b——井下水喷雾隔火装置计算用水量，取单个平均值 0.08L/s；

　　　Q_c——井下自动喷水灭火装置计算用水量，取单个平均值 0.08L/s。

（2）消防水量计算：

$$\begin{aligned}
Q_s &= Q_a + Q_b + Q_c \\
&= 6.16 \text{L/s} \\
&= 177.4 \text{m}^3/\text{d}
\end{aligned}$$

（3）洒水日用水量计算：

$$\begin{aligned}
Q_h &= 3.6 K \sum n_0 g_0 T_0 \\
&= 124.6 \text{m}^3/\text{d}
\end{aligned}$$

式中　Q_h——全日用水量，m^3/d；

　　　K——系数，1.1~1.2，该矿取 1.2；

　　　n_0——单台喷雾装置数量或喷头数量，10 个；

　　　g_0——单台喷雾装置用水量或单个喷头用水量，0.08L/s；

　　　T_0——单台喷雾装置日工作小时数或喷头日工作小时数，10h。

B.7.3.2　井下消防洒水水质标准及其他

（1）井下消防洒水水质除考虑各点设施对水质要求外，还要考虑对环境卫生的影响。井下消防洒水水质标准见表 B-8。

表 B-8　井下消防洒水水质标准

序号	项　　目	标　　准
1	悬浮物含量	≤30mg/L
2	悬浮物粒径	<0.3mm
3	pH 值	6.5~8.5
4	总大肠菌群	每 100mL 水样中不得检出
5	粪大肠菌群	每 100mL 水样中不得检出

　　（2）井下消防洒水管道敷设。该矿井下消防洒水管道采用消防与洒水合一的枝状管网，使管道水流方向与巷道中风流方向一致。从主干管上接出的支管，都要在支管上安装

一只控制阀门。各类用水设施前、消火栓前、其他消防装置前都要安装阀门，供设施检修更换用。

经过计算分析井下消防洒水管主管选用管径为 Dg100×4mm 无缝钢管，支管选用 Dg50×3.5mm 无缝钢管。

管网升压可选用水泵，且工作泵与消防泵都要设置备用泵，局部升压时可采用管道泵，管道泵可直接与管道连接。

（3）井下消防洒水管道防腐。该矿井消防洒水主、支管均采用镀锌无缝钢管，不考虑管道防腐设计。

（4）井下消防洒水水源。井下消防洒水水源是矿井总水源的一部分，一般不单独建立。水源有以下几种类型：

1）矿井总水源直供；

2）处理后的井下排水；

3）在井下直接取用潜水。

该矿井主要采用经处理后的井下排水作为井下消防洒水水源。

B. 8　井下火灾事故应急预案

B. 8. 1　事故应急救援组织及职责

为保障出现煤层自然发火事故能得到及时、有效的处理，矿成立矿井井下火灾事故领导小组。

B. 8. 1. 1　成立矿井领导小组

组　　长：矿长；

副 组 长：安全矿长、生产矿长；

成　　员：总工程师、机电矿长、地面经理、通防队长、生产科长、安全科长、调度主任、供应科长、办公室主任、各队队长。

领导小组下设办公室，办公室设在矿调度室，由调度室主任任办公室主任，且由总工程师负责矿井自燃防灭火的日常管理工作。

B. 8. 1. 2　领导小组成员职责

（1）矿长。是处理事故的第一责任者，在矿总工程师及相关人员的协助下，制订处理事故的作战计划。

（2）矿总工程师。是矿长处理事故的第一助手，在矿长领导下组织制订处理事故作战计划。

（3）各有关副矿长。根据处理事故作战计划，负责组织处理事故所必需的工人待命，及时调集所必需的设备器材，并由指定副矿长负责严格控制入井人员。

（4）通防队长。按照矿长命令，负责矿井通风系统的具体改造工作，并严格执行与通风有关的其他措施。

（5）安检科长。负责监督有关人员在处理事故过程中落实安全工作，并按照领导小组的要求，完成各项任务。

（6）调度室主任。在组长的领导下，协调统一处理事故工作的各个方面，保证处理事故作战计划及时顺利地实施。

（7）各采掘队长。负责查对留在本区域工作面内的人数，并采取措施将他们有组织地带到安全地点直至地面，组织升井人员签字，并将签字上交到调度室，将在现场见到的事故发生的范围和发生原因等情况，如实详细地报告矿调度室，并随时接受矿长命令，完成有关抢险和事故处理任务。

（8）矿调度室值班调度员。负责记录事故发生的时间、地点和经过，并立即将事故有关情况汇报给矿长和总工程师、矿业公司领导和有关单位，及时向下传达矿长的命令，召集有关单位人员到矿井调度室待命，随时调度井下抢救工作，统计掌握出入井人数和留在井下各地区的人数。

（9）矿灯房、发放室负责人。应根据入井人员领取矿灯、自救器的号码，查清入井职工的人数及姓名，并迅速报告矿调度室，对没持有副矿长签发的入井特别许可证的所有人员，不得发矿灯、自救器。

（10）供应科长。及时准备好必需的抢救器材、物资，并根据矿长命令，迅速运送到指定地点。

（11）生产科长。负责准备好必要的图纸和资料，并根据矿长命令完成测量打钻工作。

（12）地面经理。保证对各类人员妥善安置和救护人员的食宿及其他生活事宜，并按照领导小组的要求，完成各项救灾任务。

B.8.1.3　领导小组办公室的职责

（1）负责事故应急救援过程中的通信联络工作，记录事故发生的时间、地点和情况，并立即将事故情况报告给矿井救护队、矿长、矿总工程师、公司各级领导以及矿其他领导和有关单位，通知召集有关人员到调度室待命；传达领导小组或组长对抢险救灾的决定、命令，并负责督促落实。

（2）调查事故抢险救灾工作进展情况，及时向相关领导和上级有关部门汇报。

（3）参与制定救灾方案及相应的安全技术措施，了解其执行情况和相关信息，及时为领导小组提供决策依据。

（4）配合有关部门做好事故的善后处理和事故调查等工作。

B.8.2　井下火灾事故应急救援预案

B.8.2.1　预案的启动程序

（1）应急预案的启动。调度室接到矿井发生火灾的信息后，应立即通知矿长及矿值班领导，由矿长或矿值班领导发布启动应急预案的指令。

（2）汇报程序：

1）矿井一旦发生事故，现场人员应尽可能了解和弄清事故的性质、地点、发展程度和影响范围；然后迅速地用工作地点附近的电话向矿调度室如实汇报上述内容。

2）矿调度室接到事故电话后，要问清事故地点、类型、严重程度及人员撤离情况，在指挥抢险的同时，立即向矿长或总工程师汇报事故情况，并按《发生灾害事故后必须立即召集的单位和人员名单》，及时按顺序通知所列各单位的人员到调度室报到待命。矿井下火灾应急预案启动后，应立即向矿业公司应急救援领导小组汇报。

汇报的主要内容：

1）发生井下火灾事故的单位、时间、地点；

2）影响范围；

3）人员遇险情况；

4）事故原因的初步判断；

5）应急预案的启动情况；

6）已采取的应急抢救方案、措施和进展情况；

7）需请示报告的其他事宜等。

领导小组组长根据具体情况，通知小组成员及其他有关人员立即到调度室。井上其他有关人员集合待命。

B.8.2.2　救援方案

（1）矿井发生重大事故后，必须立即成立抢险救灾小组，矿长任组长，井下现场基地指挥由组长选派人员担任。要迅速组织井下人员撤离灾区和受威胁区域。

（2）处理事故时，应在灾区附近的新鲜风流中选择安全地点设立井下现场指挥基地，井下现场指挥基地应有矿井救护队员值班；并设有通往地面领导小组和灾区的电话，备有必要的装备和救护器材，同时设有明显的灯光标志。根据事故处理情况的变化，现场指挥基地可向灾区推移，也可撤离灾区。

（3）由领导小组组长下令，调度室通知相关变电所停止向灾区供电，灾区的电工应立即切断通往各工作面的电源，防止瓦斯爆炸。

（4）当矿长和总工程师到达后：

1）查询火灾地点、类型、原因、火区风量及瓦斯浓度的变化，灾区附近支护情况，火势发展及变化等。

2）判断火灾发展趋势，火、风压是否会导致风流紊乱；是否有瓦斯爆炸的可能性；火灾发生后的直接威胁区，烟流逆转后的威胁范围，瓦斯爆炸波及区域等。

3）建议须撤出人员的范围、该采取什么样的抢救灭火方案等。但无论是什么方案都必须做到：不危及井下人员的安全；有利于阻止火灾扩大，抑制火势，创造接近火源的条件；在火灾初期，火区范围不大时，应积极组织人力、物力控制火势直接灭火；直接灭火无效时，应采取隔绝灭火法封闭火区，并确定为隔离火区而构筑的密闭墙的位置和构筑顺序，封闭火区等措施。

4）矿长作为救灾的全权指挥者，根据灾情和总工程师提出的意见做出决策，发布如下命令：

①组织安全撤离人员的方法；②组织灭火、抢救遇难人员；③防止人员中毒；④指令各单位执行应变任务。

（5）矿井发生火灾等重大事故后，矿救护队必须首先对灾区进行全面侦察，准确探明事故性质、原因、范围、遇难人员数量和所在位置，以及巷道通风等情况，为领导小组组长制订抢救方案提供可靠依据。救灾领导小组应根据事故的性质和地点，快速确定出井下人员的避灾路线，选定矿井救护队员和抢救人员的行动路线、方法和措施，利用有效的传报方法，通知和引导灾区人员及受威胁区域人员迅速从灾区安全撤出。

（6）抢救遇难人员是矿井救护的首要任务。在侦察过程中，发现幸存者时应立即给幸存者佩戴呼吸器，以最快的速度、最短的路线，先将受伤人员送到新鲜风流中进行急救；同时派人员引导未受伤人员撤离灾区，然后陆续抬出遇难人员。矿井救护队在侦察中遇到情况无法通过时，侦察小队要迅速退出，寻找其他通道进入灾区。

（7）现场人员发现烟雾等火情后，应首先查明火灾的性质、地点、范围，现场负责人应立即组织人员一边向总调度汇报，一边就地利用消防洒水管路、灭火器等根据火灾性质直接灭火。若火势较大不能扑灭时，跟班队长（或其他负责人）一方面汇报矿调度室，另一方面立即组织工作面人员迅速撤离现场。

（8）矿井发生火灾时的通风管理：

1）在进风井（主井）附近、进风巷发生火灾时，可采取控制火区供风量。

2）在发生火灾时，必须有防止由于火风压造成的主风流逆转的措施。

3）在掘进巷道发生火灾时，需进入巷道侦察或直接灭火时，必须有安全可靠的措施，防止事故扩大。

4）机电科应根据矿长的命令做出切断灾区电源的方案。

5）各小组成员应根据矿长命令投入抢险救灾，组织人员安全撤离。

6）机电科根据抢险救灾的需要和矿长命令，建立井下临时通信网络。

7）地面经理根据事故性质，提前联系好地区医院做好抢救伤员的准备。

B.8.2.3　自救、撤退方案

（1）避灾自救方案

在发生火灾事故，通路因火势阻塞无法撤离时，灾区人员应考虑下述方法避灾自救：

1）迅速进入附近独头巷道，利用风筒、衣服等堵严入口，阻止 CO 等有害气体侵入。

2）避难人员要沉着、冷静，尽量减少动作；并要在避难室外悬挂一盏矿灯或其他明显标志，以便救护人员发现。避灾地点若有风管，可设法打开管路，以便向避难人员输送新鲜空气。若附近情况变化，发现有危险时应及时转换地方。

3）当发生火灾事故，无其他巷道躲避或来不及撤离时，脸朝下扑倒在巷道底板或水沟里，并用湿毛巾堵住嘴和鼻子，以避开火焰扑面或防止高浓度有害气体的伤害。

4）在避灾过程中，一定要发扬团结友爱的精神，严格遵守纪律、听从指挥，发现有人受伤，要及时救治，主动照顾好受伤人员，并派有经验的老工人（至少二人同行）出去侦察。经过探险，确认安全后，方可组织大家有秩序地向井口撤退。如果矿灯都熄灭了，应沿着运输轨道或者摸着水管走。若有可能，争取尽早与地面取得联系，以便早日得到援救。

（2）安全撤离技术措施

1）事故发生后，处于灾区的人员一定要保持头脑清醒，对事故的类型和发生地点做出正确和科学的分析，然后要立即采取自救与互救措施，位于灾区的人员先要尽快撤离灾区；波及区域的人员在接到通知后也要及时撤离。

2）撤离时，遇险人员必须在本班跟班队长（跟班队长不在，由班长或有经验的老工人代理）的组织与带领下，按通风人员、救护或救灾人员指引的避灾路线迅速地进入新鲜风流中，撤离危险区。撤离时，应两人以上同行，要互相帮助、互相照顾，不准单独乱跑。回风侧的人员最好快速穿越火区，然后和进风侧人员沿进风线路撤退。

（3）假设事故避灾路线

1）若1806采煤工作面发生自然发火事故，其位于进风巷人员的撤离路线为：1806工作面进风巷→1806行人联络巷→M9煤轨道运输上山→轨道平巷→副井→地面。

避灾路线为：1806工作面进风巷→1806行人联络巷→M9煤轨道运输上山→轨道平巷→副井→地面。

2）位于自燃事故灾害回风侧人员撤离时，要充分利用好自救器，选近路到M9煤轨道运输上山新鲜风流。

撤离路线为：1806回风巷→1804行人联络巷→M9煤轨道运输上山→轨道平巷→副井→地面。

避灾路线为：1806回风巷→1804行人联络巷→M9煤轨道运输上山→轨道平巷→副井→地面。

3）若1805掘进工作面发生自然发火事故，其人员撤离路线为：1805掘进工作面→1805行人联络巷→M9煤皮带运输上山→M9煤轨道运输上山→轨道平巷→副井→地面。

B.8.2.4　物资、设备、材料储备清单

（1）为了预防和处理矿井发生火灾等事故时快速抢险救灾的需要，B煤矿在地面的供应科救援物资储备库储备了一定数量的救灾物资。

（2）备用救灾物资管理制度

1）各备用材料库的救灾物资应分类码放，存放整齐，防止受潮腐蚀变质；因处理事故而消耗掉的材料供应部门必须及时补上。

2）这些备用物资是矿井灾变时抢险救灾的急需物资，任何单位或个人不得随意挪作他用。

3）有关负责人应对本库中存放的物资定期检查，发现有过期失效或受腐蚀而不能用的材料、设备和器具等必须及时报告给有关部门，及时给予更换。

4）负责人对这些物资还应妥善保管，严防丢失。

B.8.2.5　恢复正常状态的原则和程序

（1）灭火结束后，要对着火点进行一次详细复查，防止复燃，并由救护队进一步对整个灾区检查。在火已熄灭，有害气体不超限，整个灾区确无隐患的情况下方可进行灾后处理，恢复生产。恢复正常供电，由领导小组安排专人下井进行送电、排水工作。

（2）井下恢复通风时应遵循由近到远，各供电点经瓦检员检查符合送电条件时，由机电矿长下令送电，其他人员无权下送电命令。

（3）施工单位电工要坚守岗位，绝对听从矿调度室的指挥，分别进行停送电操作和瓦斯检查工作。

B.8.2.6　应急预案的学习与演练

（1）单位要组织全体员工学习相关的应急救援预案、应急救援知识、本岗位职责，不断提高应急救援的能力。

（2）为保证预案的科学性、符合性及可操作性，应急救援预案每季度修订和补充完善一次。遇条件变化或重要人员变更，要随时修订补充应急救援预案内容。

B.9 灾害救护

B.9.1 矿井防灭火检测及其他装备

根据《煤矿安全规程》适当考虑矿井的经济能力，B 煤矿配备了必备的防灭火安全检测仪器，见表 B-9。

表 B-9 矿井配备的防灭火检测仪器

序号	名 称	型 号	单 位	数 量
一	矿井通风检测仪表			
1	高速风表	DFA-1	个	1
2	中速风表	DFA-2	个	1
3	微速风表	DFA-3	个	1
4	秒表		块	2
5	温度计	1000C	支	10
6	空盒气压计	DYM3	个	2
二	矿井 CO 气体检测仪表、设备			
1	瓦斯、氧气检测仪	JJY-1	台	4
2	一氧化碳检测警报仪	AT2	台	4
3	多种气体检定仪	AQY-50	台	4
4	矿井火灾预报束管监测系统	ASZ-Ⅱ型	套	1
5	球胆	胶质	个	8
6	抽气筒		支	2
三	矿井救护设备、仪器仪表			
1	压缩氧自救器	YZH-45	个	80

B.9.2 建立完善的自救和互救措施

参见 7.5.3 节。

冶金工业出版社部分图书推荐

书　　名	作　者	定价(元)
中国冶金百科全书·安全环保卷	本书编委会　编	120.00
我国金属矿山安全与环境科技发展前瞻研究	古德生　等著	45.00
安全学原理（第2版）（本科教材）	金龙哲　主编	35.00
安全系统工程（本科教材）	谢振华　主编	26.00
安全评价（本科教材）	刘双跃　主编	36.00
安全工程实验指导书（本科教材）	高玉坤　主编	28.00
事故调查与分析技术（本科教材）	刘双跃　主编	34.00
燃烧与爆炸学（第2版）（本科教材）	张英华　主编	32.00
物理污染控制工程（本科教材）	杜翠凤　等编	30.00
工业通风与除尘（本科教材）	蒋仲安　等编	30.00
矿井通风与除尘（本科教材）	浑宝炬　等编	25.00
产品安全与风险评估（本科教材）	黄国忠　编著	18.00
防火与防爆工程（本科教材）	解立峰　等编	45.00
矿山安全工程（第2版）（本科教材）	陈宝智　主编	38.00
矿山环境工程（第2版）（本科教材）	蒋仲安　主编	39.00
化工安全（本科教材）	邵辉　主编	35.00
土木工程安全生产与事故安全分析（本科教材）	李慧民　等编	30.00
土木工程安全检测与鉴定（本科教材）	李慧民　等编	31.00
土木工程安全管理教程（本科教材）	李慧民　等编	33.00
安全系统工程（第2版）（高职高专教材）	林友　等编	32.00
安全生产与环境保护（高职高专教材）	张丽颖　主编	24.00
金属矿山环境保护与安全（高职高专教材）	孙文武　主编	35.00
煤矿钻探工艺与安全（高职高专教材）	姚向荣　等编著	43.00
煤矿安全技术与风险预控管理（高职高专教材）	邱阳　主编	45.00
矿冶企业生产事故安全预警技术研究	李翠平　等著	35.00